Ioan David

Grundwasserhydraulik

Strömungs- und Transportvorgänge

Mit 84 Abbildungen

Die Deutsche Bibliothek - CIP-Einheitsaufnahme

David, Joan:
Grundwasserhydraulik: Strömungs- und Transportvorgänge /
Joan David. - Braunschweig; Wiesbaden: Vieweg, 1998
(Studium Technik)
ISBN 978-3-528-07713-6 ISBN 978-3-322-91593-1 (eBook)
DOI 10.1007/978-3-322-91593-1

Der Verlag Vieweg ist ein Unternehmen der Bertelsmann Fachinformation GmbH.

http://www.vieweg.de

Umschlaggestaltung: Klaus Birk, Wiesbaden
Gesamtherstellung: Lengericher Handelsdruckerei, Lengerich
Gedruckt auf säurefreiem Papier

ISBN 978-3-528-07713-6

Vorwort

Das vorliegende Buch umfaßt die Niederschrift einer Vorlesungsveranstaltung über die Grundlagen der Grundwasserhydraulik, welche ich seit 1992 für Studierende im Bereich Bauingenieurwesen der Technischen Hochschule Darmstadt halte.

Gegenstand des Buches ist eine Einführung in die Grundlagen der mathematisch-numerischen Modellierung von Strömungs- und Transportvorgängen im Grundwasser, ein Fachgebiet, das infolge der wachsenden Nutzung und Beeinflussung der Grundwasserreservoire zu einem wichtigen Tätigkeitsbereich von Bauingenieuren, Hydrologen und Umweltwissenschaftlern geworden ist. Da die Durchführung einer Modellierung den technischen Sachverstand der Ingenieure voraussetzt, werden in dem Buch die Strömungs- und Transportprozesse im Grundwasserleiter und deren Grundgleichungen ausführlich mit zahlreichen anschaulichen Abbildungen, Skizzen und praxisorientierten Beispielen vorgestellt. Eine durchgängige Konzeption wurde auch für die Darstellung der Grundlagen der wichtigsten Lösungsverfahren der Strömungs- und Transportgleichungen gewählt.

Für den Aufbau des Buches wurde eine logische und didaktische Reihenfolge der wichtigsten Schritte der Modellierung betrachtet:

- Beschreibung und Schematisierung des Strömungssystems,
- Einführung von physikalischen Größen,
- Aufbau der Grundgleichungen,
- Problemstellungen mit Beispielen zur Anfangs- und Randwertaufgabenformulierung,
- Lösungsverfahren der Strömungs- und Transportproblemen.

Somit bildet das Buch eine einheitliche Einführung für alle, die die Grundprinzipien kennenlernen und praktische Erfahrungen im Umgang mit Grundwassermodellierung sammeln möchten.

Mein besonderer Dank gilt den ehemaligen Studenten, mittlerweile Diplomingenieure, Jan Koch, Thomas Luckner und Thomas Winter für die Hilfe bei der Fertigstellung des Buches.

Letzendlich danke ich recht herzlich Lia, meiner Frau, die mich zur Abfassung dieser Arbeit ermutigte.

Darmstadt, August 1997

I. David

Inhaltsverzeichnis

1 Einleitung

1.1 Historischer Überblick über Grundwasser und Grundwasserleiter

Bezüglich des hydrologischen Kreislaufes herrschten vom Altertum bis ins 15. Jahrhundert nur philosophische Spekulationen vor.

- Die Reservoir-Theorie nimmt an, daß die Gewässer der Erde vorwiegend aus riesigen Wasserreservoiren gespeist und weniger vom Regen beeinflußt werden.
- Die Filtrationstheorie nimmt an, daß der Erdkörper auf dem Wasser ruht, welches in kleineren Zwischenräumen und Poren aufsteigt.
- Die Vertreter der Versickerungstheorie vertraten die Lehre, daß das ober- und unterirdische Wasser der Festländer aus den atmosphärischen Niederschlägen gespeist wird.
- Die hydrographische Skizze der Erde von Plato schließt sowohl Elemente der Reservoir- und Filtrationstheorie als auch halbmythische Vorstellungen ein.
- Die Schwammtheorie von ARISTOTELES geht davon aus, daß sich das unterirdische Wasser zum größten Teil durch Kondensation feuchter Luft bildet.

Durch die beiden französischen Wissenschaftler PIERRE PERRAULT (1608 - 1680) und EDMET MARIOTTE (1620 - 1684) wurde zum erstenmal die quantitativ messende Periode eingeführt. PERRAULT bewies über Messungen im Seine-Becken, daß der Niederschlag mehr als ausreicht, um den Abfluß in den Flüssen zu erklären. Er bewies ferner, daß sich durch Kapillarhebung niemals ein freier Grundwasserkörper über dem Wasserspiegel bilden kann. MARIOTTE stellte den direkten Zusammenhang des infiltrierten Niederschlages mit den Brunnnenwasserständen und Quellschüttungen dar und bewies durch ausgedehnte Messungen die Richtigkeit der Vorstellungen von PERRAULT. Diese Aussagen wurden vom britischen Astronomen EDMUND HALLEY (1656 - 1742) durch Untersuchungen im Mittelmeerraum bestätigt.

HENRY DARCY (1956) gelang es, die mathematische Grundbeziehung des Fließens von Grundwasser durch poröse Medien zu bestimmen (DARCY'sches Gesetz). Weitere bedeutende Beiträge zu den Grundlagen stammen u. a. von JULES DUPUIT (1863), ADOLPH THIEM (1870), G. THIEM (1906) und F. FORCHHEIMER (1886).

Die mathematische Periode (analytische und numerische Methoden) fängt im 20. Jahrhundert an und wurde besonders in den letzten Jahrzehnten durch die Einführung und Anwendung der höheren Mathematik und der numerischen Modellierung entwickelt. Erwähnenswert sind die Arbeiten von U. MUSKAT (1937), P. J. POLUBARINOVA-KOCHINA (1952/62), J. BEAR (1972,1979), A. VERRUIJT (1970), G. F. PINDER & W. G. GRAY (1977), De MARSILY (1986), K. F. BUSCH & L. LUCKNER (1972/93).

Aus dem Gebiet der Modellierung von Ausbreitungs- und Transportsvorgängen im Untergrund und den Maßnahmen zum Grundwasserschutz, die besonders in den letzten zehn Jahren in Deutschland auch im Rahmen interdisziplinärer Forschungsprogramme entwickelt wurden, sind die Arbeiten von J. BEAR & Ye. BACHMAT (1992), W. KINZELBACH (1987,1995), und H. KOBUS (1992,1993) als bedeutend zu erwähnen.

Ausführlichere Angaben zur historischen Entwicklung der Grundwasserhydraulik finden sich z. B. in K. F. BUSCH, L. LUCKNER und F. THIEMER (1993).

1.2 Begriffsbeschreibung

1.2.1 Grundwasserhydraulik in der technischen Mechanik

Die Grundwasserhydraulik ist ein Teil der Technischen Mechanik.

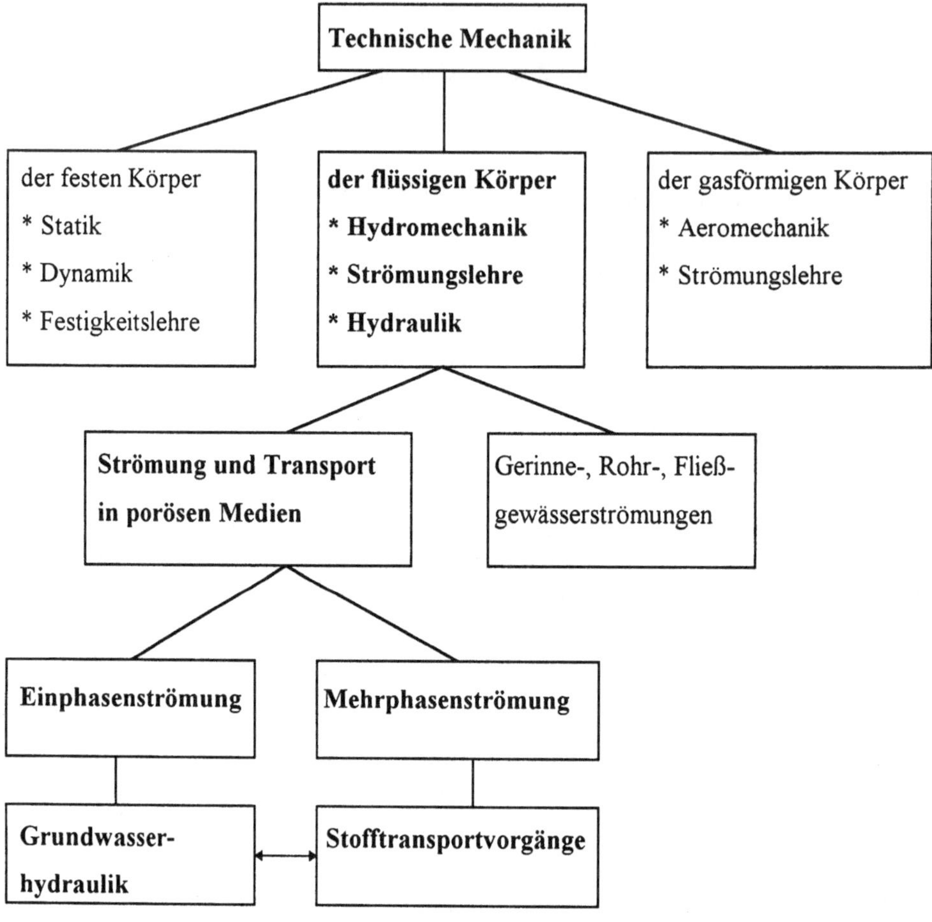

1.2.2 Normung der Begriffe nach DIN 4049

Gesteinskörper: Gemeinsame Bezeichnung für Locker- und Festgesteine

Hohlräume: Poren, Klüfte und Höhlen innerhalb der Gesteinskörper

Grundwasser: Unterirdisches Wasser, das die Hohlräume zusammenhängend ausfüllt und dessen Bewegung ausschließlich von der Schwerkraft und Reibungskraft bestimmt wird

Grundwasserleiter: Gesteinskörper, die Hohlräume enthalten und somit zur Weiterleitung von Grundwasser fähig sind. Es existieren drei grundverschiedene Arten von Grundwasserleitern.

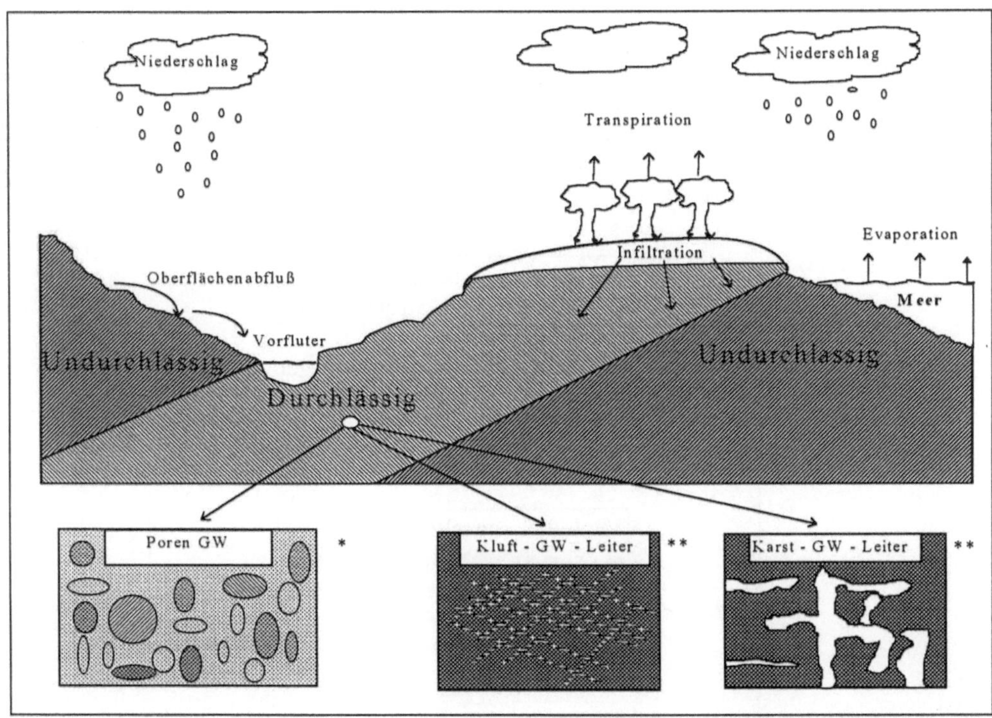

Abbildung 1-1 Schematische Darstellung der Lage und Art des GW-Leiters im allgemeinen Wasserkreislauf

Unterschiedliche Maßstäbe:

*: ca. 10^{-1} m

**: ca. (3...4) 10^{1} m

1.2.3 Allgemeines Schema zur Modellierung eines materiellen Systems

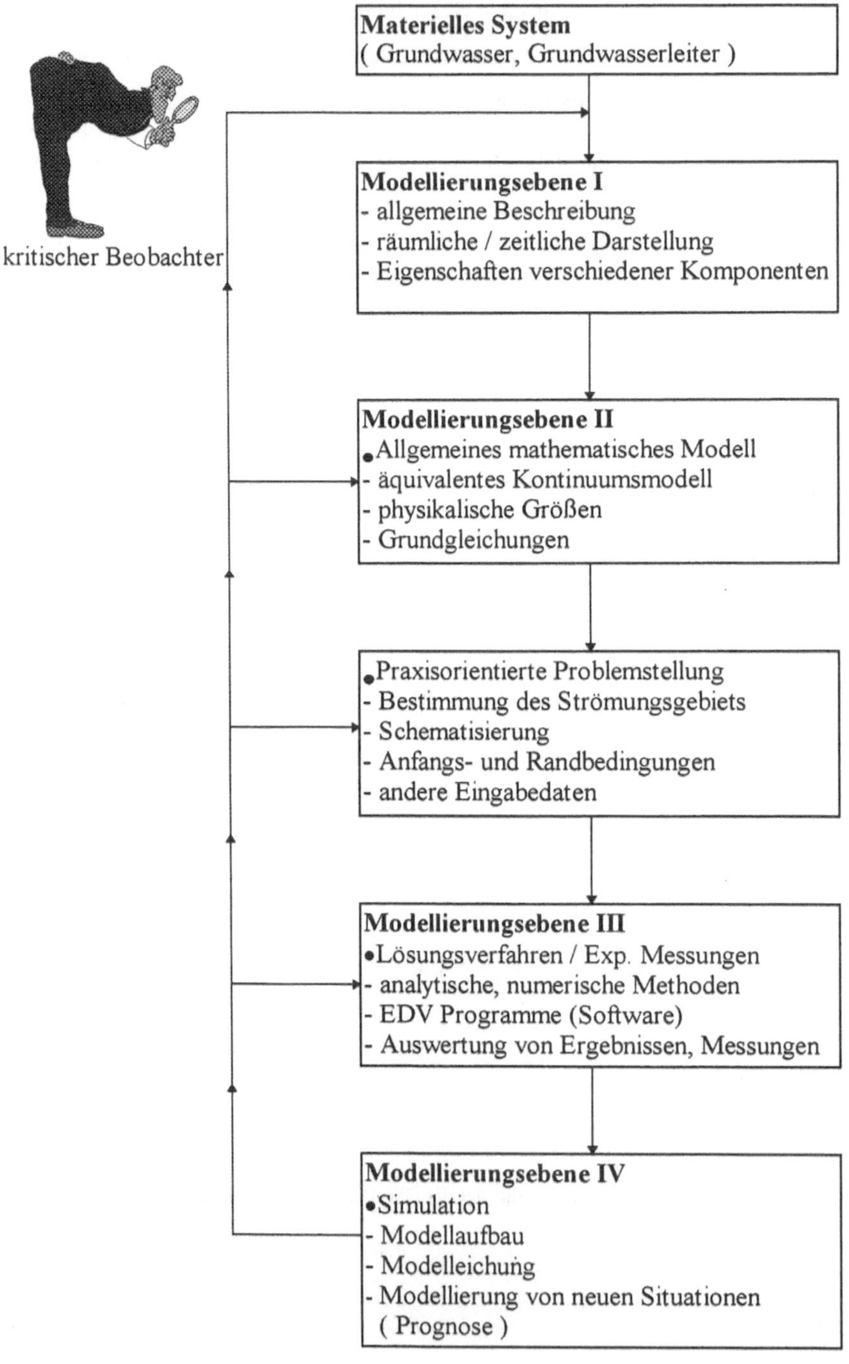

1.3 Aspekte der Bedeutung des Grundwassers und der Grundwasserhydraulik für die Ingenieurpraxis

Das Grundwasser, seine sinnvolle Nutzung und Beeinflussung hat in den letzten Jahren immer mehr an Bedeutung gewonnen. Somit ist eine sorgfältige Beschreibung der Grundwasserströmungsverhältnisse und der sie charakterisierenden Größen nötig. Durch übermäßige Entnahmeraten kann beispielsweise der Grundwasserspiegel von knapp unterhalb Geländeoberkante bis auf über 100 m abgesenkt werden. Solch drastische Absenkungen ziehen nur schwer oder gar nicht einzuschätzende Schädigungen für die komplette Umwelt nach sich. Selbst im hessischen Raum ist das Grundwasser oft oberhalb der Erneuerungsrate in Anspruch genommen worden. Um in solchen Gebieten den Wasserhaushalt zu bewirtschaften, sollten Grundwasserinfiltrationsanlagen gebaut und so das Wasser künstlich zugeführt werden.

Eine der wichtigsten Aufgaben der Grundwasserhydraulik ist die Dimensionierung solcher Infiltrations- und Fassungsanlagen.

Ein weiterer Aspekt ist die Auswirkung der Grundwasserströmung und der Grundwasserabsenkung in Bezug auf vorhandene Altlasten und deren Auswirkungen als Verschmutzungsquelle für das Grundwasser. Die Zahl der Altlasten wird in der Bundesrepublik auf mehrere Tausend geschätzt, deren Folgen erst in den kommenden Jahren richtig eingeschätzt werden können. Die Abschätzung und Auswertung dieser komplexen Wechselwirkung zwischen Altlasten und Grundwasser ist ein wichtiges Aufgabengebiet der Grundwasserhydraulik.

Weitere Probleme der Grundwasserhydraulik betreffen praxisorientierte Ingenieuraufgaben in den Bereichen des Konstruktiven Wasserbaus, der Geotechnik und der Grundwasserbewirtschaftung. Eine Zusammenstellung der wichtigsten Themenbereiche der Grundwasserhydraulik:

- Grundwasserfassungs- und Infiltrationsanlagen
  - Brunnen, Horizontalbrunnen, Schluckbrunnen, Infiltrationsschlitze und Tunnel u. a.
- Konstruktiver Wasserbau und Geotechnik
  - unterströmte Wehre, durchströmte Dämme, grundwasserhydraulische Probleme bei Staustufen und Poldern, Dränagesysteme, Baugruben, Spundwände, u. a.
- Grundwasserbewirtschaftung
  - großräumige Grundwassermodellierung
- Schadstoffeinleitungs- und Ausbreitungsvorgänge im Grundwasser
  - Altlastensanierung, Deponieanlagen, Schutzzone der GW-Gewinnungsanlagen

Diese ingenieurmäßigen Probleme können in der Regel nur mit Hilfe der Modellierung behandelt und gelöst werden. Mathematischen Modellen der Grundwasserhydraulik fällt dabei eine Schlüsselrolle zu.

2 Grundgleichungen der Grundwasserströmung

2.1 Einleitung

Die Aufgabenstellungen der Grundwasserhydraulik werden hauptsächlich mit Grundgleichungen beschrieben, die ihren Ursprung in den Postulaten der Hydromechanik, Massenerhaltung und lineare Impulsbilanz, haben. Die daraus hergeleiteten Strömungsgleichungen

Bewegungsgleichung (Fließgleichung) u.

Bilanzgleichung (Kontinuitätsgleichung)

sind die Grundgleichungen der Grundwasserhydraulik. Mit diesen ist es möglich, die Hydraulik im Untergrund umfassend zu beschreiben und quantitativ zu erfassen.

Die Bewegungsgleichung wird auch als Fließgleichung oder Strömungsgleichung bezeichnet. Die häufigste und bekannteste Form dieser Gleichung ist die DARCY-Gleichung. Sie beschreibt die Bewegungsprozesse des Fluids im Grundwasserleiter, also den Zusammenhang zwischen Fließgeschwindigkeit des Fluids, Boden- und Fluidkenngrößen und dem hydraulischen Gefälle (Gradient).

Die Bilanzgleichung wird auch als Kontinuitätsgleichung bezeichnet. Sie beschreibt den Zu- und Abfluß des Grundwassers, einschließlich der Auswirkungen von Quellen und Senken, in einem Kontrollvolumen oder in lokaler Form (in einem Punkt des Aquifers).

Bewegungsgleichung $\Rightarrow$ **DARCY-Gleichung**

Massen-Volumenbilanzgleichung $\Rightarrow$ **Kontinuitätsgleichung**

Diese Gleichungen sind auf verschiedene Weise herleitbar. Zwei Varianten werden im Folgenden dargestellt.

Ein wichtiger Schritt bei allen Herleitungen ist die Einführung des Kontinuumsmodells für das System Grundwasserleiter-Grundwasser. Dies ermöglicht die Darstellung der Systemeigenschaften als dem Kontinuumsmodell zugeordnete mathematische Funktionen. Somit sind die erhaltenen Grundgleichungen mathematische Beziehungen von Symbolen, die eine bestimmte physikalische Bedeutung haben. Üblicherweise sind die Grundgleichungen in *lokaler Form* als

- Differentialgleichung (DGL) bzw.
- partielle Differentialgleichung (PDGL)

oder in *globaler Form* als Integrale über ein Kontrollvolumen des Raumes dargestellt.

2.2 Die Bewegungsgleichung

2.2.1 Möglichkeiten zur Entwicklung

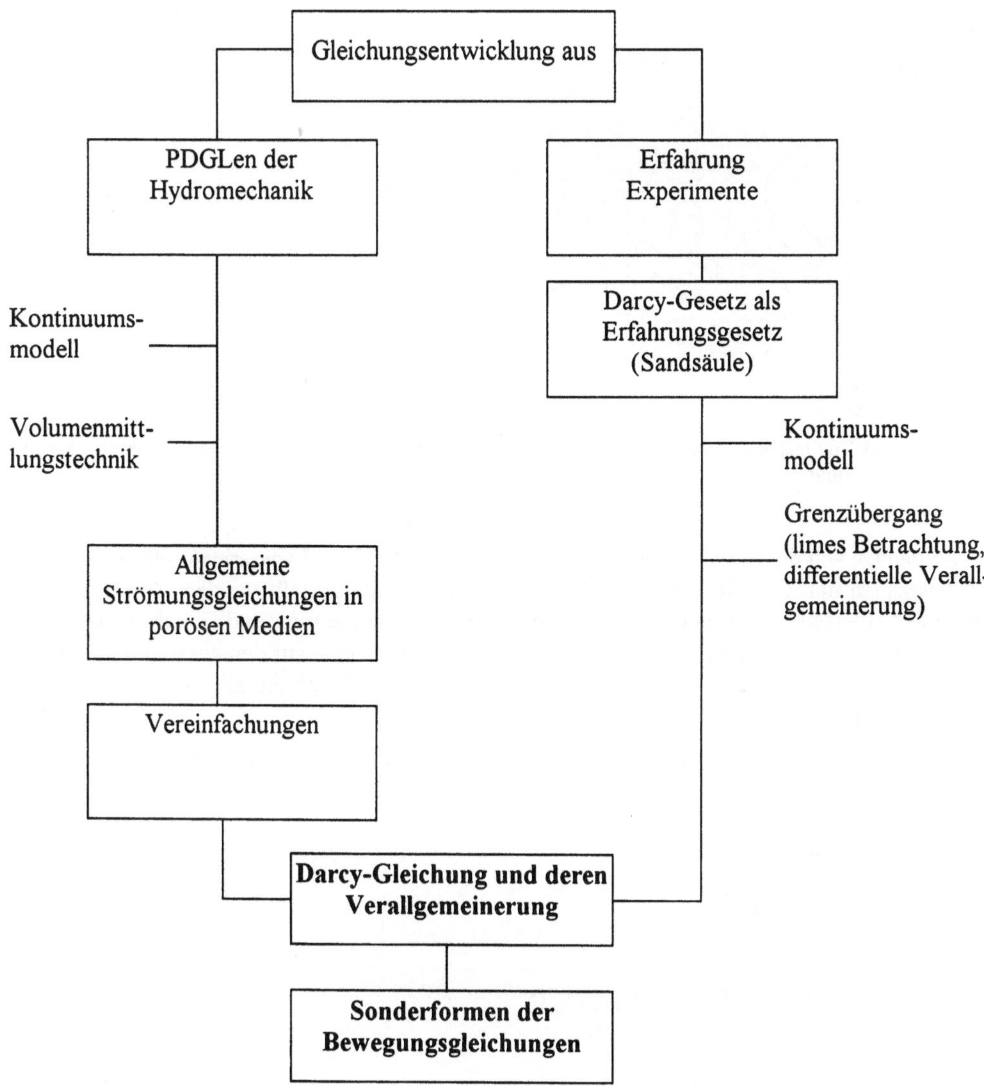

Es gibt somit zwei Wege, um die Grundgleichungen, die die Bewegungsprozesse im Grundwasserleiter beschreiben, zu entwickeln. Natürlich beruhen beide Wege auf unterschiedlichen Ansätzen und Annahmen. Diese sollen im Folgenden dargestellt werden.

2.2.2 Herleitung aus den Gleichungen der Hydromechanik

2.2.2.1 Beschreibung der Grundgleichungen der Hydromechanik

Es wird ein Volumenausschnitt aus dem Poren-Grundwasserleiter (Mikrostruktur) betrachtet. Die Kornmatrix ist dabei unbeweglich.

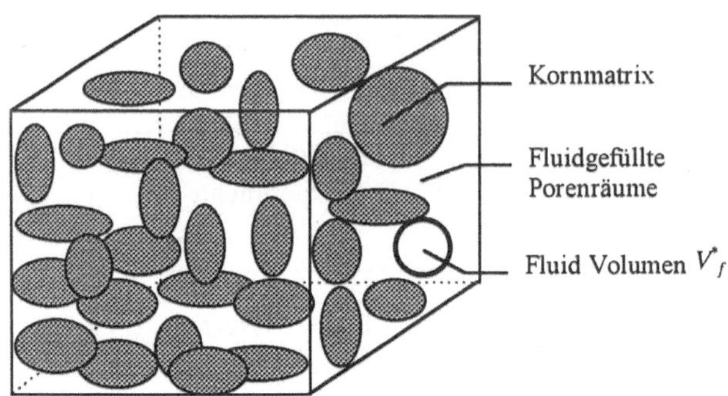

Abbildung 2-1 Volumenausschnitt aus einem Poren-GW-Leiter mit ortsfester Kornmatrix und beweglichem Fluid

Im Folgenden soll die Entwicklung von Gleichungen für die Grundwasserhydraulik aus bekannten Prinzipien und Grundgleichungen der Hydromechanik dargestellt werden. Zunächst sollen die in der Hydromechanik geltenden Prinzipien zur Massenerhaltung und Impulsbilanz für das Fluidvolumen V_f^* der Mikrostruktur betrachtet werden. Sie sollen auf den gesamten fluidgefüllten Porenraum (Makrostruktur) übertragen werden, um am Ende die allgemeine Strömungsgleichung in porösen Medien zu erhalten.

In der Hydromechanik gilt für ein an materielles Volumen gebundenes Fluid (V_f^*)

Massenerhaltung (1)

Lineare Impulsbilanz (2)

$$\frac{d}{dt}\int_{V_f^*} \rho_f^* dV_f^* = 0 \qquad (1)$$

$$\frac{d}{dt}\int_{V_f^*} \rho_f^* \vec{v}_f^* dV_f^* = \int_{V_f^*} \rho_f^* \vec{g} dV_f^* + \int_{A_f^*} \vec{t}_f^* dA_f^* \qquad (2)$$

Das Prinzip (1) sagt aus, daß die zeitliche Änderung der Masse des in einem materiellen Volumen V^*_f enthaltenen Fluids gleich Null ist (Annahme der Quellen- u. Senkenfreiheit).

Das Prinzip (2) sagt aus, daß die zeitliche Änderung des Linearen Impulses des in einem materiellen Volumen V_f^* befindlichen Fluides gleich der Summe der auf den Fluidkörper wirkenden Gewichts- und Oberflächenkraft ist.

Die oben dargestellten Gleichungen sind an ein **materielles Volumen** V_f^* gebunden, welches im Moment t mit dem räumlichen Volumen $V_{(t)}^*$ des Raumes R^3 übereinstimmt.

Anmerkung: Häufig wird statt $\frac{d}{dt}$ die Bezeichnung $\frac{D}{Dt}$, die als materielle Ableitung benannt ist, verwendet. Da aber im Zeitpunkt t $V_f^* = V_{(t)}^*$ ist, besteht rein mathematisch gesehen kein Unterschied zwischen diesen beiden Bezeichnungen.

Mikrostruktur (Grundwasserleiter) **vergrößertes Fluidvolumen**

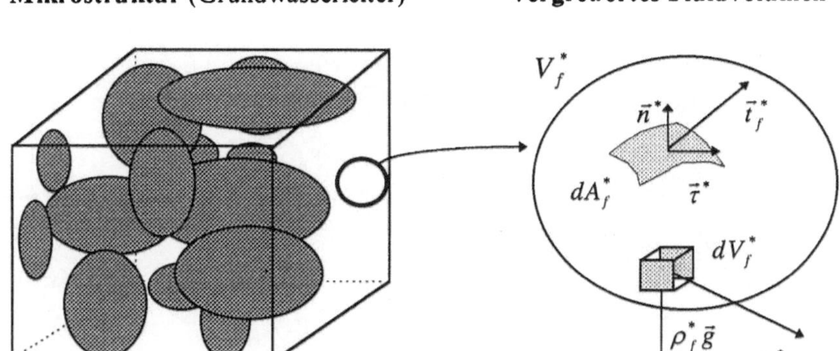

*	bezeichnet die der Mikrostruktur des Grundwasserleiters (Porenraum) zugeordneten physikalischen Größen
$\vec{t}_f^*$	Oberflächenspannungsvektor
$\rho_f^* \vec{g}$	Volumenkraftdichtevektor (Schwerkraft pro Volumeneinheit)
$\vec{n}^*$	äußerer Normaleneinheitsvektor
$\vec{\tau}^*$	tangentieller Einheitsvektor
$\vec{v}_f^*$	Geschwindigkeitsvektor

Abbildung 2-2 Volumenausschnitt aus dem fluidgefüllten Porenraum; Darstellung der Kräfte

Für eine geschlossene Darstellung der Strömung sind weitere Gleichungen erforderlich:

$\bar{\bar{T}}^* = -p^* \bar{\bar{I}} + 2\eta_f^* \bar{\bar{D}}^*$ Materialgleichung für Newtonsches Fluid (3)

$\rho_f^* = const.$ Zustandsgleichung des Fluids (4)

Annahme: volumenbeständiges, inkompressibles Newtonsches Fluid

Die benutzten Symbole in den obigen Gleichungen haben folgende Bedeutung:

$\bar{\bar{D}}_f^*$	Deformationsgeschwindigkeitstensor des Fluides
$\bar{\bar{T}}_f^*$	Spannungstensor des Fluides
$\bar{\bar{I}}$	Einheitstensor
η_f^*	dynamische Zähigkeit

Die Komponenten der o.g. Tensoren lassen sich folgendermaßen darstellen (siehe Grundlagen der Hydromechanik):

$$\bar{\bar{D}}_f^* \Rightarrow D_{ij}^* = \frac{1}{2}\left(\frac{\partial v_{fi}^*}{\partial x_j^*} + \frac{\partial v_{fj}^*}{\partial x_i^*}\right) \quad i,j=1,2,3 \; ; \; \bar{\bar{I}} \Rightarrow \delta_{i,j} = \begin{cases} 1 & i=j \\ 0 & i \neq j \end{cases}$$

oder

$$\bar{\bar{D}}_f^* \Rightarrow \begin{bmatrix} \frac{\partial v_{fx}^*}{\partial x^*} & \frac{1}{2}\left(\frac{\partial v_{fx}^*}{\partial y^*} + \frac{\partial v_{fy}^*}{\partial x^*}\right) & \frac{1}{2}\left(\frac{\partial v_{fx}^*}{\partial z^*} + \frac{\partial v_{fz}^*}{\partial x^*}\right) \\ \frac{1}{2}\left(\frac{\partial v_{fy}^*}{\partial x^*} + \frac{\partial v_{fx}^*}{\partial y^*}\right) & \frac{\partial v_{fy}^*}{\partial y^*} & \frac{1}{2}\left(\frac{\partial v_{fy}^*}{\partial z^*} + \frac{\partial v_{fz}^*}{\partial y^*}\right) \\ \frac{1}{2}\left(\frac{\partial v_{fz}^*}{\partial x^*} + \frac{\partial v_{fx}^*}{\partial z^*}\right) & \frac{1}{2}\left(\frac{\partial v_{fz}^*}{\partial y^*} + \frac{\partial v_{fy}^*}{\partial z^*}\right) & \frac{\partial v_{fz}^*}{\partial z^*} \end{bmatrix}$$

$$z^* \, (x_3^*) \qquad y^* \, (x_2^*) \qquad x^* \, (x_1^*)$$

$$\bar{\bar{I}} \Rightarrow \begin{bmatrix} 1 & 0 & 0 \\ 0 & 1 & 0 \\ 0 & 0 & 1 \end{bmatrix}$$

Es gilt:

$$\vec{t}_f^* = \vec{n}^* \cdot \bar{\bar{T}}_f^*$$

Der Oberflächenspannungsvektor $\vec{t}_f^*$ ist an dA^*_f gebunden. Er repräsentiert die Spannungen, die nötig sind, das aus dem Gefüge geschnittene Fluidelement V^*_f in seiner Form zu erhalten und das Fluidelement „es nicht merken zu lassen", daß es ausgeschnitten wurde. Der Oberflächenspannungsvektor kann in eine Komponente in Normalenvektorrichtung $\vec{n}^*$ und eine dazu senkrecht (tangentiell $\vec{\tau}^*$) aufgeteilt werden (siehe Skizze).

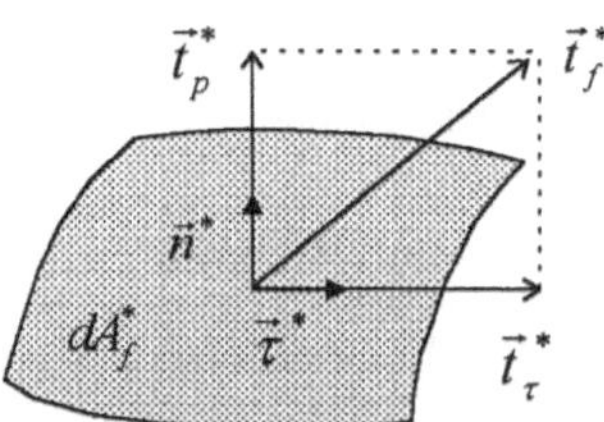

Der Anteil aus Druck ($\vec{t}_p^*$) wirkt senkrecht auf das Flächenelement.

Der Anteil aus Zähigkeit($\vec{t}_\tau^*$) wirkt im Flächenelement (tangential).

Um von (1) und (2), die an ein materielles Volumen gebunden sind, zu einer DGL (PDGL) mit lokalen Größen (Ortsfunktionen und Zeit) zu gelangen, wird das Reynolds'sche Transport- und das Divergenztheorem benötigt.

$$Reynolds'scheTransporttheorem:$$

$$\frac{d}{dt}\int_{V^*(t)} \phi^*(x,y,z)dV = \int_{V^*(t)} \left[\frac{\partial \phi^*}{\partial t} + \nabla \cdot (\vec{v}\phi^*)\right]dV = \int_{V^*(t)} \frac{\partial \phi^*}{\partial t}dV + \int_{A^*(t)} \vec{n}\cdot\vec{v}\phi^*\, dA$$

$$Divergenztheorem:$$

$$\int_{A^*(t)} \vec{n} \circ \phi^* dA = \int_{V^*(t)} \nabla \circ \phi^*\, dV$$

wobei ϕ^* eine beliebige, dem Fluid zugeordnete physikalische Größe ist (Skalar, Vektor, Tensor); $\circ$ ist die entsprechende Bezeichnung des Produkts. $V^*(t)$ ist das räumliche Volumen, das das Fluid V_f^* im Zeitpunkt t besitzt.

Differentielle lokale Kontinuitätsgleichung PDGL (1′)

Allgemeine lokale Bewegungsgleichung PDGL (2′)

$$\frac{\partial}{\partial t}\rho_f^* + \nabla^* \cdot (\rho_f^* \vec{v}_f^*) = 0 \qquad (1')$$

$$\frac{\partial}{\partial t}(\rho_f^* \vec{v}_f^*) + \nabla \cdot (\rho_f^* \vec{v}_f^* \vec{v}_f^*) = \rho_f^* \vec{g} + \nabla^* \cdot \vec{\vec{T}}_f^* \qquad (2')$$

Aus den Gleichungen (1′), (2′), (3) und (4) folgt nun:

$$\nabla \cdot \vec{v}_f^* = 0 \qquad (1'')$$

$$\rho_f^*\left(\frac{\partial \vec{v}_f^*}{\partial t} + \vec{v}_f^* \cdot \nabla \vec{v}_f^*\right) = \rho_f^* \vec{g} - \nabla^* p_f^* + 2\eta_f^* \nabla \cdot \vec{\vec{D}}_f^* \qquad (2'')$$

Man merkt, daß man die Bewegungsgleichungen auch als Gleichgewichtsgleichung zwischen Volumenkraftdichtevektoren interpretieren kann (alle auftretenden Terme haben die Einheit Kraft pro Volumen):

$$\vec{f}_{ftr}^* = \vec{f}_{fg}^* + \vec{f}_{fsp}^* = \vec{f}_{fg}^* + \vec{f}_{fp}^* + \vec{f}_{fv}^* \qquad (2''')$$

Dabei gelten folgende Terme:

- Volumenkraftdichtevektor zufolge Trägheit

$$\vec{f}_{ftr}^* = \rho_f^*\left(\frac{\partial \vec{v}_f^*}{\partial t} + \vec{v}_f^* \cdot \nabla^* \vec{v}_f^*\right) = \rho_f^*\left(\frac{\partial v_f^*}{\partial t} + (\nabla^* \cdot \vec{v}_f^*)\vec{v}_f^*\right)$$

- Volumenkraftdichtevektor zufolge Erdschwere (Schwerkraft pro Volumeneinheit)

$$\vec{f}_{fg}^* = \rho_f^* \vec{g}$$

- Volumenkraftdichtevektor zufolge Oberflächenspannung

$$\vec{f}_{fsp}^* = \vec{f}_{fp}^* + \vec{f}_{fv}^*$$

Oberflächenspannung = Druckspannung + Zähigkeitsspannung

$$\vec{f}_{fp}^* = -\nabla^* p_f^*$$

$$\vec{f}_{fv}^* = 2\eta_f^* \nabla^* \cdot \vec{\vec{D}}_f^*$$

Betrachtet man nun die Terme der allgemeinen Bewegungsgleichung des Fluids, so entsteht folgendes Bild. Die Volumenkraftdichtevektoren müssen ein geschlossenes Kraftdreieck ergeben.

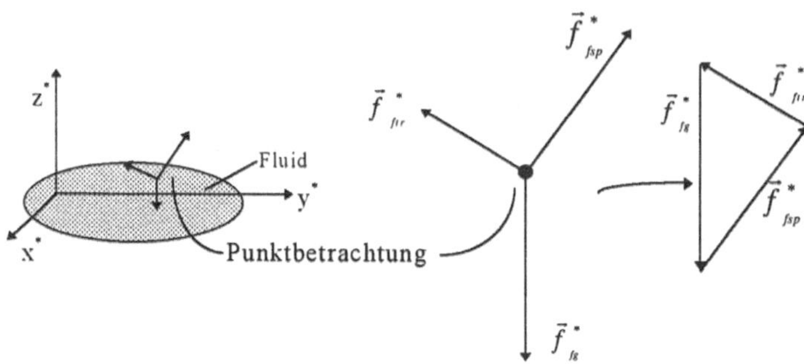

Abbildung 2-3 Graphische Darstellung des Gleichgewichtes aller Kräfte als Volumenkraftdichtevektoren im Fluid

Die Bewegungsvorgänge des Wassers im Untergrund lassen sich nicht direkt mit den oben genannten PDGLen (1") und (2") der Hydromechanik beschreiben,

da die Form, Größe und Verteilung der Porenräume, in denen die Strömung stattfindet, nicht genau definiert werden kann, weil die Porenräume verschieden aufgebaut sind. Es wird daher ein äquivalentes Kontinuumsmodell entwickelt und die Grundgleichungen der Hydromechanik auf dieses übertragen.

Das Kontinuumsmodell wird durch eine Mittlungstechnik der Systemeigenschaften über das sogenannte Repräsentative Elementarvolumen (REV) des Aquifers eingeführt. Dies ermöglicht die Darstellung der übertragenen Systemeigenschaften als dem Kontinuumsmodell zugeordnete Funktionen.

2.2.2.2 Schema für die Herleitung der Bewegungsgleichung in porösen Medien mit Hilfe der Grundgleichungen der Hydromechanik

PDGL aus Hydromechanik (1'', 2'', 2''')

Die charakteristischen physikalischen Größen der Strömung in der Mikrostruktur (aus der Hydromechanik) sollen nun in physikalische Größen eines sogenannten Kontinuumsmodells Grundwasserleiter-Makrostruktur umgewandelt werden. Die bisher gewonnenen Ergebnisse werden auf die neuen Bedingungen übertragen.

Einführung des Kontinuumsmodells

Problem: Auffinden eines Volumenelementes (REV) des Grundwasserleiters, bei dem die folgenden Bedingungen erfüllt sind:

- klein genug, um bezüglich des makroskopischen Maßstabs des Grundwasserleiters als Punkt angesehen zu werden
- groß genug, damit die auf dieses Volumen bezogenen Größen stabil bleiben

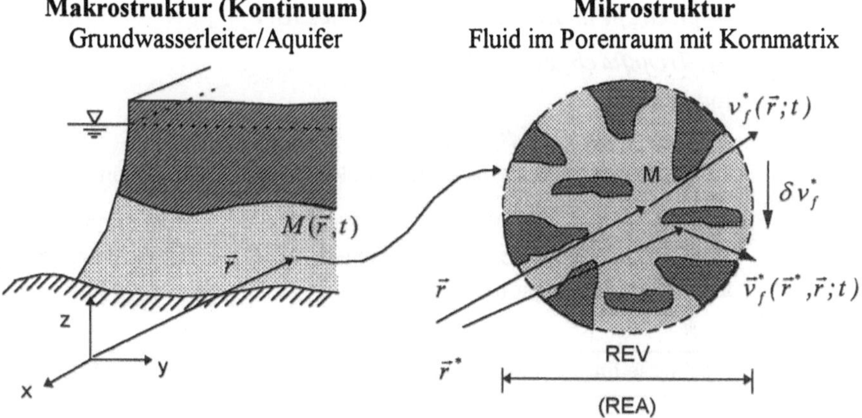

Abbildung 2-4 Makro- und Mikrostruktur des Grundwasserleiters zur Einführung des Kontinuumsmodells und der Mittlungstechnik

Porosität

$$n_i^* = \frac{V_{pi}^*}{V_i^*} \Rightarrow n_p = \frac{V_p}{V_{REV}}$$

$V_i \subset V_{REV}$

V_{REV}	Representatives Elementarvolumen des Grundwasserleiters
V_P	Porenvolumen im V_{REV}
n_p	Porosität

Da bei der Grundwasserströmung nicht der ganze Porenraum ausgenutzt wird (z. B. geschlossene Poren), wird die effektive (wirksame) Porosität $n_e < n_p$ eingeführt.

Mittlung über das REV

Problem: Es sollen die charakteristischen Größen aus der lokalen PDGL des Fluides „*" (Mikrostruktur) auf das Kontinuumsmodell, den Grundwasserleiter, bezogen werden, d.h. sie werden über das REV gemittelt und ergeben die dem Kontinuumsmodell zugeordneten physikalischen Größen.

Mittlungsregel (Bear, 1972):

Über das V_{REV} (repräsentatives Elementarvolumen)

$$\tilde{\phi} = \frac{1}{V_{REV}} \int_{V_{REV}} \phi_f^* dV^* \; ; \; \tilde{\phi}_f = \frac{1}{V_{f\,REV}} \int_{V_{f\,REV}} \phi_f^* dV$$

$$\tilde{\phi} = n_e \tilde{\phi}_f$$

$$\widetilde{\nabla\phi} = \nabla\tilde{\phi} + \frac{1}{V_{REV}} \int_{A_{FS}} \phi_f^* \vec{n}^* dA^*$$

Über der A_{REA} (repräsentative Elementarfläche)

$$\tilde{\psi} = \frac{1}{A_{REA}} \int_{A_{REA}} \psi_f^* aA^*$$

ϕ_f^* *ph.Größe in Mikrostruktur*

$\tilde{\phi}$ *ph.Größe im Kontinuum im Sinne des REV*

A_{FS} *Trennfläche Fluid – Solid*

Im REV gilt:

$$\phi(\vec{r}^*, \vec{r}; t) = \phi(\vec{r}; t) + \delta\phi(\vec{r}^*, \vec{r}; t)$$

wobei die Abweichung $\delta\phi$ vom Mittelwert die folgende Bedingung erfüllt:

$$\widetilde{\delta\phi} = 0$$

Um die Schreibweise zu vereinfachen, wird die Bezeichnung der gemittelten Größe '~' nicht mehr benutzt.

Ergebnisse für die Volumenkraftdichtevektoren mit der o.g. Mittlungsregel

$$\tilde{\vec{f}}_{fg} = \vec{f}_g = \rho_f \vec{g} n_e$$

$$\tilde{\vec{f}}_{ftr} = \vec{f}_{tr} = \rho_f \frac{\partial \vec{v}}{\partial t} + \frac{\rho_f}{n_e} \nabla \cdot \vec{v}\vec{v} \; \boxed{+ \frac{\rho_f}{n_e} \vec{\lambda} |\vec{v}|^2}$$

$$\tilde{\vec{f}}_{fsp} = \vec{f}_{sp} = -n_e \nabla p + \eta_f \nabla \cdot \nabla \vec{v} \; \boxed{+ \eta_f n_e \vec{\vec{H}} \cdot \vec{v}}$$

neue Terme mit $\vec{\vec{H}}$ und $\vec{\lambda}$, je Funktionen der Porenstruktur des GW-Leiters

$\vec{v}$ *Filtergeschwindigkeit*

$\vec{v} = n_e \vec{v}_a \quad ; \quad \vec{v}_a = \frac{d\,\vec{r}}{d\,t}$ Abstandsgeschwindigkeit

$\rho_f = \rho_f^*$ die Massendichte des Wassers bleibt unverändert

$\eta_f = \eta_f^*$ die dynamische Viskosität des Wassers bleibt unverändert

Einspeisung der Ergebnisse $\vec{f}_{tr} = \vec{f}_g + \vec{f}_{sp}$ nach (2''')

Allgemeine PDGL der gesättigten GW-Strömung

$$\frac{\rho_f}{n_e}\vec{\lambda}|\vec{v}|^2 + \rho_f \frac{\partial \vec{v}}{\partial t} + \frac{\rho_f}{n_e}\nabla \cdot (\vec{v}\vec{v}) = \rho_f n_e \vec{g} - n_e \nabla p + \eta_f \nabla^2 \vec{v} + \eta_f n_e \vec{\vec{H}} \cdot \vec{v}$$

$\vec{\vec{H}}$ Funktion von Bodeneigenschaften (im allgemeinen ein Tensor)

$\vec{\lambda}$ Funktion von Bodeneigenschaften (im allgemeinen ein Vektor)

—— Wirkung des Widerstandsverhaltens

Auswertung und Vereinfachung

....

Diese Terme leisten einen vergleichsweise kleinen Beitrag zur Gleichung und werden somit vernachlässigt:

- lokale Beschleunigungen

$$\frac{\partial \vec{v}}{\partial t}$$

- kleine Geschwindigkeitsgradienten

$$\frac{1}{n_e}\nabla \cdot (\vec{v}\,\vec{v})$$

$$\eta_f \nabla^2 \vec{v}$$

- kartesisches Koordinatensystem mit 0z vertikal

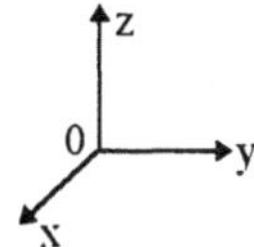

$$\vec{g} = -\nabla g z$$

So erhält man das allgemeine Strömungsgesetz (verallgemeinertes Darcy-Forcheimer Gesetz)

$$\vec{v} = \frac{\rho_f g}{\eta_f}\vec{\vec{H}}^{-1} \cdot \nabla h + \frac{\rho_f}{n_e^2 \eta_f}\vec{\vec{H}}^{-1} \cdot \vec{\lambda}|\vec{v}|^2$$

Wird die Auswirkung der Trägheit vernachlässigt ($|\vec{v}|^2 << |\vec{v}|$), so erhält man das lineare Darcy-Forcheimer Gesetz für die allgemeine 3-D GW-Strömung,

Darcy-Gesetz

$$\vec{v} = -\vec{\vec{k}}_f \cdot \nabla h$$

wobei die folgenden Bezeichnungen eingeführt werden:

$$h = \frac{p}{\rho g} + z$$ – die Standrohrspiegelhöhe

$$\bar{\bar{k}}_f = -\frac{\rho_f g}{\eta_f} \bar{\bar{H}}^{-1}$$ – der Durchlässigkeitstensor

$$\bar{\bar{K}} = \bar{\bar{H}}^{-1}$$ – der Permeabiltiätstensor (nur abhängig von der Kornmatrix)

- allgemeiner Fall (Grundwasserleiter inhomogen und anisotrop)

$$\bar{\bar{k}}_f \Rightarrow \begin{bmatrix} k_{xx} & k_{xy} & k_{xz} \\ k_{yx} & k_{yy} & k_{yz} \\ k_{zx} & k_{zy} & k_{zz} \end{bmatrix} mit\ k_{(),()} = k_{(),()}(x,y,z)$$

Im Falle einer Sonderorientierung des Koordinatensystems (Hauptrichtung des Tensors)

$$\bar{\bar{k}}_f \Rightarrow \begin{bmatrix} k_{xx} & 0 & 0 \\ 0 & k_{yy} & 0 \\ 0 & 0 & k_{zz} \end{bmatrix} mit\ k_{(),()} = k_{(),()}(x,y,z)$$

- inhomogen, isotrop (isotrop ≡ richtungsunabhängig)

$$\bar{\bar{k}}_f = \bar{\bar{I}}\, k_f(x,y,z)$$

- homogen, isotrop

$$\bar{\bar{k}}_f = \bar{\bar{I}}\, k_f \quad ; \quad \text{mit } k_f = \text{konstant}$$

In den letzten beiden Fällen, die in der Grundwasserhydraulik am häufigsten auftreten, lautet das DARCY-Gesetz:

$$\vec{v} = -k_f \nabla h$$

Die Sonderformen für verschiedene Strömungsfälle werden in 2.2.4.3 dargestellt.

2.2.3 Die Bewegungsgleichung als Erfahrungsgesetz

Das DARCY-Gesetz ist eine wichtige mathematische Beziehung, die die wesentlichen Größen der Grundwasserhydraulik in eine Gleichung faßt. Es wurde 1856 von DARCY durch das Durchführen von Experimenten ermittelt.

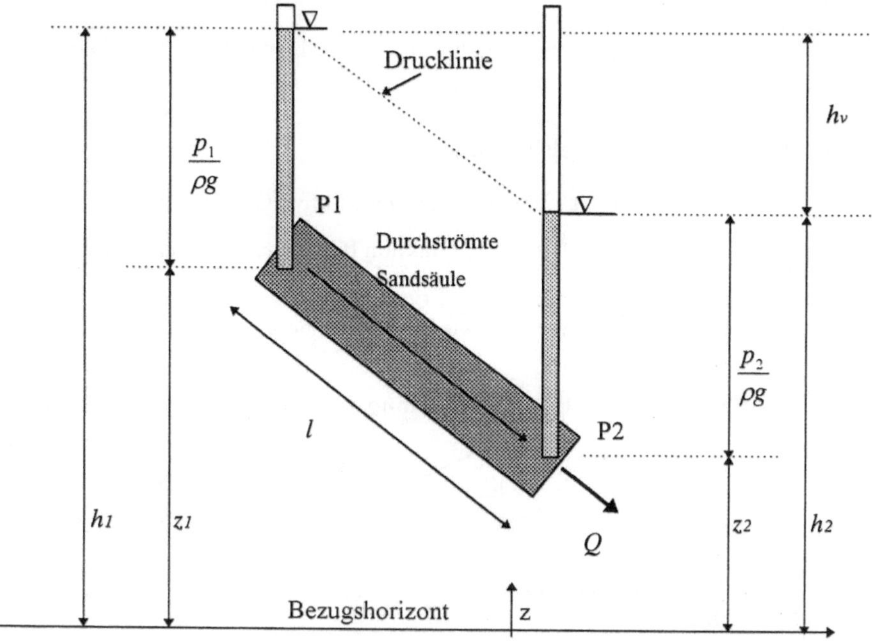

Abbildung 2-5 Das Energiehöhenschema des DARCY'schen Experimentes

P1, P2	Meßstellen, in denen die Druckhöhe gemessen wird
h_1, h_2	Standrohrspiegelhöhe an den Meßstellen P1 und P2
z_1, z_2	geodätische Höhe an den Meßstellen P1 und P2
$\frac{p_1}{\rho_f g}, \frac{p_2}{\rho_f g}$	Druckhöhen an den Meßstellen P1 und P2

Bemerkung :

Die Energiehöhen zufolge Geschwindigkeit ($v^2/2g$) haben bei dieser Betrachtung keinen bedeutenden Einfluß, da

$$\frac{v^2}{2g} << \frac{p_1}{\rho_f g} + z_1$$

$$h_v = h_1 - h_2 \qquad \text{Standrohrspiegelhöhendifferenz}$$

Dieser Term repräsentiert den Energieanteil, der in nicht mechanische (wertvolle) Energie umgewandelt wurde; d. h. hydraulischer Energieverlust.

I	$= h_v / l$	Standrohrspiegelhöhengefälle meint Drucklinienegefälle
Q		Durchfluß
A		Querschnitt der Säule
v	$= Q / A$	Filtergeschwindigkeit

Nach DARCY gilt Proportionalität zwischen Filtergeschwindigkeit und dem Standrohrspiegelhöhengefälle (Drucklinienegefälle).

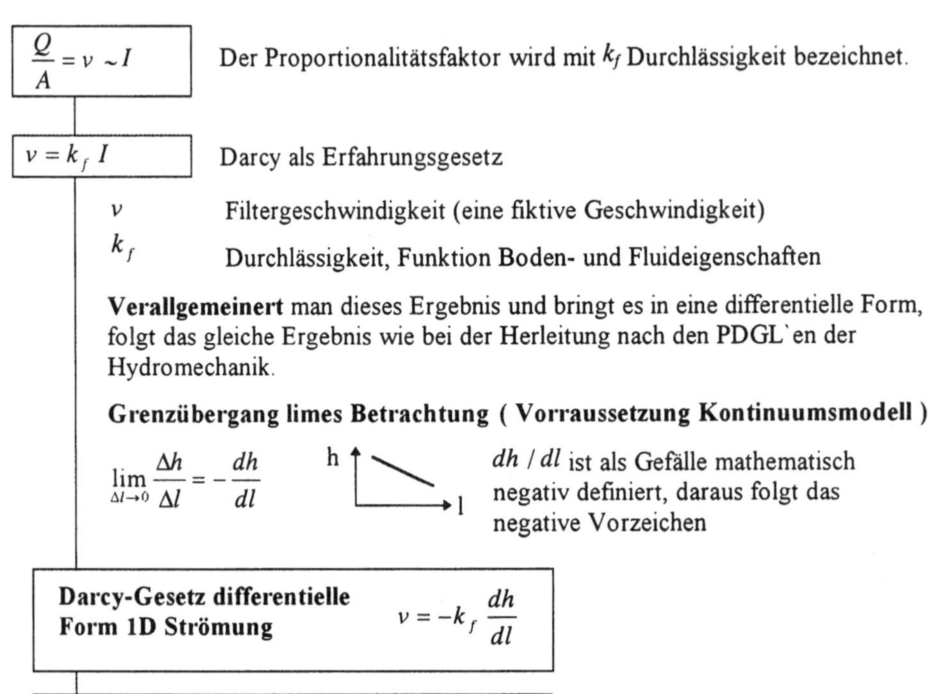

Darcy-Gesetz für 2D und 3D Strömungen

$\vec{v} = -\overline{\overline{k}}_f \cdot \nabla h$ anisotrop

$\vec{v} = -k_f \nabla h$ isotrop

Dieses Gesetz unterliegt festen Gültigkeitsbedingungen. Diese sollen im Folgenden dargestellt werden.

2.2.4 Bemerkungen über die Bewegungsgleichung

2.2.4.1 Gültigkeit der linearen Bewegungsgleichung

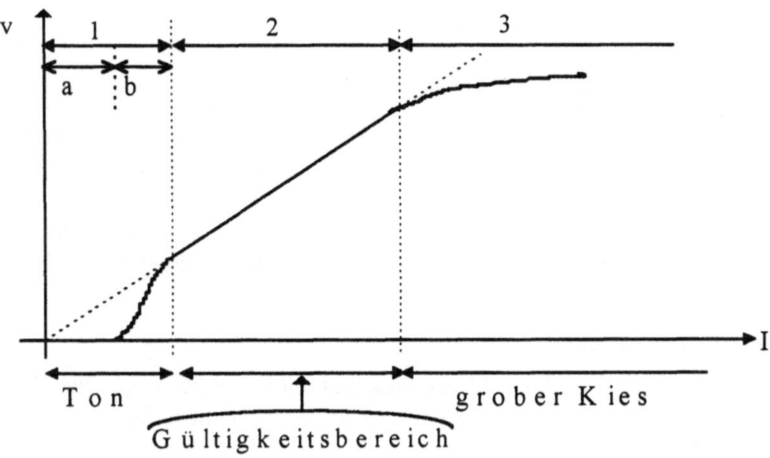

Abbildung 2-6 Schematische Darstellung der charakteristischen Bereiche des Filtergesetzes

v	Filtergeschwindigkeit
I	Piezometergefälle = Energieliniengefälle
1a	Strömungsloser Bereich
1b	Prälinearer Bereich
2	**Linearer Bereich (DARCY-Gesetz)**
3	Postlinearer Bereich (z. B. FORCHHEIMER Gesetz)

Im linearen Bereich des I-v Diagramm gilt das DARCY-Gesetz gemäß 2.2.3.

Die obere Gültigkeitsgrenze

$$Re = \frac{vd}{\nu} \leq 1-10$$

Re	Reynoldszahl
d	ist eine für das poröse Medium repräsentative Länge, z.B. der Wert d_{10}
v	Filtergeschwindigkeit
ν	kinematische Viskosität

Wenn Strömungen mit größeren *Re*-Zahlen auftreten, kann zum Beispiel der Ansatz nach FORCHHEIMER gewählt werden.

$$I = av + bv^2$$

mit

a, b Konstanten, die das poröse Medium charakterisieren

v Filtergeschwindigkeit

In diesem Fall sind die Filtergeschwindigkeiten so groß geworden, daß der dem Trägheitseffekt entsprechende Term (siehe theoretische Herleitung 2.2.2.2) gegenüber den anderen Termen nicht mehr vernachlässigbar ist. Unter diesen Bedingungen gilt kein linearer Zusammenhang zwischen Filtergeschwindigkeit und Druckliniengefälle. Bei großen Filtergeschwindigkeiten können auch Auswirkungen der Turbulenz auftreten, die die Abweichungen vom linearen Gesetz verstärken.

Die untere Grenze der Gültigkeit

Die untere Grenze der Gültigkeit des DARCY-Gesetzes wird erreicht, wenn die Wirkung der Haftkräfte (elektromolekulare Kraftwirkung) an Bedeutung gewinnt (sehr kleine Strömungsquerschnitte in der Mikrostruktur).

Eine allgemeine Beziehung, die alle Bereiche umfaßt:

$$v = k_f I^{\alpha}$$

$\alpha > 1$ prälinearer Bereich

$\alpha = 1$ linearer Bereich

$0{,}5 \leq \alpha < 1$ postlinearer Bereich

Anmerkungen

Die *Durchlässigkeit* k_f ist über die kinematische Zähigkeit ν auch von dem strömenden Medium (z.B. Wasser) abhängig.

Die *spezifische Permeabilität* definiert durch

$$\kappa = \frac{\nu}{g} k_f$$

ist nur von der Struktur des durchströmten Mediums (Grundwasserleiter) abhängig.

Maßeinheiten:	$< k_f > =$	m/s
	$< \kappa > =$	m^2

Anhaltswerte:

Sandiger Kies	$3 \cdot 10^{-3}$ - $5 \cdot 10^{-4}$	m/s
Mittlerer Sand	$1 \cdot 10^{-4}$ - $4 \cdot 10^{-4}$	m/s
Schluffiger Sand	$2 \cdot 10^{-4}$ - $1 \cdot 10^{-5}$	m/s
Sandiger Schluff	$5 \cdot 10^{-5}$ - $1 \cdot 10^{-6}$	m/s
Toniger Schluff	$5 \cdot 10^{-6}$ - $1 \cdot 10^{-8}$	m/s
Schluffiger Ton	$\approx 1 \cdot 10^{-8}$	m/s

2.2.4.2 Übersicht über die unterschiedlichen Formen der Durchlässigkeit

Ein Grundwasserleiter kann unterschiedliche Eigenschaften haben:

inhomogener Leiter	k_f Wert ist ortsabhängig
homogener Leiter	k_f Wert ist nicht ortsabhängig
anisotroper Leiter	k_f Wert ist richtungsabhängig
isotroper Leiter	k_f Wert ist nicht richtungsabhängig

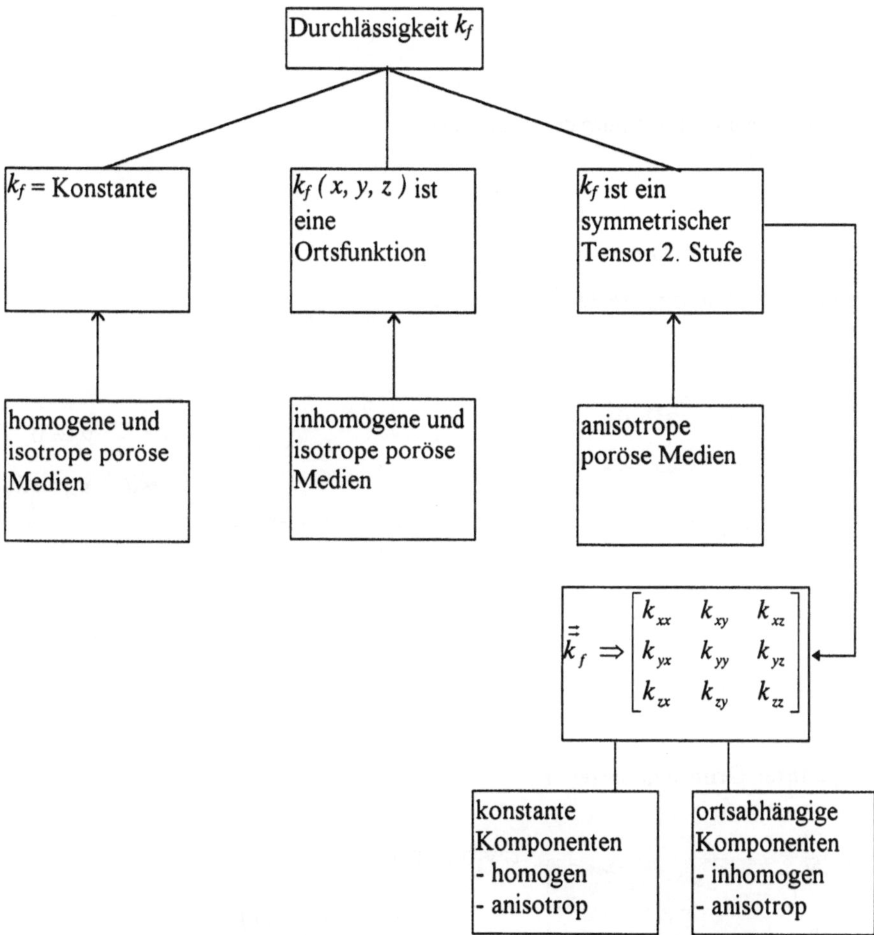

Anmerkung:

Das Koordinatensystem kann man so wählen, daß die Komponenten außer der Hauptdiagonalen verschwinden (Hauptachsen). Weiterhin kann durch Koordinatentransformation ein äquivalenter isotroper Grundwasserleiter eingeführt werden. Aufgrund dieser Tatsache wird weiterhin der Grundwasserleiter als isotrop (homogen oder inhomogen) angenommen.

2.2.4.3 Sonderformen des DARCY-Gesetzes

Die allgemeine DARCY-Gleichung für den 3D Strömungsfall im **gespannten** oder **ungespannten** (isotropen) Grundwasserleiter hat folgende Form:

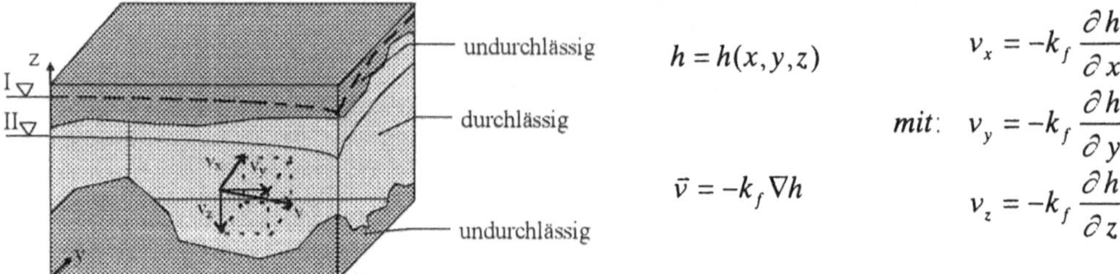

$$h = h(x,y,z) \qquad \vec{v} = -k_f \nabla h$$

$$\text{mit:} \quad v_x = -k_f \frac{\partial h}{\partial x}, \quad v_y = -k_f \frac{\partial h}{\partial y}, \quad v_z = -k_f \frac{\partial h}{\partial z}$$

Abbildung 2-7 Graphische Darstellung der 3D Strömung

I gespannter 3D Grundwasserleiter

II ungespannter 3D Grundwasserleiter

2D - gespannter Grundwasserleiter

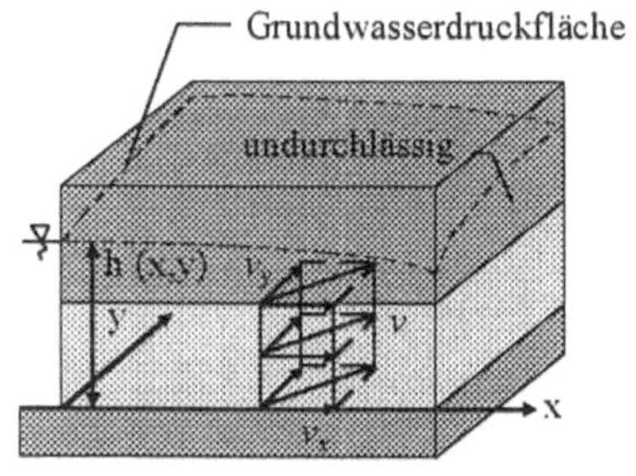

$$h = h(x,y) \qquad \vec{v} = -k_f \nabla h$$

$$\text{mit:} \quad v_z = 0, \quad v_x = -k_f \frac{\partial h}{\partial x}, \quad v_y = -k_f \frac{\partial h}{\partial y}$$

Abbildung 2-8 2D - gespannter Grundwasserleiter

1D - gespannter Grundwasserleiter

GW-Drucklinie

undurchlässig

h

GW-Leiter

v

undurchlässig

x

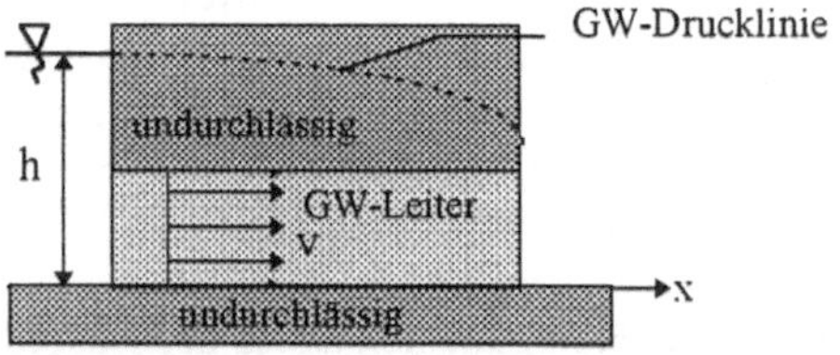

$$h = h\,(x) \qquad \vec{v} = -k_f \nabla h$$

$$\text{mit:} \quad v_y = v_z = 0, \quad v_x = v = -k_f \frac{dh}{dx}$$

Abbildung 2-9 1D - gespannter Grundwasserleiter

2D - Grundwasserleiter mit freier Oberfläche (DUPUIT-FORCHHEIMER-Annahme)

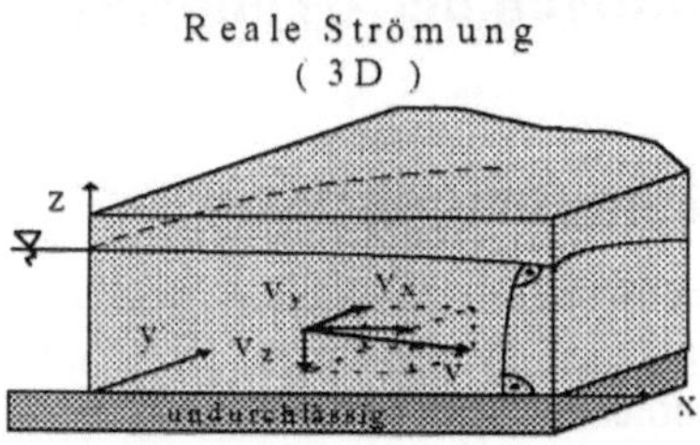

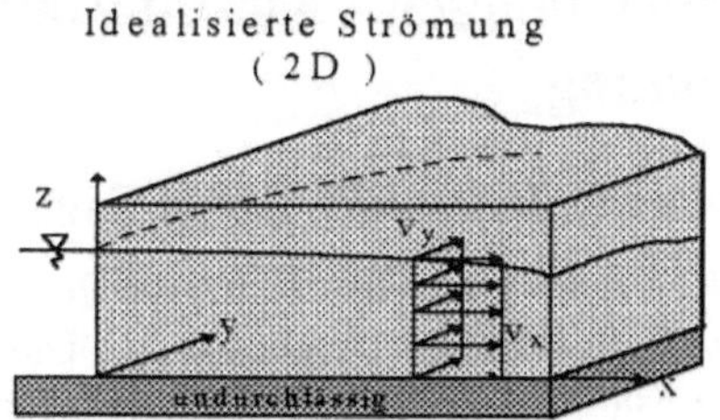

Abbildung 2-10 2D Grundwasserleiter mit freier Oberfläche (mit D.-F.-Annahme)

$$h=h(x,y,z) \qquad \vec{v}=-k_f \nabla h \qquad v_x=-k_f\frac{\partial h}{\partial x} \qquad v_y=-k_f\frac{\partial h}{\partial y} \qquad v_z=-k_f\frac{\partial h}{\partial z}$$

D.–F.–Annahme

$$\frac{\partial h}{\partial z} \cong 0$$

oder

$$|v_z| << |\vec{v}|$$

oder

$$h(x,y,z) \approx h(x,y)$$

$$\Rightarrow$$

$$h=h(x,y) \qquad \vec{v}=-k_f \nabla h \qquad v_z=0 \qquad v_x=-k_f\frac{\partial h}{\partial x} \qquad v_y=-k_f\frac{\partial h}{\partial y}$$

1D -Grundwasserleiter mit freier Oberfläche (D.-F.-Annahme)

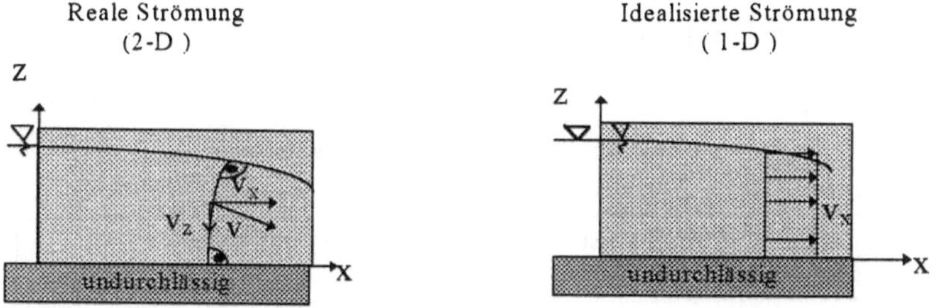

Abbildung 2-11 1D - Grundwasserleiter mit freier Oberfläche (mit D.-F.-Annahme)

$$h=h(x,z) \qquad \vec{v}=-k_f \nabla h \qquad v_x=-k_f\frac{\partial h}{\partial x} \qquad v_z=-k_f\frac{\partial h}{\partial z}$$

D.–F.–Annahme

$$\frac{\partial h}{\partial z} \cong 0$$

oder

$$|v_z| << |\vec{v}|$$

oder

$$h(x,z) \approx h(x)$$

$$\Rightarrow$$

$$h=h(x) \qquad v_z=0 \qquad v_x=-k_f\frac{dh}{dx}$$

2.3 Bilanzgleichungen - Kontinuitätsgleichungen der Grundwasserströmung

2.3.1 Allgemeine lokale und globale Form der Kontinuitätsgleichung

Aufgrund des Kontinuumsmodells können die Postulatsgleichungen der Kontinuumsmechanik auf die Grundwasserhydraulik bezogen werden. Die Kontinuitätsgleichung wird aus dem Prinzip der Massenerhaltung hergeleitet. Das sagt aus, daß die zeitliche Änderung der Masse der in einem materiellen Volumen V_m (=V_t zum Zeitpunkt „t“) enthaltenen Flüssigkeit gleich Null ist. Die Annahme der inneren Quellen- und Senkenfreiheit wird hier vorausgesetzt.

Allgemeine Darstellung der Massenerhaltung in der Grundwasserhydraulik

Massenerhaltung in integraler Form

$$\frac{d}{dt}\int_{V_t} \rho_f n_e dV = 0$$

Transporttheorem

allgemeine Konti in lokaler Form PDGL

$$\frac{\partial}{\partial t}\left(\rho_f n_e\right)+\nabla\cdot\left(\rho_f \vec{v} n_e\right)=0$$

$\nabla\cdot\vec{v}=0$ gilt mit inkompressiblem Fluid, Bodenkorn und Kornmatrix

die Konti in integraler Form (Massenbilanzierung für ein raumfestes Kontrollvolumen V)

$$\int_V \frac{\partial}{\partial t}(\rho_f n_e)dV+\int_A \vec{n}\cdot\vec{v}\rho_f dA=0$$

$\int_A \vec{n}\cdot\vec{v}dA=0$ gilt mit inkompressiblem Fluid, Bodenkorn und Kornmatrix

Sonderformen in der Grundwasserhydraulik
Bilanzierung am in der Praxis auftretenden Grundwasserleiter

2.3.2 Sonderformen der lokalen Kontinuitätsgleichung

1. Allgemeine Konti mit Berücksichtigung der Kompressibilität

Kompressibilität von:

- Bodenkorn
- Kornmatrix
- Wasser

$$S_S \frac{\partial h}{\partial t} + \nabla \cdot \vec{v} = 0 \text{ bzw. } S_S \frac{\partial h}{\partial t} + \frac{\partial v_x}{\partial x} + \frac{\partial v_y}{\partial y} + \frac{\partial v_z}{\partial z} = 0$$

$$S_S = \rho g n_e \left(\beta_f - \beta_S + \frac{\alpha}{n_e} \right)$$

S_S spezifischer Speicherkoeffizient $[m^{-1}]$ (Ton 10^{-2}, Gestein 10^{-7})
β_f Kompressibilitätskoeffizient für Wasser $[m^2/N]$ ($\approx 5 \cdot 10^{-10}$ bei 10°C)
β_S Kompressibilitätskoeffizient für Boden, Gestein $[m^2/N]$ ($\approx 2 \cdot 10^{-11}$)
α Kompressibilitätskoeffizient der Kornmatrix $[m^2/N]$ (10^{-6} - 10^{-11})

2. Konti 2-D und 1-D im gespannten Grundwasserleiter mit Leakage, Kompressibilität vernachlässigt ($S_S \approx 0$; Quellen- u. Senkenfrei)

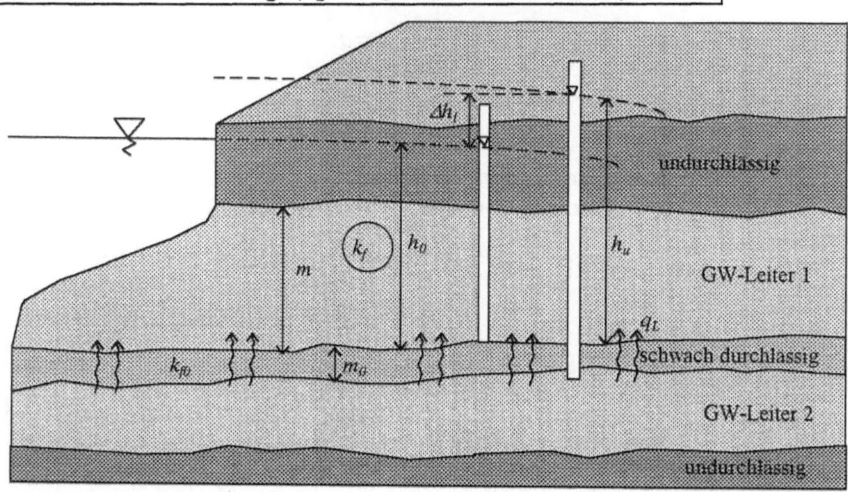

Abbildung 2-12 Gespannter GW-Leiter (GWL1) mit Leakage

h_0 Drucklinie GW-Leiter 1
h_u Drucklinie GW-Leiter 2

$$\frac{\partial}{\partial x}(mv_x)+\frac{\partial}{\partial y}(mv_y)=\begin{cases}0 & ohne\,Leakage\\ & oder\\ q_L & mit\,Leakage\end{cases}\qquad f\ddot{u}r\,2-D$$

$$q_L=k_{f0}\frac{\Delta h_L}{m_0}$$

$$\frac{d}{dx}(mv_x)=\begin{cases}0 & ohne\,Leakage\\ & oder\\ q_L & mit\,Leakage\end{cases}\qquad f\ddot{u}r\,1-D$$

q_L Zufluß durch den schwach durchlässigen GW-Leiter, Leakage

3. Konti im freien Grundwasserleiter

allgemeine 3D Strömung

v_z ist nicht vernachlässigbar
Kompressibilität des Wassers und des Bodens wird vernachlässigt

- **instationäre Strömung**

In einem beliebigen inneren Punkt $P(x,y,z)$ des Grundwassers gilt:

$$\nabla\cdot\vec{v}=0\rightarrow\frac{\partial v_x}{\partial x}+\frac{\partial v_y}{\partial y}+\frac{\partial v_z}{\partial z}=0$$

an der freien Oberfläche des Grundwassers gilt für $M_0\,(x, y, z_0, t)$

$$n_e\frac{\partial z_0}{\partial t}+v_x\frac{\partial z_0}{\partial x}+v_y\frac{\partial z_0}{\partial y}-v_z=q_N$$

$$z_0=z_0(x,y,t)$$

mit:
q_N = Grundwasserneubildung
n_e = wirksame Porosität

- **stationäre Strömung**

in einem inneren Punkt

$$\nabla\cdot\vec{v}=0\rightarrow\frac{\partial v_x}{\partial x}+\frac{\partial v_y}{\partial y}+\frac{\partial v_z}{\partial z}=0$$

an der freien Oberfläche

$$v_x\frac{\partial z_0}{\partial x}+v_y\frac{\partial z_0}{\partial y}-v_z=q_N\quad;\quad z_0=z_0(x,y)$$

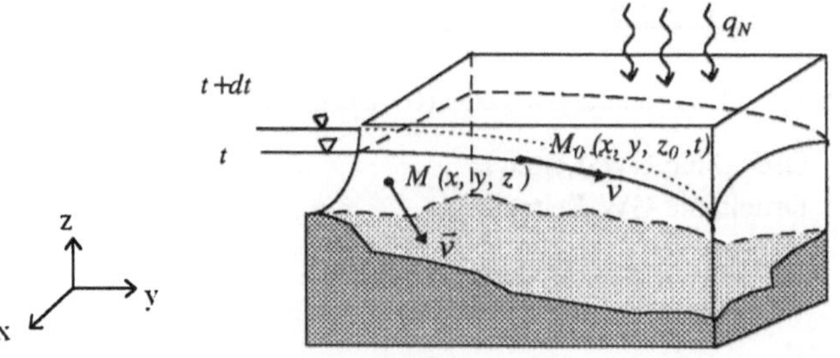

2D- und 1D-Strömung mit D.-F.-Annahme

- **stationäre Strömungen**

2D

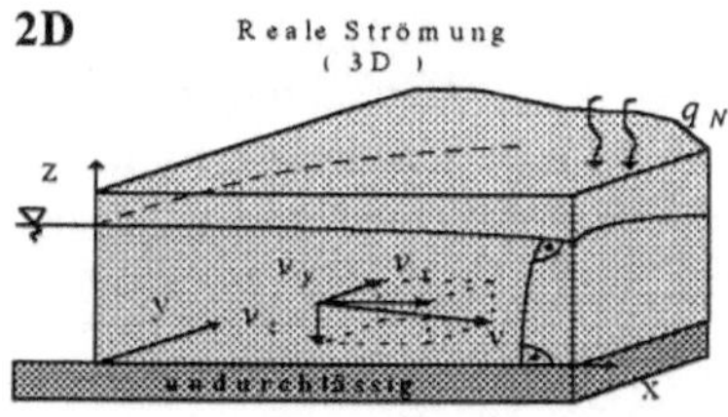

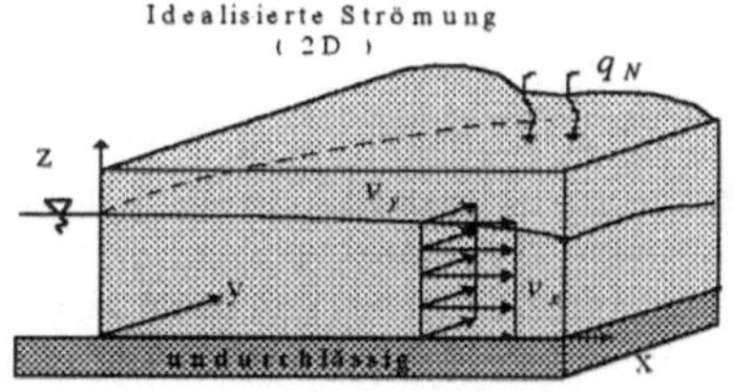

D.–F.–Annahme

$$|v_z| << |v| \;\Rightarrow\; \frac{\partial h}{\partial z} \cong 0 \;\Rightarrow\; h(x,y,z) \approx h(x,y)$$

1D

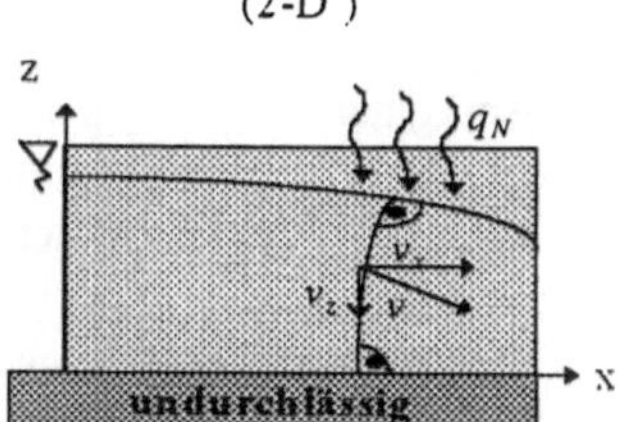

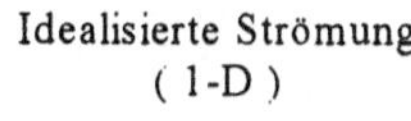

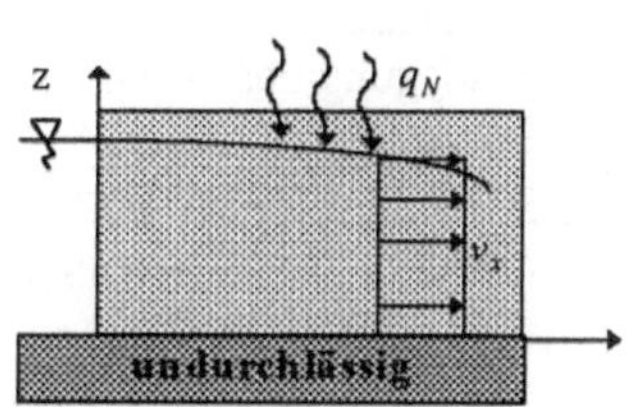

D.–F.–Annahme

$$|v_z| << |v| \;\Rightarrow\; \frac{\partial h}{\partial z} \cong 0 \;\Rightarrow\; h(x,y,z) \approx h(x)$$

$$\frac{\partial}{\partial x}(hv_x) + \frac{\partial}{\partial y}(hv_y) = \begin{cases} 0 \\ \text{oder} & \text{für } 2-D \\ q_N \end{cases} \qquad \frac{d}{dx}(hv_x) = \begin{cases} 0 \\ \text{oder} & \text{für } 1-D \\ q_N \end{cases}$$

- **instationäre Strömung**

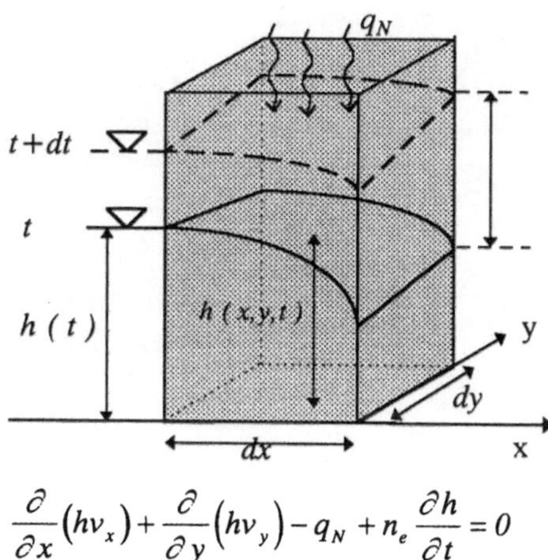

$$\frac{\partial}{\partial x}(hv_x) + \frac{\partial}{\partial y}(hv_y) - q_N + n_e \frac{\partial h}{\partial t} = 0$$

3 Anfangs- und Randwertaufgaben

3.1 Allgemeine Beschreibung

Für den Aufbau eines systembeschreibenden Modells ist die Betrachtung der Grundgleichungen der Grundwasserströmung nicht ausreichend. Eine Problemstellung erfordert die Festlegung des Strömungsgebietes mit fest definierten Rand- und Anfangsbedingungen. Dabei gilt:

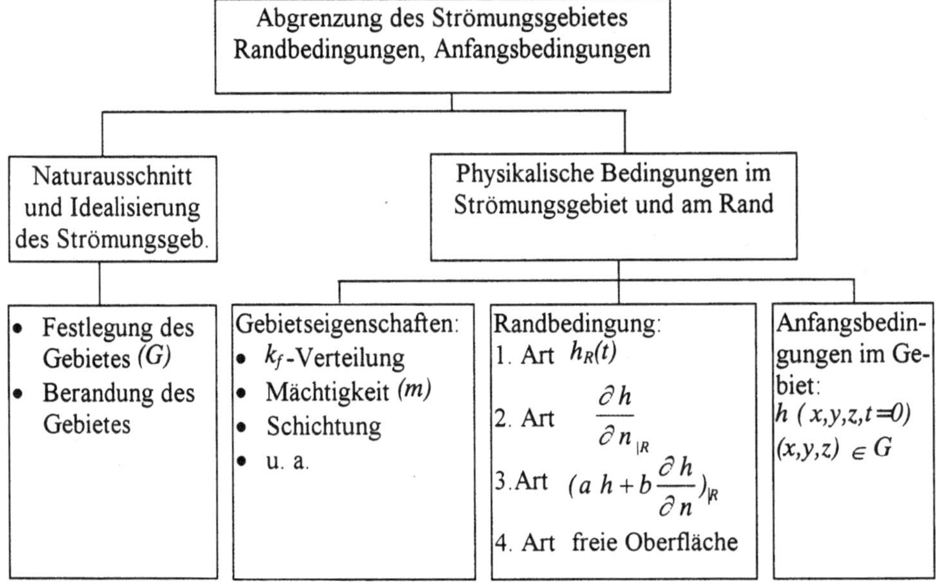

3.2 Naturausschnitt und Idealisierung des Strömungsgebietes

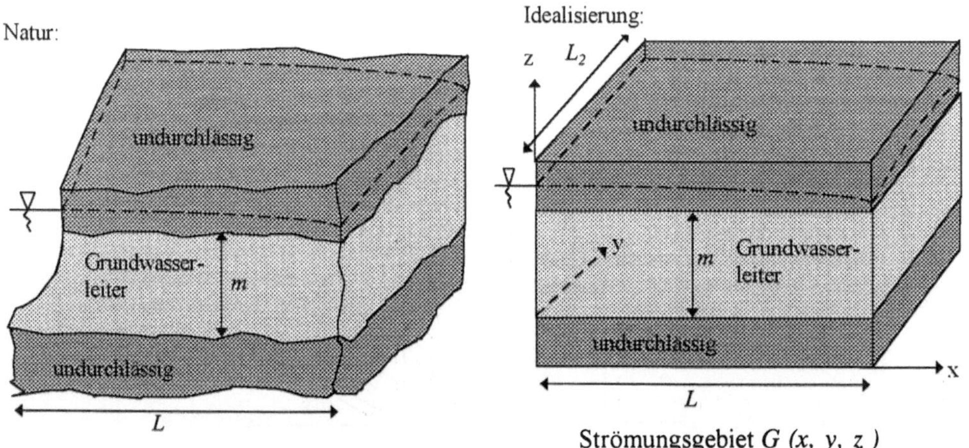

Strömungsgebiet $G\ (x,\ y,\ z\ )$

$0 < x < L_1\,;\ 0 < y < L_2\,;\ 0 < z < m$

Abbildung 3-1 Naturausschnitt (a) und Schematisierung (b)

3.3 Rand- und Anfangsbedingungen

Naturausschnitt:

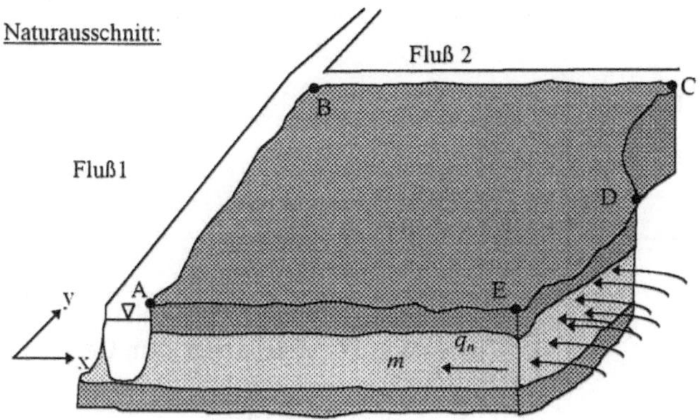

Schematisierung (Draufsicht)

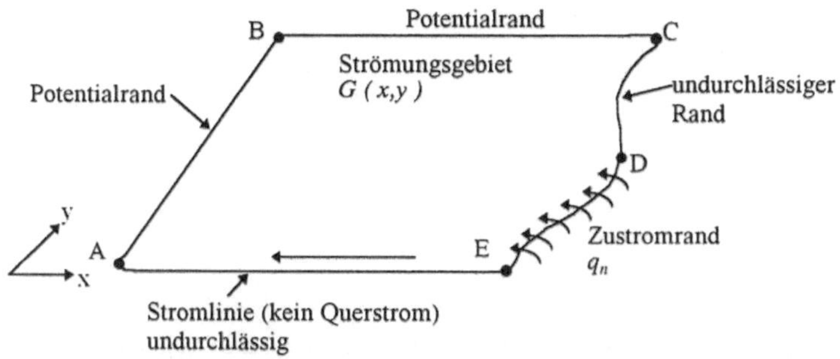

Abbildung 3-2 Beispiel 2D Strömung zur Darstellung der RBD

Randbedingung 1. Art (DIRICHLET)

Die Verteilung der Standrohrspiegelhöhe entlang des Randteiles AB und BC ist bekannt.

Standrohrspiegelhöhe *h(x, y):*

$$h_{|AB \cup BC} = H(x_R, y_R); (x_R, y_R) \in AB \cup BC$$

Im Fall einer instationären Strömung gilt:

$$h_{|AB \cup BC} = H(x_R, y_R, t); (x_R, y_R) \in AB \cup BC \;\; ; \;\; t \geq t_o$$

Randbedingung 2. Art (Neumann)

Die Verteilung von Zu- und Abfluß entlang eines Randteiles ist bekannt, d.h. der Potentialgradient ist bekannt.

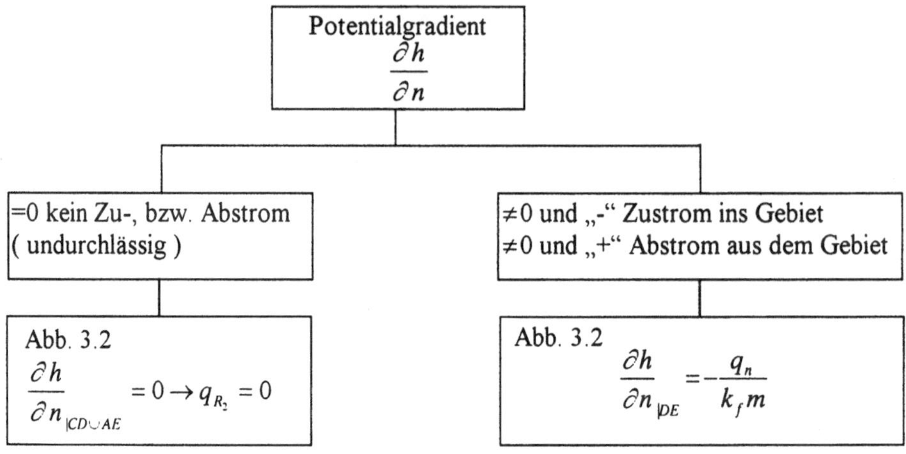

$\vec{n}$ steht senkrecht auf dem Rand und zeigt vom Gebiet weg (positive Definition)

Randbedingung 3. Art (CAUCHY)

Die Randbedingung 3. Art umfaßt die erste und zweite Randbedingung, d.h. daß eine lineare Beziehung des Strömungspotentials und des Potentialgradients entlang des Randes gegeben ist.

$$(a\,h + b\frac{\partial h}{\partial n})_{|R_3} = gegeben$$

a, b: *gegebene Konstanten*

Diese Randbedingung tritt in der Grundwasserhydraulik nur selten auf.

Anfangsbedingung

$$h(x,y,t = t_0) = h_0(x,y,); \quad (x,y) \in G \cup R$$

nur im Falle der instationären Strömungsvorgänge. Die oben genannten Randbedingungen bestimmen eindeutig die Lösungsfunktion der Grundgleichungen in begrenzten Strömungsgebieten mit vorgegebenen festen Rändern. In Sonderfällen, wie z. B. Grundwasserströmung mit freier Oberfläche in der vertikalen Ebene ohne Gültigkeit der D.-F.-Annahme, ist die obere Grenze (die freie Oberfläche) nicht bekannt. In diesem Fall wird die Randbedingung wie im Folgenden dargestellt.

Randbedingungen an der freien Oberfläche und an der Sickerfläche

Randbedingungen dieser Art treten zum Beispiel bei durchströmten Dämmen und Deichen auf. Hierbei ist die *D. -F.-Annahme nicht gültig*. Für die Darstellung dieser Randbedingungen wird als Beispiel der in Abb. 3-3 dargestellte Damm betrachtet.

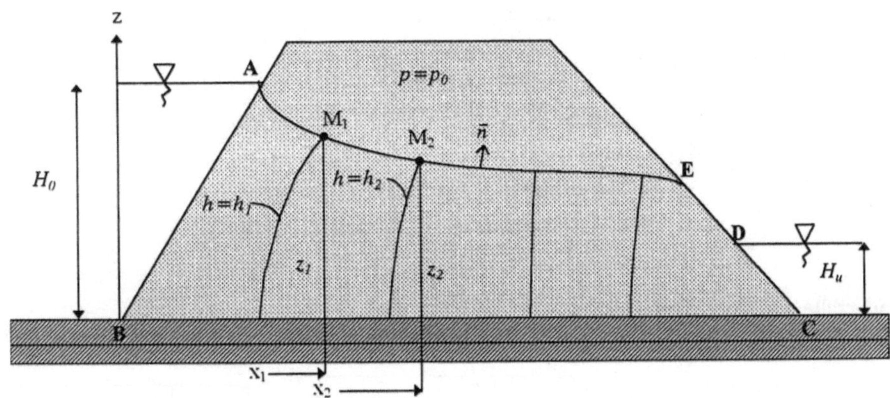

Abbildung 3-3 Durchströmter Damm

$G(x,z)$	das Strömungsgebiet
[A B C D E A]	der Rand des Strömungsgebietes
AE	die (unbekannte) freie Oberfläche
ED	Sickerfläche
AB und CD	Potentialränder (Randbedingung 1. Art) $h_{\mid AB} = H_0; h_{\mid CD} = H_u$
CB	undurchlässiger Rand (Randbedingung 2. Art)

AE - Freie Oberfläche

Stromlinie: $\dfrac{\partial h}{\partial n}_{\mid AE} = 0$ konstanter Druck: $p = p_0$

Aus der Standrohrspiegelhöhe $h = \dfrac{p}{\rho g} + z$ unter der Bedingung $p = p_0$ folgt:

$$(h - z)_{\mid AE} = konst$$

$$h_1 - h_2 = z_1 - z_2$$

$$\Delta h = \Delta z$$

Die freie Oberfläche wird durch Iteration aufgrund der oben genannten Bedingungen *($\Delta h = \Delta z$)* bestimmt. Für die Sickerfläche gelten dieselben Bedingungen.

Kontaktbedingungen zwischen Grundwasserleitern mit unterschiedlichen Durchlässigkeiten

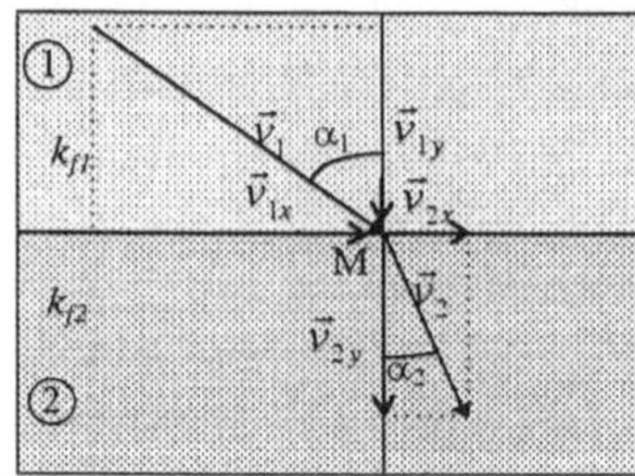

Zustromkontinuität $\quad v_{1y} = v_{2y}$

Eindeutigkeit der Standrohrspiegelhöhe in einem Punkt $\quad h_1(M) = h_2(M)$

$$\Rightarrow \frac{tg(\alpha_1)}{tg(\alpha_2)} = \frac{v_{1x}/v_{1y}}{v_{2x}/v_{2y}} = \frac{v_{1x}}{v_{2x}} = \frac{k_{f1}}{k_{f2}}$$

Sonderfälle der Kontaktbedingung

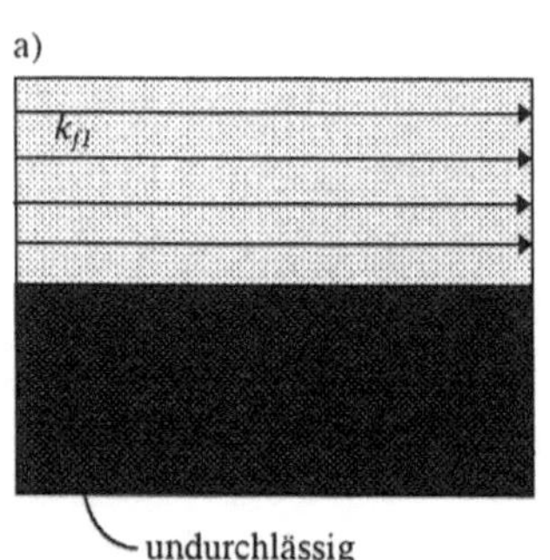

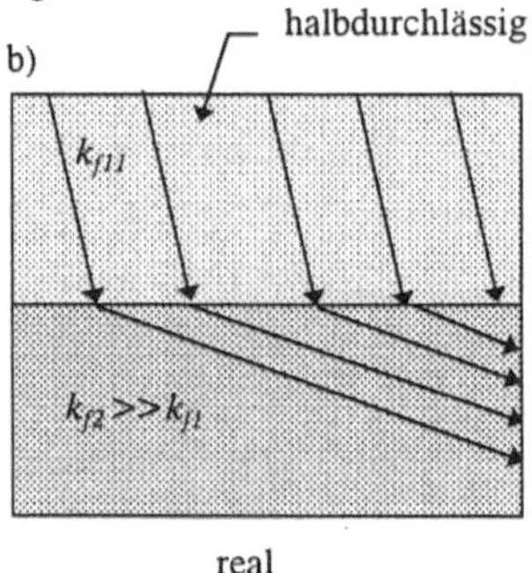

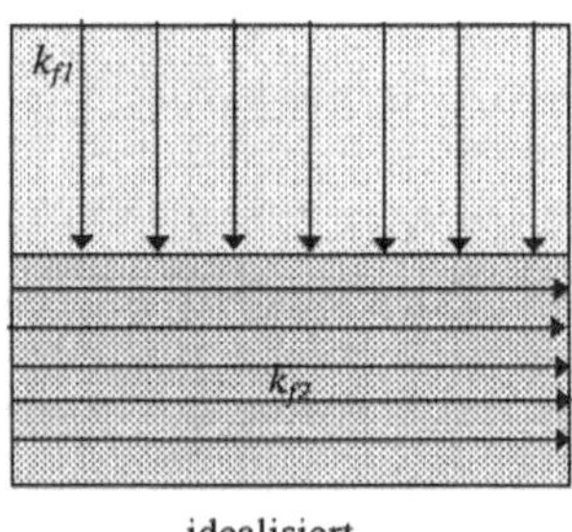

Abbildung 3-4 Kontaktbedingungen

Randbedingungen bei der Ex- / Infiltration von Vorflutern

Bei der Modellierung von Bächen und Fließgewässern, die mit dem Grundwasserleiter kommunizieren, soll die Wechselwirkung dargestellt werden.

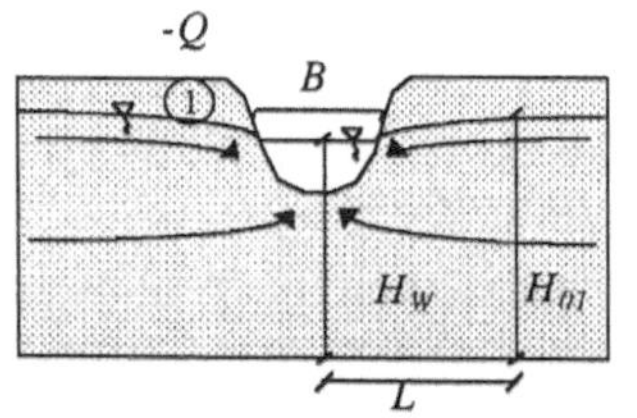

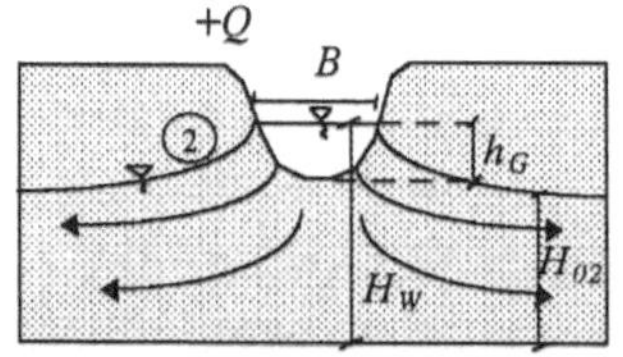

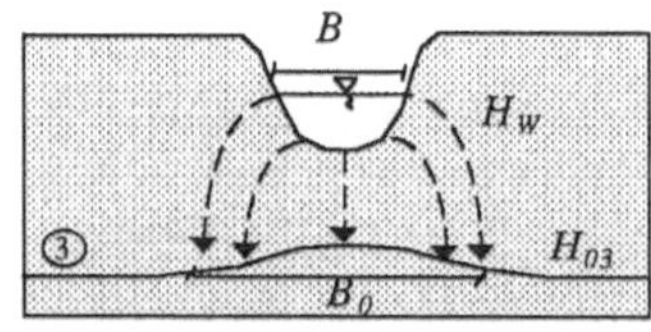

Abbildung 3-5 Randbedingungen bei der Ex- / Infiltration von Gewässern

$H_{01} > H_W$

Speisung des Gewässers (Exfiltration vom GW-Leiter)

②

$H_{02} < H_W$ aber $H_W - H_{02} < 1{,}5\,(B + 2\,h_G)$
Speisung des Grundwasserleiters durch eine direkte gesättigte Strömung (Infiltration)

③

$H_W - H_{03} > 1{,}5\,(B + 2\,h_G)$ (relativ grobe Abschätzung)
Speisung des Grundwassers (Infiltration) durch Perkolation (gesättigte/ungesättigte Strömung).

In den ersten zwei Fällen ist die Ex-/Infiltrationsmenge direkt proportional mit der Absenkung $\Delta h = H_{0i} - H_W$. Der Proportionalitätsfaktor wird als Leakagefaktor α_L bezeichnet.

$$\alpha_L = \frac{Q}{\Delta h}$$

In diesen beiden Fällen kann man α_L als einen konstanten Faktor annehmen, der nur von der Geometrie und den Randbedingungen abhängig ist. In der Realität sollte aber auch die eventuell vorhandene Sohldichtung des Vorfluters (Kolmation) berücksichtigt werden.

Für den Fall 3, daß $H_W - H_{03} > 1{,}5\,(B + 2\,h_G)$, das heißt der Grundwasserspiegel sehr tief liegt, läßt sich keine Proportionalität zwischen infiltrierter Menge Q und der Wasserstandsdifferenz ($\Delta h = H_W - H_{03}$) herstellen. Durch theoretische Abschätzungen oder Messungen läßt sich die Infiltrationsmenge $Q_{i,max}$ bestimmen. Die folgende Abbildung zeigt eine vereinfachte Darstellung des Verlaufs des Leckagefaktors.

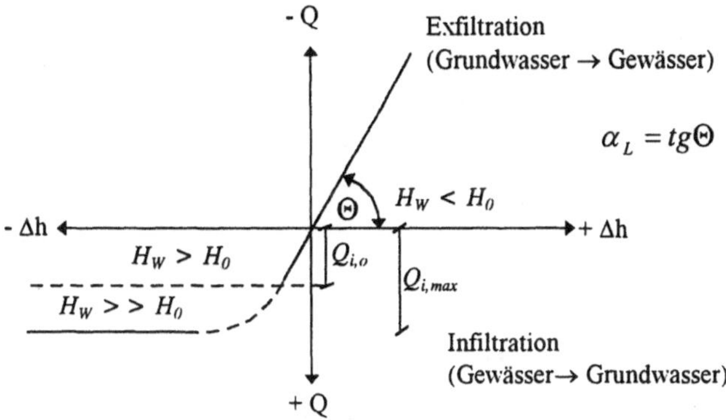

Abbildung 3-6 Graphische Darstellung des Verlaufs des Leakagefaktors α_L

für 1 und 2 gilt:

ohne Sohldichtung: $$\alpha_L \cong \frac{2\tilde{H}k_f}{L + \frac{2\tilde{H}}{\pi}\ln\left(\frac{2\tilde{H}}{\pi U}\right)}$$;

$\tilde{H} = 5(H_{oi} + H_w)$, $i = 1$ bzw. 2
U benetzter Umfang des Gewässers
k_f Durchlässigkeit
L Abstand Gewässer-GW-Leiter wo $h = H_{oi}$

mit Sohldichtung (Kolmation): es wird ein zusätzlicher Leakagefaktor betrachtet

$$\alpha_S = \frac{k_S}{\delta_S};$$

k_S: Durchlässigkeit der Gewässersohle ($k_S << k_f$)
δ_S: Dicke der kolmatierten Sohlschicht

für 3 gilt: $Q_{i,max} = k_f\,(B + \eta h_G)$ mit: $\eta = 2{,}00 - 4{,}00$

4 Problemstellungen mit Beispielen

4.1 Allgemeines

Bearbeitungsablauf

1. Naturausschnitt
2. Modell aufbauen

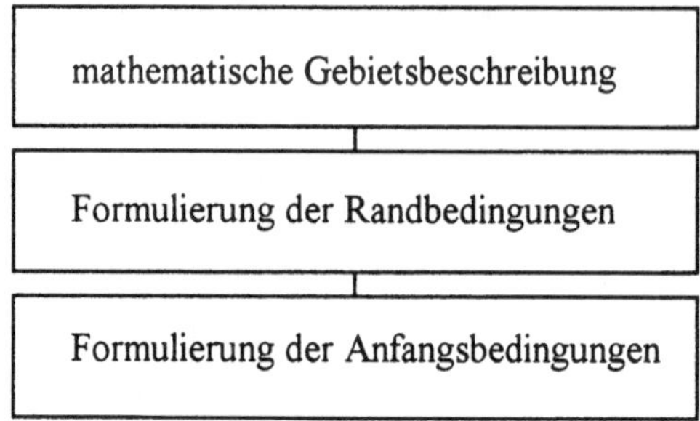

3. Aufstellen der Grundgleichungen

Problemtypen:

- 1D Strömungsfälle
    - gespannter Grundwasserleiter
    - freier Grundwasserleiter (D.-F.-Annahme)
- 2D Strömungsfälle
    - gespannter Grundwasserleiter: - vertikale Ebene
- horizontale Ebene
    - freier Grundwasserleiter: - vertikale Ebene (ohne D.-F.-Annahmen)
- horizontale Ebene (mit D.-F.-Annahmen)
- 3D Strömungsfälle
    - freier Grundwasserleiter
    - gespannter Grundwasserleiter

4.2 1D Grundwasserströmung

4.2.1 Gespannter Grundwasserleiter

Naturausschnitt

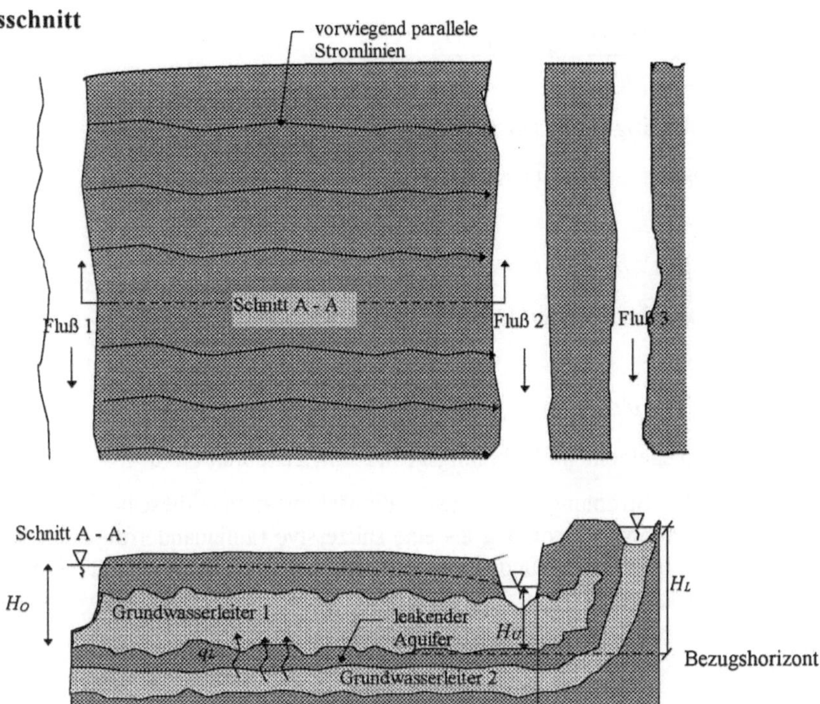

Schematisierung / Strömungsgebietsbegrenzung

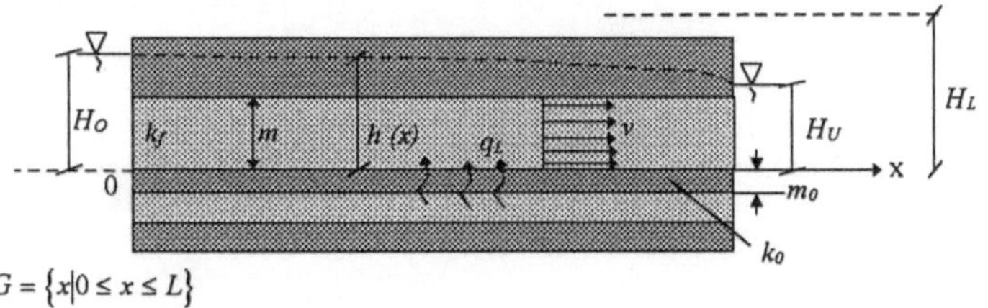

$G = \{x | 0 \leq x \leq L\}$

Abbildung 4-1 1D gespannter Grundwasserleiter

Grundgleichungen (stationär / instationär)

Bewegungsgleichung	Konti	DGL
$v = -k_f \dfrac{dh}{dx}$	$\dfrac{d}{dx}(mv) = q_L$	$\dfrac{d}{dx}(k_f m \dfrac{dh}{dx}) = -q_L$

Randbedingungen (stationär)

stationäre Strömung $\Rightarrow$ $h = h(x)$

$h(x=0)=H_O$, $h(x=L)=H_U$, H_O und H_U sind gegebene Werte

Abschätzung der Leakage:

$$q_L = k_0 \frac{H_L - h}{m_0} \cong k_0 \frac{H_L - \tilde{h}}{m_0}; \ \tilde{h} = \frac{H_O + H_U}{2}$$

Rand- und Anfangsbedingungen (instationär)

instationäre Strömung $\Rightarrow$ $h = h(x, t)$

Randbedingungen:

$h(x = 0,t) = H_O(t); \quad h(x = L,t) = H_U(t);$

$H_o(t)$ und $H_U(t)$ sind gegebene zeitabhängige Funktionen

Anfangsbedingungen:

$h(x, t = 0) = H(x), \quad 0 \le x \le L$

gegebene Standrohrspiegelhöhe im Strömungsgebiet zum Zeitpunkt $t = 0$

Man merkt, daß beiden Strömungsvorgängen stationär/ instationär dieselbe DGL zu Grunde liegt. So kann die instationäre Strömung als eine sukzessive (aufeinanderfolgende) Reihe von stationären Zuständen interpretiert und dargestellt werden. Die Instationarität wird durch die Randbedingungen bestimmt.

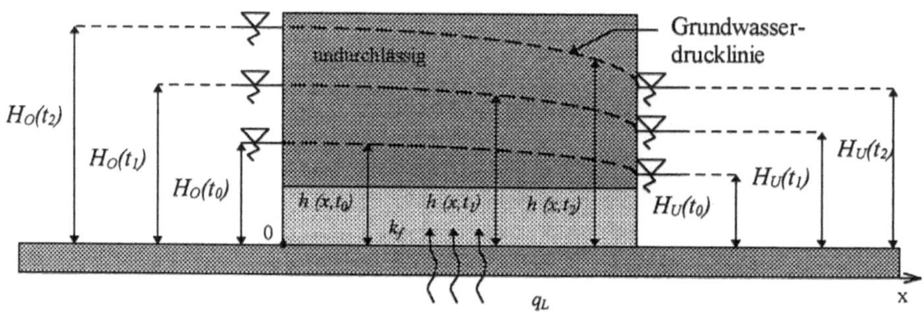

Abbildung 4-2 1D instationärer Strömungsablauf im gespannten Grundwasserleiter

4.2.2 Grundwasserleiter mit freier Oberfläche (mit D.-F.-Annahme)

Naturausschnitt

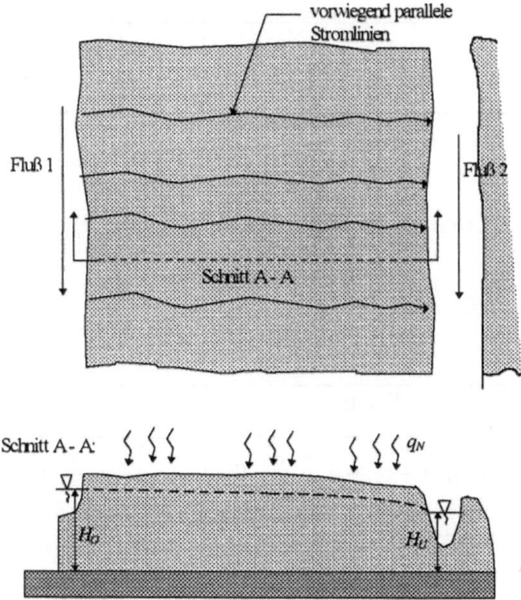

Schematisierung / Strömungsbegrenzung

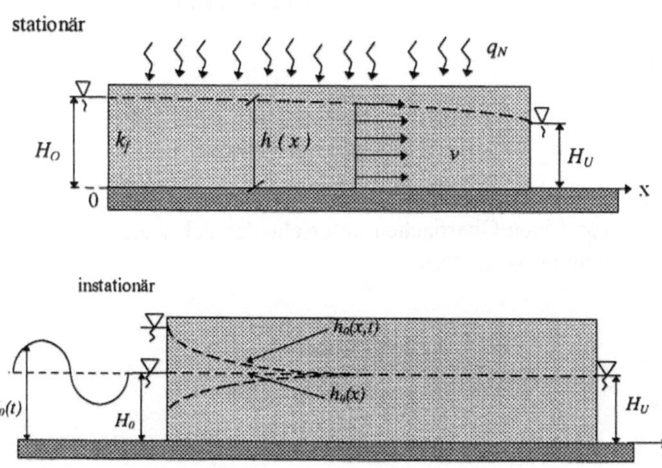

Abbildung 4-3 Naturausschnitt und Schematisierung 1D GW-Strömung mit freier Oberfläche

Grundgleichungen stationäre Strömung
$h = h(x)$

Bewegungsgleichung	Konti	DGL
$v = -k_f \frac{dh}{dx}$	$\frac{d}{dx}(hv) = q_N$	$\frac{d}{dx}(k_f h \frac{dh}{dx}) = -q_N$

Randbedingungen

$h(x=0) = H_O; h(x=L) = H_U; H_O$ und H_U sind gegebene Werte

Grundgleichungen instationäre Strömung
$h = h(x, t)$

Bewegungsgleichung	Konti	PDGL
$v = -k_f \frac{\partial h}{\partial x}$	$\frac{\partial}{\partial x}(hv) - q_N + n_e \frac{\partial h}{\partial t} = 0$	$n_e \frac{\partial h}{\partial t} = \frac{\partial}{\partial x}(k_f h \frac{\partial h}{\partial x}) + q_N$

Randbedingungen

$h(x = 0, t) = H_O(t); h(x = L, t) = H_U;$

$H_O(t)$ gegebene zeitabhängige Funktion

H_U gegebener Wasserstand, der auch zeitabhängig sein kann

Anfangsbedingungen

$h(x, t=0) = h_0(x)$

Anmerkung:

Die instationäre Strömung von freien Oberflächen unterscheidet sich wesentlich von der instationären Strömung in gespannten GW-Leitern.

- Gespannter GW-Leiter (stationär / instationär)
  - dieselbe DGL
  - unterschiedliche RBD
- GW-Leiter mit freier Oberfläche (stationär / instationär)
  - unterschiedliche Grundgleichungen (DGL / PDGL)
  - unterschiedliche RBD

4.3 2D Strömungsfälle

4.3.1 Gespannte Grundwasserströmung

Vertikale Ebene, stationär, $h = h(x,z)$

Naturausschnitt:

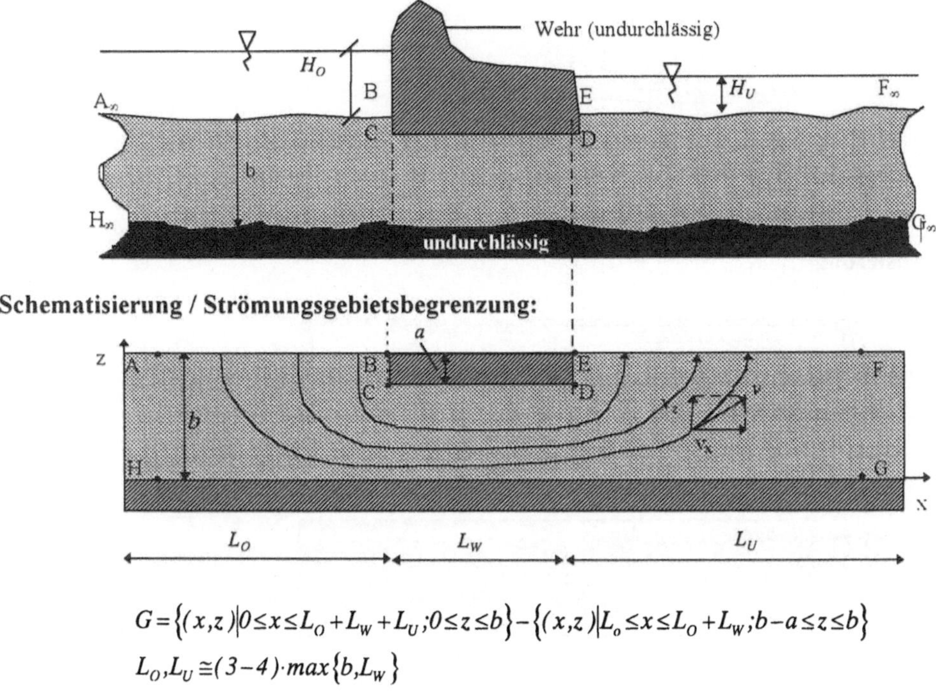

$$G = \{(x,z) | 0 \le x \le L_O + L_W + L_U; 0 \le z \le b\} - \{(x,z) | L_o \le x \le L_O + L_W; b - a \le z \le b\}$$

$$L_O, L_U \cong (3-4) \cdot max\{b, L_W\}$$

Abbildung 4-4 2D gespannte Grundwasserströmung in der vertikalen Ebene

Grundgleichungen

Bewegungsgleichung	Konti	PDGL
$v_x = -k_f \dfrac{\partial h}{\partial x};$ $v_z = -k_f \dfrac{\partial h}{\partial z}; h = h(x,z)$	$\dfrac{\partial v_x}{\partial x} + \dfrac{\partial v_z}{\partial z} = 0$	$\dfrac{\partial}{\partial x}(k_f \dfrac{\partial h}{\partial x}) + \dfrac{\partial}{\partial z}(k_f \dfrac{\partial h}{\partial z}) = 0$

Randbedingungen

1. Art: $h_{|AB} = H_O; h_{|EF} = H_U$

2. Art: $v_{n|FGHA} = 0; \Rightarrow \dfrac{\partial h}{\partial n}_{|FGHA} = 0$

$v_{n|BCDE} = 0; \Rightarrow \dfrac{\partial h}{\partial n}_{|BCDE} = 0$

Horizontale Ebene, stationär, h=h(x,y)

Naturausschnitt

(Brunnenreihe)

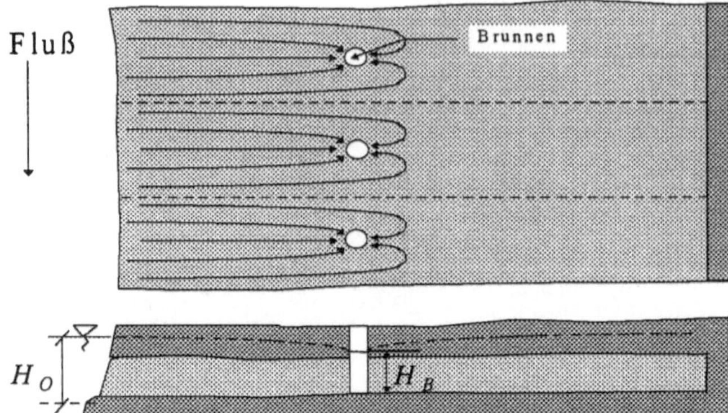

Schematisierung

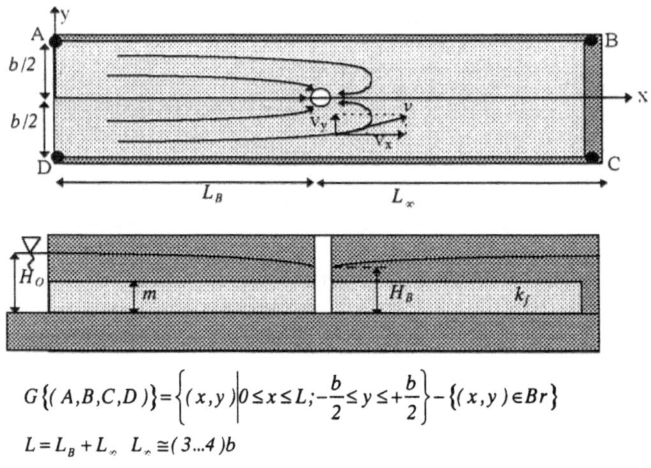

Abbildung 4-5 2D gespannte GW-Strömung in der horizontalen Ebene

Grundgleichungen

Bewegungsgleichung	Konti	PDGL
$v_x=-k_f\frac{\partial h}{\partial x};$ $v_y=-k_f\frac{\partial h}{\partial y};$ $h=h(x,y)$	$\frac{\partial}{\partial x}(mv_x)+\frac{\partial}{\partial y}(mv_y)=0$	$\frac{\partial}{\partial x}(k_f m\frac{\partial h}{\partial x})+\frac{\partial}{\partial y}(k_f m\frac{\partial h}{\partial y})=0$ mit der Transmissivität $T=k_f m$: $\frac{\partial}{\partial x}(T\frac{\partial h}{\partial x})+\frac{\partial}{\partial y}(T\frac{\partial h}{\partial y})=0;$ wobei $T=\begin{cases}T(x,y) & ;\text{inhomogen}\\ \text{konstant} & ;\text{homogen}\end{cases}$

Randbedingungen 1. Art: $h_{|AD} = H_O;\ h_{|Br} = H_B$

2. Art: $\frac{\partial h}{\partial n}_{|AB \cup CD \cup BC} = 0$

4.3.2 Freie Grundwasserströmung (ohne D.-F.-Annahme)

Bei der Betrachtung eines durchströmten Dammes erhält man ein repräsentatives Beispiel für eine Grundwasserströmung in der vertikalen Ebene mit freier Oberfläche, bei der die D.-F.-Annahme nicht gültig ist. Das heißt, daß in diesem Fall die Geschwindigkeitskomponente v_z nicht mehr vernachlässigbar ist.

Naturausschnitt / Schematisierung:

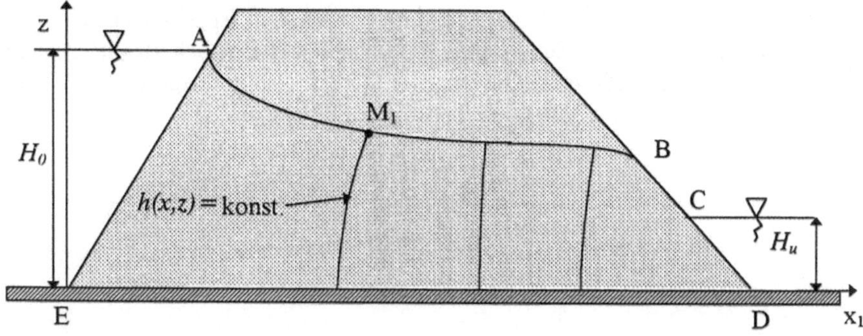

Abbildung 4-6 2D freie Grundwasserströmung, vertikale Ebene (durchströmter Damm)

Strömungsgebietsbegrenzung:

$G = G\,(A, B, C, D, E, A);$ $h = h\,(x, y, z)$ in G

Grundgleichungen

Bewegungsgleichung	Konti	PDGL
$v_x = -k_f \frac{\partial h}{\partial x};$ $v_z = -k_f \frac{\partial h}{\partial z};$ $h = h(x,z)$	$\frac{\partial v_x}{\partial x} + \frac{\partial v_z}{\partial z} = 0$	$\frac{\partial}{\partial x}(k_f \frac{\partial h}{\partial x}) + \frac{\partial}{\partial z}(k_f \frac{\partial h}{\partial z}) = 0$ wenn $k_f = konstant$: $\frac{\partial^2 h}{\partial x^2} + \frac{\partial^2 h}{\partial z^2} = 0;$

Randbedingungen 1. Art: $h_{|AE} = H_O; h_{|CD} = H_U$

2. Art: $\frac{\partial h}{\partial n}_{|AB} = 0$

$\frac{\partial h}{\partial n}_{|ED} = 0$

Zusätzliche Randbedingungen:

An der freien Oberfläche (AB) und an der Sickerfläche (BC) gilt:

$$p_{|ABC} = p_0 = \text{konst. (atmosphärischer Druck)}$$

$$h_{|ABC} = \frac{p_0}{\rho g} + z_0;$$

$$(3) \quad h(M_1) - h(M_2) = z_0(M_1) - z_0(M_2); \quad M_1, M_2 \in ABC$$

Anmerkung:

Die freie Oberfläche und die Sickerfläche sind unbekannte Randteile des Strömungsgebietes, die durch Iteration bestimmt werden können. Man nimmt eine Näherungsberandung $(ABC)_1$ und löst das Strömungsproblem mit den Randbedingungen (1) und (2). Die erhaltene Lösungsfunktion $h_1(x,z)$ soll die zusätzliche Randbedingung (3) erfüllen. Ist dies nicht der Fall, dann wird die erste Näherungsfunktion für die freie Oberfläche und die Sickerfläche geändert und die Strömungsberechnung wiederholt. Die Iteration wird so lange fortgesetzt, bis der Fehler bei der Randbedingung (3) eine gewünschte Genauigkeit unterschreitet.

5 Lösungsverfahren und Beispiele zu GW-Strömungsproblemen

5.1 Einleitung

5.1.1 Allgemeine Betrachtungen

Die in Kap. 3 aufgezeigten Problemstellungen sind mit Hilfe verschiedener Verfahren lösbar. In einfachen Fällen führen analytische Methoden zu geschlossenen Lösungsfunktionen. Im allgemeinen ist es immer möglich, numerische Verfahren anzuwenden. In diesem Kapitel werden analytische und numerische Verfahren vorgestellt und mit Hilfe von Beispielen beschrieben. Die Arbeitsschritte, die zur Lösung eines Problems führen, werden im folgenden Schema dargestellt.

Problemstellung

|

gedankliches Ausschneiden des Problems
aus dem natürlichen Gesamtzusammenhang

|

Fassung in ein
Modell

|

Modellbeschreibung mit Schematisierung
und Gebietsbestimmung

|

- Aufstellen der Differentialgleichungen DGL bzw. der partiellen Differentialgleichungen PDGL
- Anfangs- und Randbedingungen
- eventuelle äquivalente Formulierungen (z.B. Variationsformulierung)

|

Formulierung des Strömungsproblems

|

Suche nach einem
Lösungsverfahren
Lösungsfunktion $h(x)$, $h(x,y)$, ...

Die wichtigsten Lösungsverfahren und Schritte zu Lösungsfunktionen werden im nächsten Schema dargestellt.

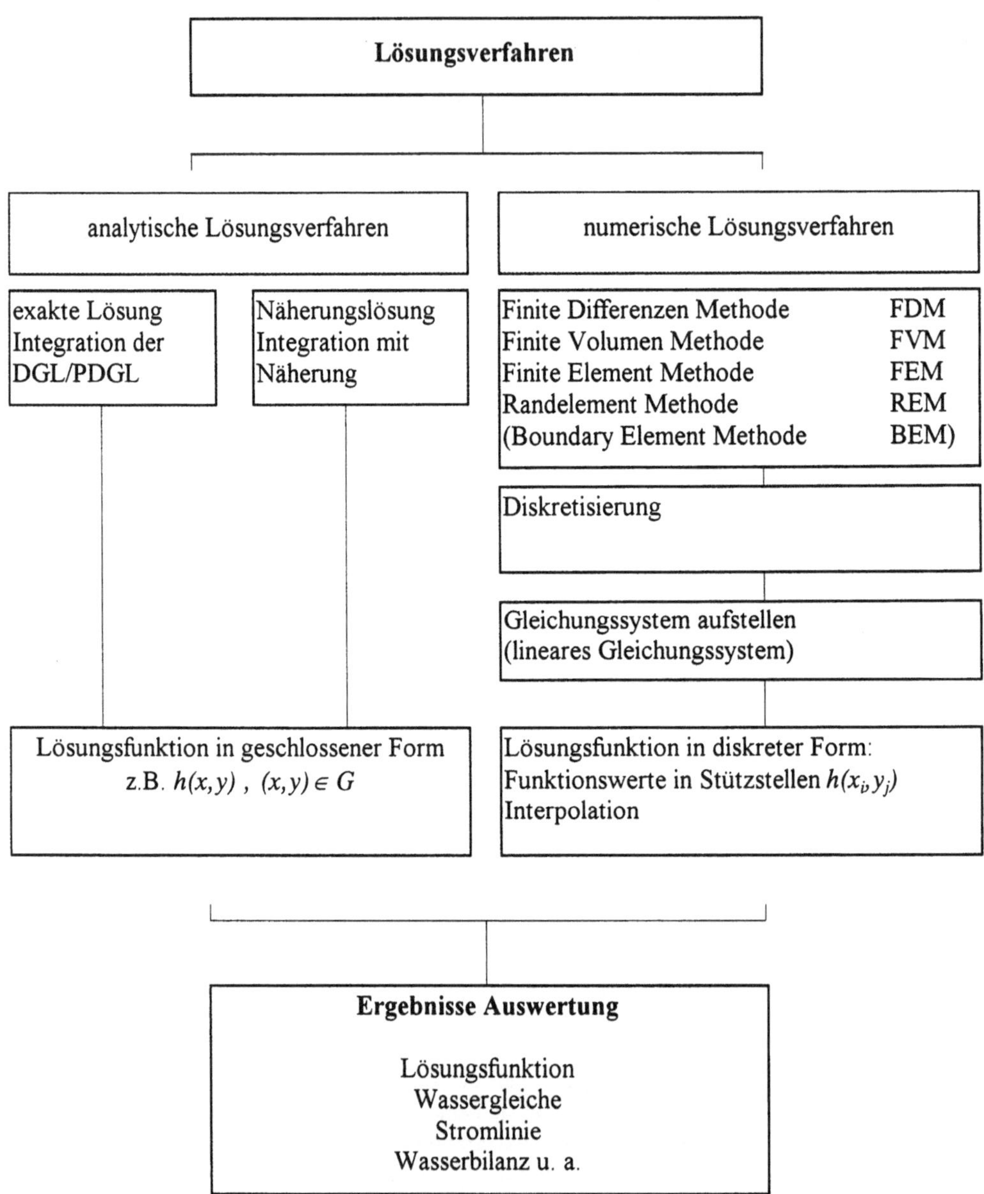

5.1.2 Anmerkungen zu Lösungsverfahren

Analytische Lösungsverfahren

Die analytischen Lösungsverfahren liefern geschlossene Lösungsfunktionen. So z.B. $h(x,y,z)$. Mit diesen bekannten mathematischen Funktionen hat man die Möglichkeit, die Standrohrspiegelhöhe h in einem beliebigen Punkt (x,y,z) des Strömungsgebiets zu berechnen.

Vorteil: schnelle, leichte Parameteranalyse und Abschätzung der Strömungsverhältnisse

Nachteil: nur einfache Strömungssysteme

Numerische Lösungsverfahren

Die numerischen Lösungsverfahren (FDM, FVM, FEM), die die Gebietsdiskretisierung voraussetzen, liefern diskretisierte Lösungsfunktionen. Ergebnis sind also Werte in den definierten Stützstellen. Die Werte in den anderen Punkten werden durch Interpolation gewonnen.

Im Rahmen der FDM und FVM soll die für das gegebene Problem bekannte *Differentialgleichung* (DGL) durch ein Verfahren in eine *Differenzengleichung* (DIFF) überführt werden. So erhält man ein lineares Gleichungssystem, dessen Lösung die Lösungsfunktionen an den Stützstellen liefert (z.B. 1D-Strömung $h(x_i)=h_i$). Das Ergebnis dieser Überführung muß verschiedene Bedingungen erfüllen.

Konsistenzbedingung (KS)

$$\lim_{\substack{\Delta x \to 0 \\ \Delta t \to 0}} DIFF \to DGL\,/\,PDGL$$

Stabilitätsbedingung (ST) (nur für instationäre Strömungen)

$$h(x_i,t) - \bar{h}(x_i,t) < \varepsilon_o \qquad \bar{h} \text{ der exakte Wert der Funktion}$$

$$h(x_i,t+\Delta t) - \bar{h}(x_i,t+\Delta t) < \varepsilon_o \qquad t \ge t_o \qquad \varepsilon_o \text{ akzeptierter Fehler}$$

Konvergenzbedingung (KV)

Die Konvergenzbedingung umfaßt die Konsistenz- und Stabilitätsbedingung.

(KS + ST = KV)

Bedingung für numerische Dispersion

Frage: Erzeugt die Numerik eine Dämpfung oder Vergrößerung der Lösungsfunktion?

Jede dieser Bedingungen muß erfüllt sein, damit die DIFF-Gleichung auch tatsächlich annähernd das gleiche Problem wie die DGL/PDGL beschreibt.

Für stationäre Strömungen wird die Überprüfung der Bedingungen wesentlich übersichtlicher. In diesem Fall ist die Konsistenzbedingung ausreichende Bedingung, die Richtigkeit der DIFF-Gleichung zu überprüfen.

Wie erhält man nun aus der DGL oder PDGL die DIFF-Gleichung?

DGL/PDGL → DIFF

Aus den Grundgleichungen (Bewegungsgleichung und Bilanzgleichung) wird die DGL bzw. PDGL des Problems erhalten. Diese Gleichungen enthalten die gesuchte Lösungsfunktion $(h(x),\ h(x,y))$ und deren Ableitungen 1. und 2. Ordnung (siehe Kap. 4, Problemstellungen). So hat z.B. die DGL für den 1D Strömungsfall im freien Grundwasserleiter mit konstanter Durchlässigkeit die folgende Form:

$$\frac{d^2h}{dx^2} = -\frac{q}{k_f} \; ; \; h = h(x) \; ; \; x \in [0,L]$$

Um die entsprechende Differenzengleichung (DIFF) zu erhalten, wird im Falle der *Finiten Differenzen Methode* (FDM) das Intervall [0, L] diskretisiert. Mit Hilfe der TAYLOR-Reihenentwicklung wird die Ableitung 2. Ordnung mit einer algebraischen Beziehung zwischen den Werten an den Stützstellen *(xi)* der Funktion *(hi)* genähert. So erhält man ein lineares Gleichungssystem, dessen Lösung die Werte der Lösungsfunktion (h_i) in den Knoten (x_i) liefert (siehe 5.3.1-2).

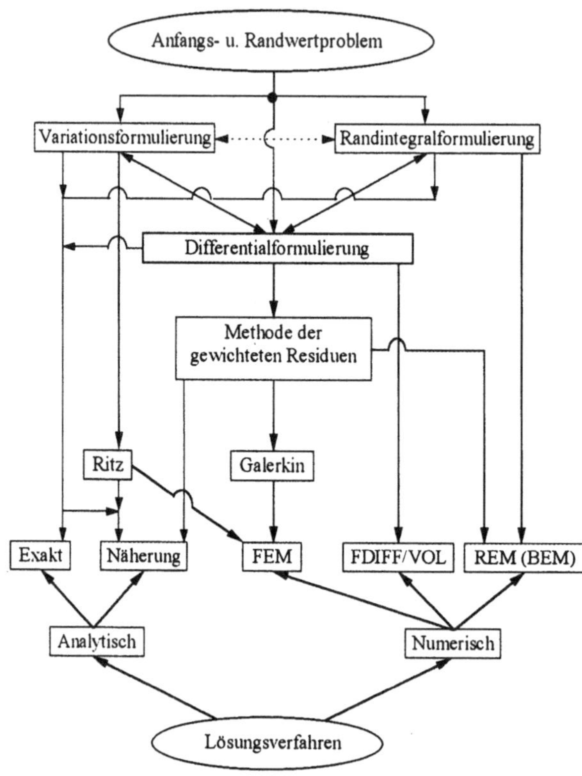

Bei der *Finite Elemente Methode* (FEM) wird für die Aufstellung des Gleichungssystems ein völlig anderer Weg verfolgt. Bei diesem Verfahren wird entweder eine äquivalente Problemstellung gesucht, die sich auf die sogenannte Variationsformulierung stützt, oder das gewichtete Residuen-Verfahren angewandt. Entsprechend einer Diskretisierung des Intervalls (im 2D Fall des Strömungsgebietes) erhält man auch ein lineares Gleichungssystem, das die Werte der Lösungsfunktion in den Knoten (Elemente) der Diskretisierung liefert (siehe 5.3.3).

Die *Randelementmethode* (REM) auch *Boundary Element Methode* (BEM) genannt, basiert auf der Randintegraldarstellung der Lösungsfunktion der DGL bzw. PDGL und erfordert so nur die Diskretisierung des Randes des Strömungsgebietes. Wenn die PDGL auch gebietsbedingte Parameter enthält, dann ist ebenfalls eine Gebietsdiskretisierung notwendig (siehe 5.3.4).

Für Hinweise über die mathematischen Grundlagen der FEM und REM siehe „Mathematische Hilfsmittel" (Variat ionsrechnung, Randintegraldarstellung).

Eine Verflechtung von Lösungsverfahren mit unterschiedlichen Formulierungen der Randwertaufgaben der Grundwasserhydraulik ist im Schema dargestellt.

5.2 Analytische Lösungsverfahren mit Beispielen

Es werden geschlossene Lösungsfunktionen durch Integration der DGL und PDGL erzeugt. Dies ist vorwiegend für homogene und isotrope Grundwasserleiter möglich.

5.2.1 1D gespannter Grundwasserleiter

Schema

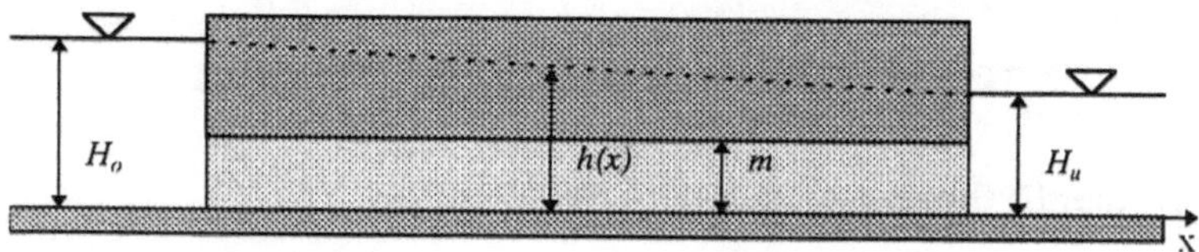

Abbildung 5-1 Skizze einer 1D gespannten Grundwasserströmung

Differentialgleichung (DGL)

$$\frac{d}{dx}(k_f m \frac{dh}{dx})=0; \text{ mit } k_f m = konst. \Rightarrow \frac{d^2}{dx^2}(k_f mh)=0$$

Randbedingungen (RBD)

$$h(x=0)=H_o \; ; \; h(x=L)=H_u$$

Integration der Differentialgleichung (DGL)

DGL	Integration 1	Integration 2
$\frac{d}{dx}\left[\frac{d}{dx}(k_f mh)\right]=0$	$\frac{d}{dx}(k_f mh)=c_1$;	$k_f mh = c_1 x + c_2$

c_1, c_2 unbestimmte Konstanten

Einsetzen der Randbedingungen

$x=0 \qquad k_f m H_o = c_2$

$x=L \qquad k_f m H_u = c_1 L + c_2$

$$c_1 = k_f m \frac{H_u - H_o}{L}$$

Ergebnisse

Lösungsfunktion

$$h(x) = (H_u - H_o)\frac{x}{L} + H_o$$

Durchfluß

$$Q = -k_f m \frac{dh}{dx} = k_f m \frac{H_o - H_u}{L}$$

5.2.2 1D ungespannter Grundwasserleiter mit D.-F.-Annahmen

Schema

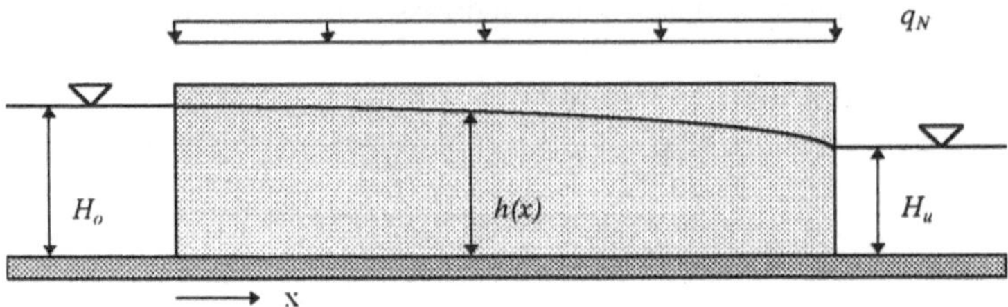

Abbildung 5-2: Skizze einer 1D Grundwasserströmung mit freier Oberfläche

Differentialgleichung (DGL)

$$\frac{d}{dx}(k_f h \frac{dh}{dx}) = -q_N$$

Randbedingungen (RBD)

$$h(x=0)=H_o \; ; \; h(x=L)=H_u$$

Integration der Differentialgleichung mit $k_f = konst.$ und $q_N = konst.$

DGL	Integration 1	Integration 2
$d\left[k_f h \frac{dh}{dx}\right] = -q_N dx$	$k_f h \frac{dh}{dx} = -q_N x + c_1 \;$;	$\frac{h^2}{2} = -\frac{q_N x^2}{2k_f} + \frac{c_1 x}{k_f} + c_2$

Einsetzen der Randbedingungen

$$x=0 \; ; \; \frac{H_o^2}{2} = c_2$$

$$x=L \; ; \; \frac{H_u^2}{2} = -\frac{q_N}{k_f}\frac{L^2}{2} + c_1 \frac{L}{k_f} + \frac{H_o^2}{2} \; ; \; c_1 = k_f \frac{H_u^2 - H_o^2}{2L} + \frac{q_N L}{2}$$

Lösungsfunktion

$$h(x) = \left[H_o^2 - (H_o^2 - H_u^2)\frac{x}{L} + \frac{q_N L x}{k_f}(1 - \frac{x}{L}) \right]^{\frac{1}{2}}$$

5.2.3 Analytische Lösungen für 2D Strömungen

5.2.3.1 Potentialfunktion *(φ)*

Durch die Einführung von Potentialfunktionen ist es möglich, eine einheitliche Schreibweise der PDGLen einzuführen.

Für die Beschreibung der Strömung in gespannten und freien horizontalen Grundwasserleitern mit konstanter Durchlässigkeit $(k_f = konst.)$ bzw. Transmissivität $(T = k_f m = konst.)$ und mit $(h = h(x,y))$, die Standrohrspiegelhöhe, werden die folgenden Potentialfunktionen eingeführt:

$\varphi = -k_f mh + c$ für gespannten Grundwasserleiter

$\varphi = -k_f \dfrac{h^2}{2} + c$ für freie Grundwasserleiter

Für den 2D Strömungsfall erhalten die beiden PDGLen eine einheitliche Form.

PDGL im gespannten GW-Leiter

$$\frac{\partial}{\partial x}\left(k_f m \frac{\partial h}{\partial x}\right) + \frac{\partial}{\partial y}\left(k_f m \frac{\partial h}{\partial y}\right) = 0$$

$$k_f m = T = konst.$$

$$\varphi = -k_f mh + c = -Th + c$$

PDGL im freien GW-Leiter

$$\frac{\partial}{\partial x}\left(k_f h \frac{\partial h}{\partial x}\right) + \frac{\partial}{\partial y}\left(k_f h \frac{\partial h}{\partial y}\right) = 0$$

$$k_f = konst.$$

$$\varphi = -k_f \frac{h^2}{2} + c$$

$$\frac{\partial^2 \varphi}{\partial x^2} + \frac{\partial^2 \varphi}{\partial y^2} = 0$$

Das ist die neue PDGL für beide Strömungsfälle. Sie hat die Form der LAPLACE'schen PDGL. Man bemerkt, daß die partiellen Ableitungen der Potentialfunktion gleich dem spezifischen Zufluß sind.

gespannter GW-Leiter

$$\frac{\partial \varphi}{\partial x} = -k_f m \frac{\partial h}{\partial x} = v_x m = q_x$$

$$\frac{\partial \varphi}{\partial y} = -k_f m \frac{\partial h}{\partial y} = v_y m = q_y$$

freier GW-Leiter

$$\frac{\partial \varphi}{\partial x} = -k_f h \frac{\partial h}{\partial x} = v_x h = q_x$$

$$\frac{\partial \varphi}{\partial y} = -k_f h \frac{\partial h}{\partial y} = v_y h = q_y$$

Die Gleichungen

$$\varphi(x,y) = konst. \quad \Rightarrow \quad h(x,y) = konst.$$

stellen die Potentiallinien, bzw. die Grundwassergleichen dar. Für unterschiedliche Werte der Konstanten erhält man eine Familie von Potentiallinien bzw. Grundwassergleichen.

5.2.3.2 Stromfunktion *(ψ)*

Aufgrund der Eigenschaften der Strömung ist es möglich, eine neue Funktion, die sogenannte Stromfunktion ψ, einzuführen, die für die Beschreibung und Darstellung der 2D Strömung wichtig und geeignet ist. Die Stromfunktion beruht auf der wesentlichen Eigenschaft der Stromlinie, daß der Geschwindigkeitsvektor tangential zur Stromlinie verläuft. Diese Funktion, die mit $\psi(x,y)$ bezeichnet ist, besitzt die folgenden Eigenschaften:

- erfüllt die LAPLACE-Gleichung

$$\frac{\partial^2 \psi}{\partial x^2}+\frac{\partial^2 \psi}{\partial y^2}=0$$

- φ und ψ erfüllen die CAUCHY-RIEMANN-Bedingungen

$$\begin{aligned} \frac{\partial \varphi}{\partial x}&=\frac{\partial \psi}{\partial y} \\ \frac{\partial \varphi}{\partial y}&=-\frac{\partial \psi}{\partial x} \end{aligned} \quad \Rightarrow \quad \begin{aligned} q_x&=\frac{\partial \psi}{\partial y} \\ q_y&=-\frac{\partial \psi}{\partial x} \end{aligned}$$

Die Gleichung

$$\psi(x,y) = konst.$$

stellt die Stromlinie dar und bildet für unterschiedliche Werte der Konstanten eine Familie von Stromlinien. Die beiden Kurvenfamilien Potentiallinien $(\varphi=konst.)$ und Stromlinien $(\psi=konst.)$ schneiden sich rechtwinklig und bilden das sogenannte Strömungsnetz (Potentialnetz, siehe Abb. 5-3).

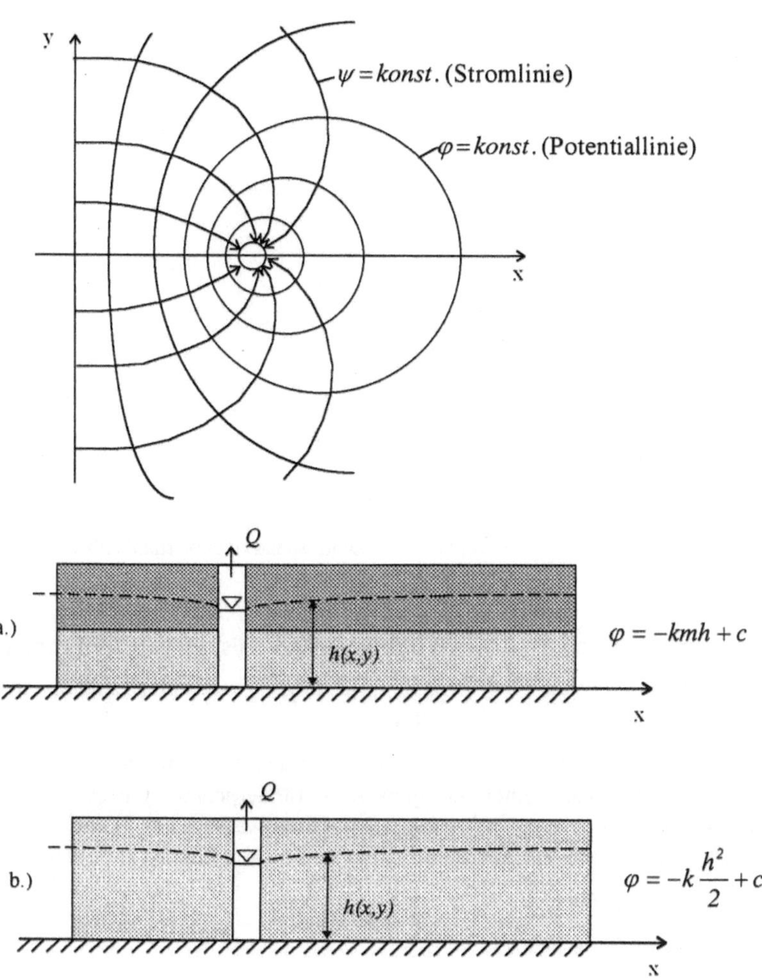

Abbildung 5-3: Skizze des Potentialnetzes im Falle eines Uferfiltratsbrunnens (horizontale Ebene)
a.) gespannter Grundwasserleiter
b.) ungespannter Grundwasserleiter

$\varphi = konst.$ Potentiallinie

$\psi = konst.$ Stromlinie

Diese Darstellungen der horizontalen Grundwasserströmungen (Abb. 5-3) mit Hilfe des Potentialnetzes sind auch für die 2D Grundwasserströmungen in der vertikalen Ebene anwendbar. In Abbildung 5-4 ist ein solches Beispiel skizziert.

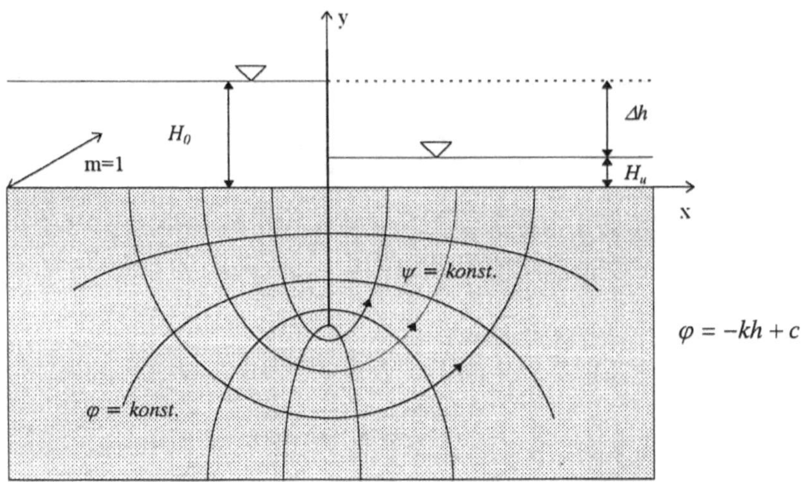

Abbildung 5-4 Skizze des Potentialnetzes für eine umströmte Spundwand (vertikale Ebene)

5.2.3.3 Anwendung der analytischen Funktionen zur Lösung von 2D Problemen

Die beiden Funktionen, die die oben genannten Bedingungen erfüllen, sind als analytische und harmonisch-konjugierte Funktionen bezeichnet.

Diese mathematische Darstellung der Strömungseigenschaften ermöglicht die Anwendung der differenzierbaren Funktionen einer komplexen Veränderlichen (DFKV) zur Lösung der Grundwasserströmungsprobleme im homogenen Grundwasserleiter. Diese differenzierbaren Funktionen einer komplexen Variablen sind in der komplexen Ebene (z) definiert

$$F(z) = \varphi(x,y) + i\psi(x,y)$$

mit der komplexen Veränderlichen

$$z = x + iy = \rho e^{i\theta} = \rho(\cos\theta + i\sin\theta) = \rho e^{i\theta}$$

und

$\varphi(x,y) = Re\,\{F(z)\}$ der Realteil der Funktion

$\psi(x,y) = Im\,\{F(z)\}$ der Imaginärteil der Funktion

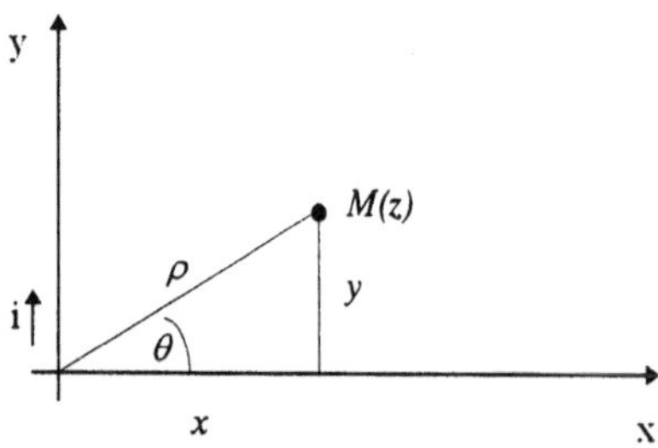

Abbildung 5-5 Skizze der komplexen Ebene

Die Funktion $F(z)$ ist als analytische Funktion einer komplexen Variablen bezeichnet, wenn die CAUCHY-RIEMANN-Bedingungen erfüllt sind

$$\frac{\partial\varphi}{\partial x}=\frac{\partial\psi}{\partial y} \quad ; \quad \frac{\partial\varphi}{\partial y}=-\frac{\partial\psi}{\partial x}$$

Man kann auch beweisen, daß beide Funktionen φ und ψ Lösungsfunktionen der LAPLACE-Gleichung sind.

Aufgrund dieser Eigenschaften stellt jede analytische Funktion einer komplexen Variablen $F(z)$ eine Potentialströmung dar und jeder Potentialströmung entspricht eine analytische Funktion.

	Realteil $\varphi(x,y) = Re\{F(z)\}$			$\varphi(x,y)$ Potentialfunktion
DFKV F(z)		⟷	Potential- strömung	
	Imaginärteil $\psi(x,y) = Im\{F(z)\}$			$\psi(x,y)$ Stromfunktion

Die **Konstruktion** des Potentialnetzes wird mit Hilfe der Funktionen φ und ψ durchgeführt. Bei dieser Ausführung sollen die Randstromlinien und die Randpotentiallinien betrachtet werden:

- Randstromlinien

  feste Ränder des Strömungsgebietes, die die Eigenschaft haben, daß die Geschwindigkeit zum Rand tangential ist ($\psi = konst.$)

- Randpotentiallinie

  Ränder, an denen eine gegebene Potentialfunktion (φ_R) vorliegt (oder gegebene Standrohrspiegelhöhe h_R)

Auswertung des Potentialnetzes

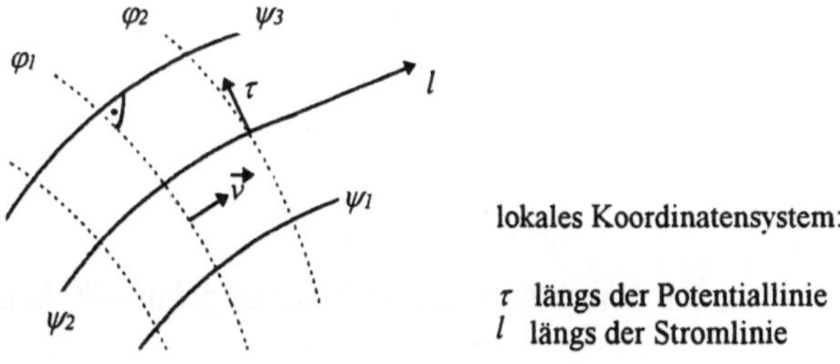

Abbildung 5-6 Skizze zur Auswertung des Potentialnetzes

Potentialdifferenz

$$\varphi_2 - \varphi_1 = \begin{cases} k_f m(h_1 - h_2) & \text{gespannte Grundwasserströmung} \\ k_f (h_1^2 - h_2^2)/2 & \text{freie Grundwasserströmung} \end{cases}$$

Standrohrspiegelhöhenverteilung: $h = \frac{p}{rg} + z, \quad h = h(x,y)$

Druckverteilung: $p = rg(h - z), \quad p = p(x,y)$

Durchfluß pro Stromröhre

$$Q_{12} = \left(\int_{\psi_1}^{\psi_2} vmd\tau \right)_{\varphi=const.} = \left(\int_{\psi_1}^{\psi_2} \frac{\partial \varphi}{\partial l} d\tau \right)_{\varphi=const.} = \left(\int_{\psi_1}^{\psi_2} \frac{\partial \psi}{\partial \tau} d\tau \right)_{\varphi=const.} = \left(\int_{\psi_1}^{\psi_2} \partial \psi \right) = \psi_2 - \psi_1$$

5.2.3.4 Beispiele analytischer Lösungen von 2D Grundwasserströmungen

Beispiel 1: Einzelbrunnen in einem Grundwassersee

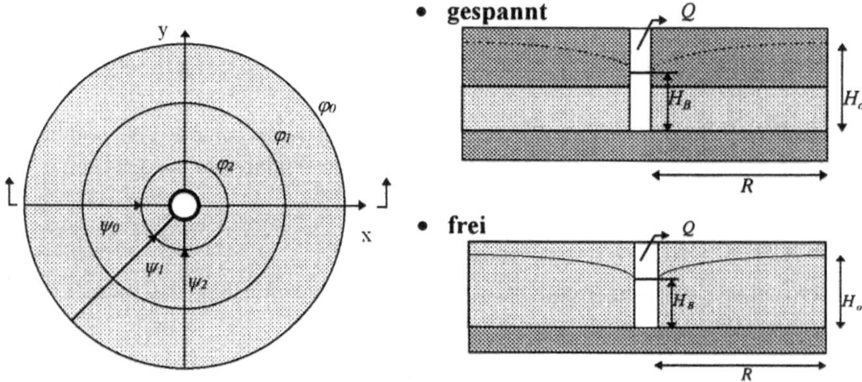

Abbildung 5-7 Prinzipskizze des Strömungssystems

Beschreibung des Strömungsgebietes

$$G = \left\{ (x,y) \,\middle|\, r_o \le \left(x^2 + y^2\right) \le R \right\}$$

r_o	Brunnenradius	Randbedingungen
R	Reichweite	
$h(x,y)$	Standrohrspiegelhöhe	$h_{\mid R} = H_o \;;\; h_{\mid r_o} = H_B$

Die differenzierbare Funktion einer komplexen Variablen, die die Strömung darstellt, lautet:

$$F(z) = -\frac{Q}{2\pi} ln(z) = -\frac{Q}{2\pi} ln(x + iy)$$

mit der Potential- und Stromfunktion

$$\varphi(x,y) = Re\{F(z)\} = -\frac{Q}{2\pi} ln(\sqrt{x^2 + y^2}) = -\frac{Q}{2\pi} ln(r)$$

$$\psi(x,y) = Im\{F(z)\} = -\frac{Q}{2\pi} arctan\left(\frac{y}{x}\right)$$

Potentiallinien und Stromlinien sind gekennzeichnet durch

$\varphi(x, y) = konst. \;\rightarrow\; x^2 + y^2 = konst.$ $\qquad$ $\psi(x, y) = const. \;\rightarrow\; \frac{y}{x} = konst.$

kreisförmige Potentiallinien $\qquad$ *geradlinige Stromlinien*

Bestimmung der Ergiebigkeit (Entnahmerate) Q des Brunnens

$$-\frac{Q}{2\pi} ln(r) = \varphi(x,y) = \begin{cases} -k_f m h + c & \text{gespannte Grundwasserströmung} \\ -k_f \dfrac{h^2}{2} + c & \text{freie Grundwasserströmung} \end{cases}$$

Mit der RBD folgt:

$$Q = \begin{cases} \dfrac{2\pi k_f m (H_o - H_B)}{ln(\frac{R}{r_o})} & \text{gespannte Grundwasserströmung} \\ \dfrac{\pi k_f (H_o^2 - H_B^2)}{ln(\frac{R}{r_o})} & \text{freie Grundwasserströmung} \end{cases}$$

Standrohrspiegelhöhenverteilung

$$h(x,y) = \begin{cases} H_B + \dfrac{Q}{2\pi k_f m} ln(\frac{r}{r_0}) \\ \sqrt{H_B^2 + \dfrac{Q}{2\pi k_f} ln(\frac{r}{r_0})} \end{cases}$$

Beisp. 2: Einzelbrunnen, Uferfiltration (Spiegelung mit Superposition)

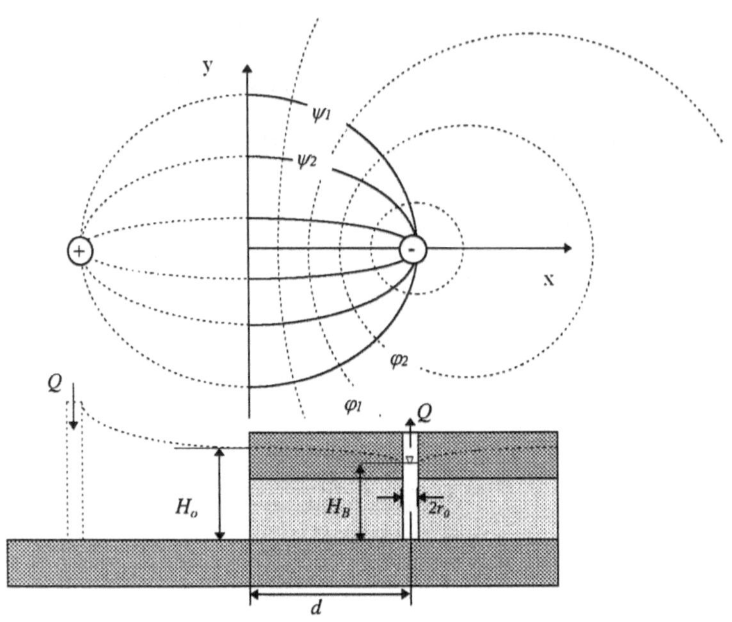

Abbildung 5-8 Skizze des Strömungssystems

Beschreibung des Strömungsgebietes

$$G=\{(x,y)|x<0\}-G_B$$

$$G_B=\{(x,y)|(x-d)^2+y^2<r_o^2\}$$

Randbedingungen

$$h(0,y)=H_o$$

$$h(x,y)=H_B \ \textit{für}\ (x,y)\in G_B \quad (*)$$

Die differenzierbare Funktion einer komplexen Variablen erhält man durch die Spiegelung (Superposition mit geänderten Vorzeichen) der im Punkt *[(x-d),y]*, bzw. *[(x+d),y]*, befindlichen Brunnen mit der entsprechenden Funktion

$$F(z)=-\frac{Q}{2\pi}ln(\frac{z-d}{z+d})=\varphi+i\psi$$

$$\varphi=-\frac{Q}{2\pi}ln\left(\frac{\sqrt{(x-d)^2+y^2}}{\sqrt{(x+d)^2+y^2}}\right) \qquad \varphi=konst.,kreisförmige\,Potentiallinien$$

$$\psi=-\frac{Q}{2\pi}\left[arctan\frac{y}{x-d}-arctan\frac{y}{x+d}\right] \qquad \psi=konst.,kreisförmige\,Stromfunktionen$$

Anmerkung

Die Randbedingungen im Brunnen (*) sind nur näherungsweise erfüllt. Es gibt eine gute Näherung, wenn $r_o << d$ gilt.

Beisp. 3: Umströmte Spundwand

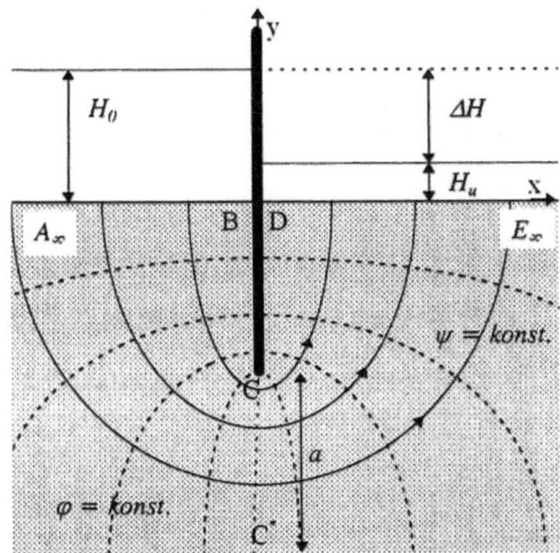

Abbildung 5-9 Skizze des Strömungssystems und Potentialnetzes

Beschreibung des Strömungsgebietes

$$G=\{(x,y)|y\leq 0\}-\{(x,y)|x=0 \quad -l\leq y\leq 0\}$$

Randbedingung

$$h|_{A\infty B}=H_o \ ; \ h|_{DE\infty}=H_B \ ; \ \left.\frac{\partial h}{\partial x}\right|_{BC\cup CD}=0$$

Die Funktion einer komplexen Variablen, die die Strömung darstellt, hat die Form:

$$F(z)=-\lambda \arcsin\left(\frac{iz}{l}\right)$$

λ unbestimmte Konstante

$$i=\sqrt{-1} \quad ; \quad i^2=-1 \quad ; \quad z=x+iy$$

mit $F(z)=\varphi(x,y)+i\psi(x,y)$ folgt

$$\sin\left(\frac{\varphi}{\lambda}+i\frac{\psi}{\varphi}\right)=-\frac{iz}{l}=\frac{y}{l}-i\frac{x}{l} \quad \Rightarrow \quad x=-\cos\frac{\varphi}{\lambda}\sinh\frac{\psi}{\lambda}$$

$$y=l\sin\frac{\varphi}{\lambda}\cosh\frac{\psi}{\lambda}$$

Trennung von φ und ψ

$$\frac{y^2}{\sin^2\frac{\varphi}{\lambda}}-\frac{x^2}{\cos^2\frac{\varphi}{\lambda}}=l^2 \quad \Rightarrow$$

Potentiallinien:
Hyperbeln für φ =*konst.*

$$\frac{y^2}{\cosh^2\frac{\psi}{\lambda}}+\frac{x^2}{\sinh^2\frac{\psi}{\lambda}}=l^2 \quad \Rightarrow$$

Stromlinien:
Ellipsen für ψ =*konst*

Bestimmung von Lambda mit Hilfe der Randbedingungen und der Potentialfunktion $\varphi = -k_f h + c$:

$$A_\infty B \left\{ \begin{array}{ll} y=0 & ; \quad \sin\frac{\varphi}{l}=0 \\ x\le 0, \cos\frac{\varphi}{l}\ge 0 & ; \quad -\frac{p}{2}\le\frac{\varphi}{l}\le\frac{p}{2} \end{array} \right\} \Rightarrow \frac{\varphi}{l}=0 \quad ; \qquad -k_f H_o + c = 0$$

$$DE_\infty \left\{ \begin{array}{ll} y=0 & ; \quad \sin\frac{\varphi}{l}=0 \\ x\ge 0, \cos\frac{\varphi}{l}< 0 & ; \quad \frac{p}{2}\le\frac{\varphi}{l}\le\frac{3p}{2} \end{array} \right\} \Rightarrow \frac{\varphi}{l}=p \quad ; \qquad -k_f H_u + c = lp$$

Es folgt:

$$c = k_f H_o$$

$$\lambda = k_f \frac{H_o - H_u}{\pi} = k_f \frac{\Delta H}{\pi} \qquad und \qquad \frac{\varphi}{\lambda} = \frac{H_o - h}{\Delta H}\pi$$

Verlauf der Standrohrspiegelhöhe entlang der Spundwand

Potentiallinien

$$\frac{y^2}{\sin^2(\tau\pi)} - \frac{x^2}{\cos^2(\tau\pi)} = l^2 \qquad mit\ \tau = \frac{H_0 - h}{\Delta H} \qquad \Rightarrow \quad OW \rightarrow 0 \le \tau \le 1 \leftarrow UW$$

Für $x=0$

$$y^2 = l^2 \sin^2(\tau\pi) \Rightarrow \left|\frac{y}{l}\right| = \sin(\tau\pi)$$

$$\tau = \frac{1}{\pi}\arcsin\left|\frac{y}{l}\right| \quad \Rightarrow h = H_o - \tau\Delta H \qquad bzw.\ h = H_0 - \frac{\Delta H}{\pi}\arcsin\left|\frac{y}{l}\right|$$

Lage	$\left\|\frac{y}{l}\right\|$	τ	h
B	0	0	H_o
C	1	$0,5$	$(H_o - H_u)/2$
D	0	1	H_u

Durchfluß unter der Spundwand zwischen den Punkten C und C*

$$Q_{CC^*} = \frac{k_f \Delta H}{\pi} \ln\left(\frac{a}{b} + \sqrt{\frac{a^2}{b^2} - 1}\right)$$

5.3 Numerische Lösungsverfahren

Numerische Lösungsverfahren werden benötigt, um Strömungsfälle, die nicht analytisch lösbar sind, zu lösen. Die Grundidee numerischer Lösungsverfahren ist folgende: das Strömungsgebiet wird schematisiert und diskretisiert, d.h. daß das Strömungsgebiet mit Knoten und/oder Elementen unterteilt wird. Die Diskretisierung hängt von der Art des numerischen Verfahrens ab. Für jede Diskretisierung werden Gleichungen (die sogenannten Differenzengleichungen DIFF) aufgestellt, die schließlich zu einem linearen algebraischen Gleichungssystem zusammengeführt werden. Lösung dieses Gleichungssystems sind in der Regel die Standrohrspiegelhöhen in den Stützstellen (Knoten, Punkte der Volumenelemente, o.ä.).
Es entstehen somit keine geschlossene Lösungsfunktionen, sondern Einzellösungen in den Stützstellen. Durch Interpolation können die Werte in beliebigen Punkten erhalten werden. Diese numerischen Verfahren sind auf alle Grundwasserströmungssysteme anwendbar. Bedingt durch das Verfahren sind Abweichungen von exakten Lösungen normal. Es gilt daher Überführungsbedingungen von der DGL/PDGL zur DIFF zu erfüllen (Konsistenz, Stabilität, Konvergenz, numerische Dispersion).
Eine Verflechtung der wichtigsten numerischen Lösungsverfahren mit unterschiedlichen Formulierungen der Randwertaufgaben der Grundwasserhydraulik ist im Abschnitt 5.1.2 dargestellt.

5.3.1 Die Finite Differenzen Methode FDM

5.3.1.1 1D, stationäre Strömungsmodellierung für homogene, gespannte GW-Leiter

Naturausschnitt

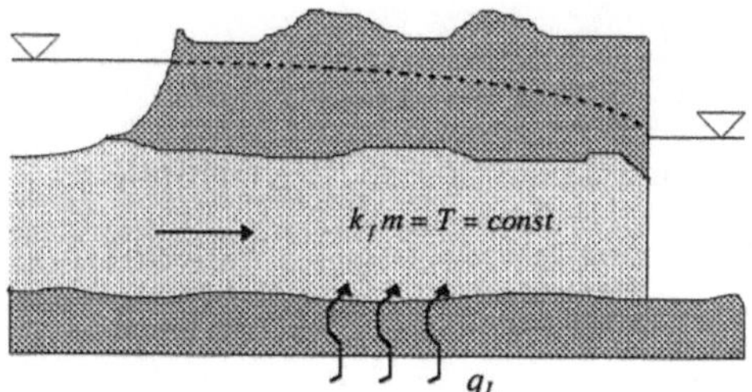

Schematisierung, Diskretisierung mit Knoten

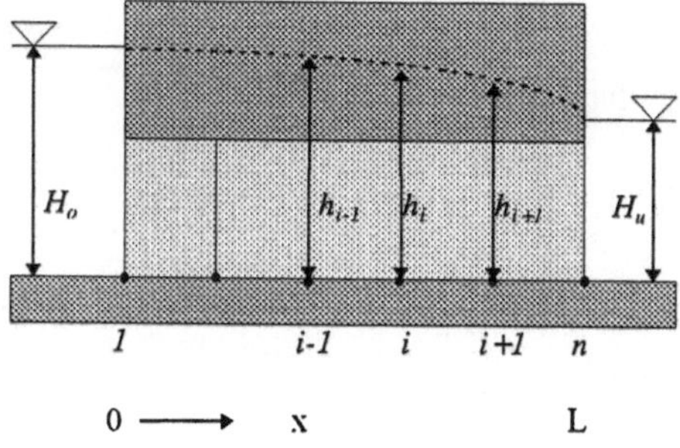

h_i Standrohrspiegelhöhe in Punkten „i“

Der Übergang der DGL zur DIFF *Randbedingungen*

$$\frac{d^2h}{dx^2} = -\frac{q_L}{T} \quad \rightarrow \quad DIFF = ? \qquad h(x=0) = H_o$$

$$h(x=L) = H_u$$

Der Übergang DGL→DIFF wird mit Hilfe der TAYLOR-Reihenentwicklung durchgeführt.

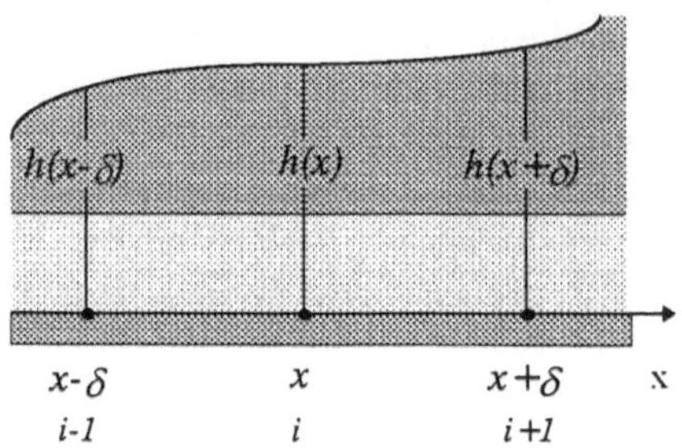

Die TAYLOR-Reihenentwicklung für den 1D stationären Strömungszustand liefert folgende Ergebnisse:

vorwärts

$$h(x+\delta)=h(x)+\delta\left.\frac{dh}{dx}\right|_x+\frac{\delta^2}{2!}\left.\frac{d^2h}{dx^2}\right|_x+\frac{\delta^3}{3!}\left.\frac{d^3h}{dx^3}\right|_x+........$$

rückwärts

$$h(x-\delta)=h(x)-\delta\left.\frac{dh}{dx}\right|_x+\frac{\delta^2}{2!}\left.\frac{d^2h}{dx^2}\right|_x-\frac{\delta^3}{3!}\left.\frac{d^3h}{dx^3}\right|_x+........$$

Um die Schreibweisen der Gleichungen zu verkürzen, wird folgendes vereinbart:

$$h(x_i)=h_i$$
$$h(x_i+\delta)=h(x_{i+1})=h_{i+1}$$
$$h(x_i-\delta)=h(x_{i-1})=h_{i-1}$$

Wenn man nun die beiden obigen Gleichungen addiert, erhält man die folgende Beziehung

$$h_{i+1}+h_{i-1}=2h_i+\delta^2\left.\frac{d^2h}{dx^2}\right|_i+\delta^4[\phi]$$

Aus dieser Beziehung folgt die Ableitung 2. Ordnung:

$$\left.\frac{d^2h}{dx^2}\right|_i=\frac{h_{i-1}-2h_i+h_{i+1}}{\delta^2}-\delta^2[\phi]$$

Wenn wir die Glieder, die mit δ^2 proportional sind ($\delta^2[\phi]\cong 0$), vernachlässigen, erhalten wir eine diskretisierte Näherung der zweiten Ableitung

$$\frac{d^2h}{dx^2}\cong\frac{h_{i-1}-2h_i+h_{i+1}}{\delta^2}.$$

Man sagt, daß die Näherungsordnung (Fehlerordnung) „0“ bezüglich der Rasterweite „δ“, die Ordnung 2 ist.

$$\frac{d^2h}{dx^2} = \frac{h_{i-1} - 2h_i + h_{i+1}}{\delta^2} + 0(\delta^2)$$

Aufgrund dieser Näherung gilt:

Differentialgleichung DGL → **Differenzengleichung DIFF**

$$\frac{d^2h}{dx^2} = -\frac{q_L}{T}$$

$$\frac{h_{i-1} - 2h_i + h_{i+1}}{\delta^2} = -\frac{q_{Li}}{T_i}$$

$$i = 2,3,\ldots n-1$$

Annahmen für die oben erhaltene DIFF

1D Strömung
homogener, gespannter GW-Leiter
konstante GW-Leitermächtigkeit
stationäre Strömung
Fehlerordnung der Differenzengleichungen $0(\delta^2)$

Durch die Anwendung der Differenzengleichung (*i=2,3,.....,n-1*) entsteht für das Strömungsproblem ein Gleichungssystem mit n-2 Gleichungen.

$$n-2\left\{\begin{bmatrix} h_1 & -2h_2 & h_3 & & . & . \\ . & h_2 & -2h_3 & h_4 & & . \\ . & . & . & . & . & . \\ . & . & . & . & . & . \\ . & . & . & . & . & . \\ . & & . & . & -2h_{n-1} & h_n \end{bmatrix}\right. = \begin{bmatrix} -\frac{q_{L2}\delta^2}{T_2} \\ -\frac{q_{L3}\delta^2}{T_3} \\ . \\ . \\ . \\ -\frac{q_{Ln-1}\delta^2}{T_{n-1}} \end{bmatrix}$$

Berücksichtigt man nun die Randbedingungen ($h_1 = H_o$ und $h_n = H_U$ sind bekannt), so erhält man das Gleichungssystem mit n-2 Gleichungen und genau so vielen Unbekannten h_i *(i=2,3,…,n-1)*.

$$\begin{bmatrix} -2 & 1 & 0 & 0 & . & 0 \\ 1 & -2 & 1 & 0 & & 0 \\ 0 & 1 & -2 & 1 & & 0 \\ . & . & . & . & . & 0 \\ . & . & . & . & & 1 \\ 0 & 0 & 0 & . & 1 & -2 \end{bmatrix} \begin{bmatrix} h_2 \\ h_3 \\ h_4 \\ . \\ h_{n-2} \\ h_{n-1} \end{bmatrix} = \begin{bmatrix} -\frac{q_{L2}}{T_2} - H_o \\ -\frac{q_{L3}}{T_3} \\ . \\ \\ -\frac{q_{Ln-2}}{T_{n-2}} \\ -\frac{q_{Ln-1}}{T_{n-1}} - H_u \end{bmatrix}$$

Anmerkung

Wenn die Leakage q_L von der Standrohrspiegelhöhe h_i abhängig ist, soll das oben angeführte Gleichungssystem iterativ gelöst werden.

$$q_L = k_{fo} \frac{H_L - h(x)}{m_o} \quad \rightarrow \quad q_{Li} = k_{fo} \frac{H_L - h_i}{m_o}$$

k_{fo}; m_o Parameter der unteren schwach durchlässigen Schicht

H_L Standrohrspiegelhöhe im unteren GW-Leiter 2 (siehe Abb. 4-1)

- Iteration $I^{(0)}$

  abgeschätzte Leckage $q_{Li}^{(0)}$ (z.B. für eine lineare Standrohrspiegelhöhenverteilung)

  Lösung des Gleichungssystems

  Berechnung der Werte $h_i^{(0)}$

- Iteration $I^{(1)}$

  Berechnung der Leckage $q_{Li}^{(1)}$

  Lösung des Gleichungssystems $h_i^{(1)}$

- Iteration I(k)

  Unterbrechung der Iterationen, wenn

  $$\left| h_i^{(k)} - h_i^{(k-1)} \right| < \varepsilon$$

  ε *vorgegebener Fehler*

5.3.1.2 1D, stationäre Strömungsmodellierung für inhomogene, gespannte GW-Leiter

Naturausschnitt

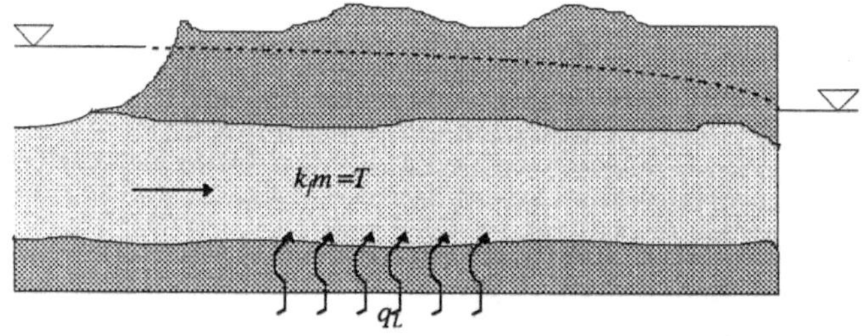

Schematisierung, Diskretisierung

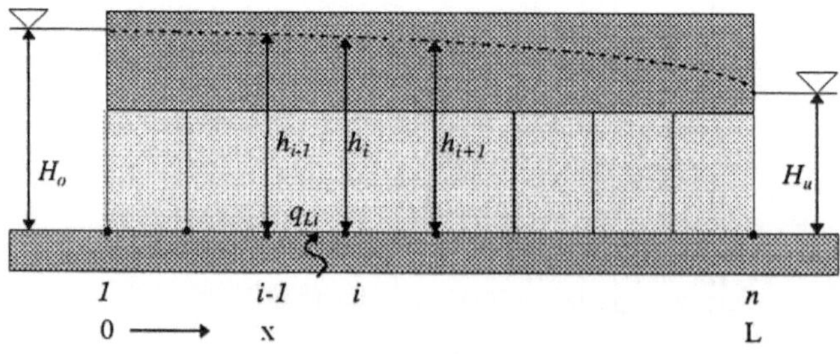

h_i Standrohrspiegelhöhe in Punkten „i"

Verlauf der Transmissivität *T(x)* und der Standrohrspiegelhöhe *h(x)*

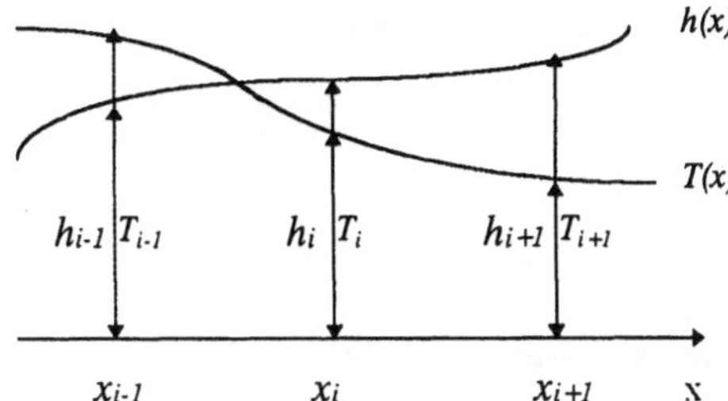

Differentialgleichung

$$\frac{d}{dx}\left(T\frac{dh}{dx}\right) = -q$$

Randbedingungen

$$h(x=0) = H_o \qquad h(x=L) = H_L$$

Es wird nun eine Fallunterscheidung für unterschiedliche Diskretisierungsansätze der Transmissivität durchgeführt

Fall A: Die Transmissivität *T(x)* ist als stetige und differenzierbare Funktion gegeben.

Fall B: Die Transmissivität T ist als eine der Diskretisierung entsprechende treppenförmige Verteilung gegeben (angenommen).

Fall A

Die Transmissivität ist als stetige und differenzierbare Funktion *T=T(x)* gegeben.

Umformung der DGL

$$\frac{d}{dx}\left(T\frac{dh}{dx}\right) = \frac{dT}{dx}\frac{dh}{dx} + T\frac{d^2h}{dx^2}$$

Differenzengleichungen durch TAYLOR-Reihenentwicklung

vorwärts für h(x)

$$h_{i+1} = h_i + \delta\frac{dh}{dx}\bigg|_i + \frac{\delta^2}{2!}\frac{d^2h}{dx^2}\bigg|_i + \frac{\delta^3}{3!}\frac{d^3h}{dx^3}\bigg|_i + \ldots\ldots$$

rückwärts für h(x)

$$h_{i-1} = h_i - \delta\frac{dh}{dx}\bigg|_i + \frac{\delta^2}{2!}\frac{d^2h}{dx^2}\bigg|_i - \frac{\delta^3}{3!}\frac{d^3h}{dx^3}\bigg|_i + \ldots\ldots$$

vorwärts für T(x)

$$T_{i+1} = T_i + \delta\frac{dT}{dx}\bigg|_i + \frac{\delta^2}{2!}\frac{d^2T}{dx^2}\bigg|_i + \frac{\delta^3}{3!}\frac{d^3T}{dx^3}\bigg|_i + \ldots\ldots$$

rückwärts für T(x)

$$T_{i-1} = T_i - \delta\frac{dT}{dx}\bigg|_i + \frac{\delta^2}{2!}\frac{d^2T}{dx^2}\bigg|_i - \frac{\delta^3}{3!}\frac{d^3T}{dx^3}\bigg|_i + \ldots\ldots$$

Die Ableitungen in Differenzenform überführt, ergeben folgendes (Zentraldifferenzen):

$$\left.\frac{dh}{dx}\right|_i = \frac{h_{i+1} - h_{i-1}}{2\delta} + 0(\delta^2) \qquad \left.\frac{dT}{dx}\right|_i = \frac{T_{i+1} - T_{i-1}}{2\delta} + 0(\delta^2)$$

$$\left.\frac{d^2h}{dx^2}\right|_i = \frac{h_{i-1} - 2h_i + h_{i+1}}{\delta^2} + 0(\delta^2)$$

Differentialgleichung DGL $\Rightarrow$ Differenzengleichungen DIFF

$$\frac{d}{dx}\left(T\frac{dh}{dx}\right) = -q_L \quad \Rightarrow \quad h_{i-1}\left(T_i - \frac{T_{i+1} - T_{i-1}}{4}\right) - 2h_i\, T_i \ + h_{i+1}\left(T_i + \frac{T_{i+1} - T_{i-1}}{4}\right) = -q_{Li}\delta^2$$

$$i = 2,3,\ldots,n-1$$

Fall B

Die Differenzengleichung im Falle einer gegebenen treppenförmigen Verteilung der Transmissivität (Skizze B_1 und B_2).

B_1

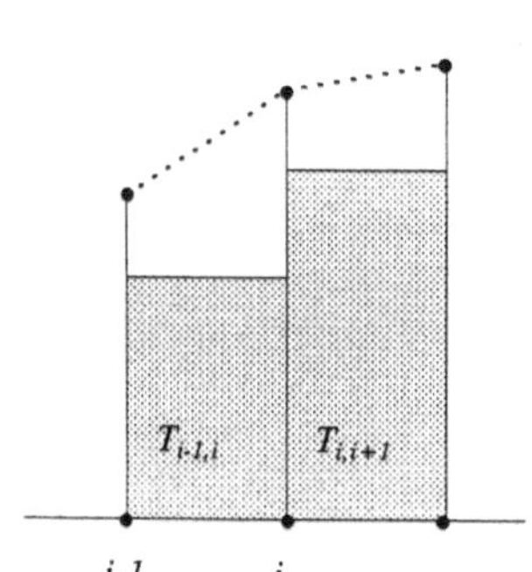

B_2

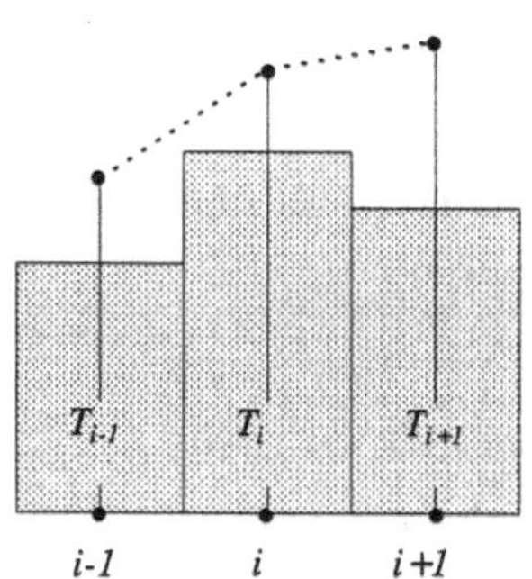

Ergebnis ist die Finite Differenzengleichung DIFF

$$\frac{d}{dx}\left(T\frac{dh}{dx}\right) = -q_L \quad \Rightarrow \quad h_{i-1}T^{(ä)}_{i-1i} - 2h_i\, T^{(ä)}_{ii} + h_{i+1}T^{(ä)}_{i+1i} = -q_{Li}\delta^2$$

$$i = 2,3,\ldots,n-1$$

mit den folgenden äquivalenten Transmissivitäten

für B_1

$$T^{(ä)}_{i-1i} = T_{i-1,i} \quad ; \quad T^{(ä)}_{i+1i} = T_{i,i+1}$$

$$T^{(ä)}_{ii} = \frac{1}{2}\left(T^{(ä)}_{i-1i} + T^{(ä)}_{i+1i}\right) = \frac{1}{2}\left(T_{i-1,i} + T_{i,i+1}\right)$$

für B_2

$$T^{(ä)}_{i-1i} = \frac{2T_{i-1}T_i}{T_{i-1} + T_i} \quad ; \quad T^{(ä)}_{ii} = T_i$$

$$T^{(ä)}_{i+1i} = \frac{2T_iT_{i+1}}{T_i + T_{i+1}}$$

Anmerkung

Im Fall A gilt auch die allgemeine Form der DIFF mit $T_{()()}^{(ä)}$. In diesem Fall (siehe A).

$$T_{i-1i}^{(ä)} = T_i - \frac{T_{i+1} - T_{i-1}}{4} \; ; \quad T_{i+1i}^{(ä)} = T_i + \frac{T_{i+1} - T_{i-1}}{4} \; ; \quad T_{ii}^{(ä)} = T_i$$

Mit Hilfe der allgemeinen DIFF ($i=2,3,..\ ,n-1$) und den Randbedingungen entsteht für das 1D Strömungsproblem das Gleichungssystem.

$$\left\{\begin{bmatrix} -2T_{22}^{(ä)} & T_{32}^{(ä)} & 0 & 0 & . & 0 \\ T_{23}^{(ä)} & -2T_{33}^{(ä)} & T_{43}^{(ä)} & 0 & . & 0 \\ 0 & T_{34}^{(ä)} & -2T_{44}^{(ä)} & T_{54}^{(ä)} & . & 0 \\ . & . & . & . & . & 0 \\ . & . & . & . & . & T_{n-1n-2}^{(ä)} \\ 0 & 0 & 0 & . & T_{n-2n-1}^{(ä)} & -2T_{n-1n-1}^{(ä)} \end{bmatrix} \begin{bmatrix} h_2 \\ h_3 \\ h_4 \\ . \\ h_{n-2} \\ h_{n-1} \end{bmatrix} = \begin{bmatrix} -q_{L2}\delta^2 - T_1^{(ä)} H_o \\ -q_{L3}\delta^2 \\ . \\ . \\ -q_{Ln-2}\delta^2 \\ -q_{Ln-1}\delta^2 - T_n^{(ä)} H_u \end{bmatrix}\right.$$

5.3.1.3 1D, stationäre Strömungsmodellierung für inhomogene, freie GW-Leiter

Schema des Strömungssystems

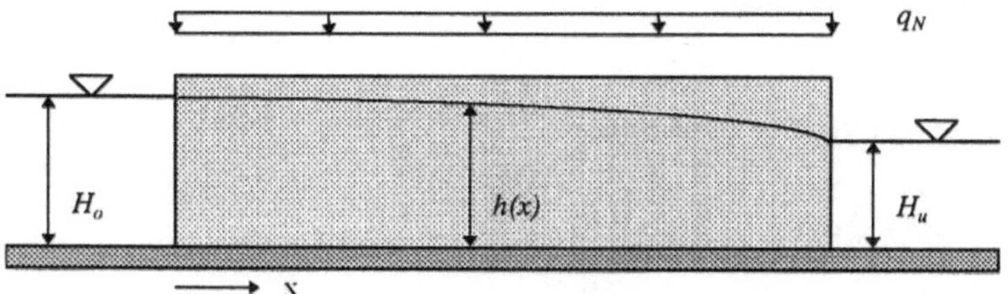

Differentialgleichung

$$\frac{d}{dx}(k_f h \frac{dh}{dx}) = -q_N$$

Randbedingungen

$$h(x=0) = H_o \qquad h(x=L) = H_u$$

Grundlagen zur Lösung durch Umformung der DGL

$$h\frac{dh}{dx} = \frac{d}{dx}\left(\frac{h^2}{2}\right)$$

Somit entsteht eine identische Form der DGL wie bei den gespannten GW-Leitern. Es wird

$$\frac{d}{dx}(T^* \frac{dh^*}{dx}) = -q_N \quad \text{mit} \quad T^* = k_f(x), \quad h^* = \frac{1}{2}h^2(x) \quad \text{und den RBD} \quad h^*(x=0) = \frac{H_o^2}{2}, \quad h^*(x_o = l) = \frac{H_u^2}{2}$$

ausgetauscht. Mit diesem Austausch gelten also alle Ergebnisse wie bei den gespannten GW-Leitern (5.4.1.2).

Diskretisierung

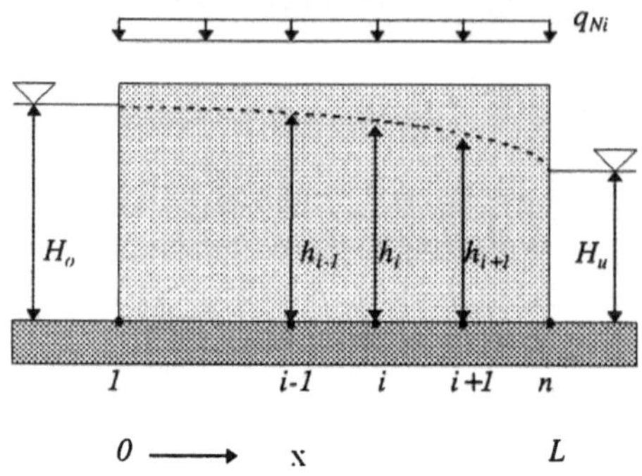

h_i Standrohrspiegelhöhe in Punkten „i"

Differenzengleichung

$$h_{i-1}^{*} T_{i-1i}^{*} - 2h_i^{*} T_{ii}^{*} + h_{i+1}^{*} T_{i+1i}^{*} = -q_{Ni}\delta^2$$
$$i = 2,3,\ldots,n-1$$

$T_{()()}^{*}$ ist von der Abschätzungsart entsprechend der Diskretisierung abhängig. Dafür gibt es folgende verschiedene Möglichkeiten:

Fall A

***k(x)* ist eine gegebene analytische Funktion.**

$$T_{i-1i}^{*} = k_f(x_i) - \frac{1}{4}\left[k_f(x_{i+1}) - k_f(x_{i-1})\right] = k_{f\,i} - \frac{1}{4}(k_{f\,i+1} - k_{f\,i-1})$$
$$T_{ii}^{*} = k_f(x_i) \qquad = k_{f\,i}$$
$$T_{i+1i}^{*} = k_f(x_i) + \frac{1}{4}\left[k_f(x_{i+1}) + k_f(x_{i-1})\right] = k_{f\,i} + \frac{1}{4}(k_{f\,i+1} - k_{f\,i-1})$$
$$i = 2,3,\ldots,n-1$$

Fall B

treppenförmige Verteilung mit Diskontinuität zwischen den Knoten

B_1

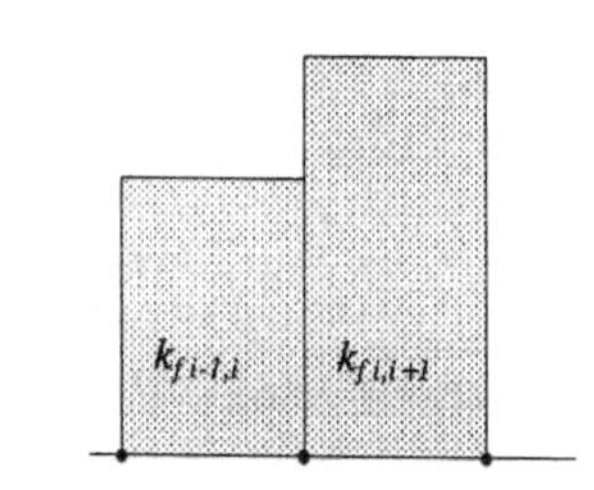

B_2

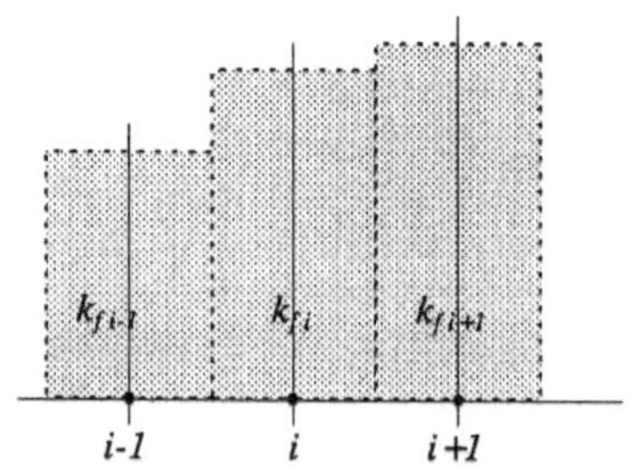

B_1	B_2
$T^*_{i-1i} = k_{f\,i-1,i}$	$T^*_{i-1i} = \dfrac{2k_{f\,i-1}k_{f\,i}}{k_{f\,i-1} + k_{f\,i}}$
$T^*_{ii} = \dfrac{1}{2}\left[k_{f\,i-1,i} + k_{f\,i,i+1}\right]$	$T^*_{i+1i} = \dfrac{2k_{f\,i}k_{f\,i+1}}{k_{f\,i} + k_{f\,i+1}}$
$T^*_{i+1i} = k_{f\,i,i+1}$	$T^*_{ii} = \dfrac{1}{2}\left[k_{f\,i} + k_{f\,i+1}\right]$

Im weiteren folgt der Aufbau eines linearen Gleichungssystems und dessen Lösung. Als Ergebnis erhalten wir die Werte der „Ersatzfunktion $h^*(x)$" in den Stützstellen „x_i". Aus diesen Werten werden die Standrohrspiegelhöhenwerte h_i erhalten. Dafür gilt:

$$h^* = \frac{h^2}{2} \qquad h_i = \sqrt{2h_i^*}$$

Grundlagen zur Lösung durch Linearisierung der DGL
Eine andere Möglichkeit, stationäre Strömungsvorgänge mit freien Oberflächen zu lösen, ist die Linearisierung der nicht linearen DGL und Iteration.

$$\frac{d}{dx}(k_f h(x)\frac{dh}{dx}) = -q_N$$

Zur Linearisierung dieser DGL wird $k_f(x)h(x)$ durch eine mittlere Transmissivität ersetzt. Somit gilt:

1. Iteration — Differentialgleichung

$$T(x) = k_f(x)\widetilde{h}^{(0)}(x)$$

$$mit\ \widetilde{h}^{(0)}(x) = \frac{H_o + H_u}{2} \quad \Rightarrow \quad \frac{d}{dx}(T\ \frac{dh}{dx}) = -q_N$$

Diskretisierung und Differenzengleichung siehe gespannter GW-Leiter A, B_1 oder B_2.

k. Iteration

$$T_i^{(k)} = k_{fi}h_i^{(k-1)} \quad \Rightarrow \quad \frac{d}{dx}(T^{(k)}\frac{dh}{dx}) = -q_N$$

DIFF

$$h_{i-1}^{(k)}T_{i-1i}^{*(k)} - 2h_i^{(k)}T_{ii}^{*(k)} + h_{i+1}^{(k)}T_{i+1i}^{*(k)} = -q_{Ni}\delta^2 \ ; \ i = 2,3,\ldots,n-1$$

Ergebnis: $h_i^{(k)}$

$T_i^{*(k)}$ wird entsprechend dem Diskretisierungsansatz A, B_1 oder B_2 bestimmt. Die Iterationen werden durchgeführt, bis $\left|h_i^{(k)} - h_i^{(k-1)}\right| < \varepsilon_0$ gilt (mit ε_o-vorgegebener Fehler).

Die o.g. numerischen Lösungsverfahren führen zur tridiagonalen symmetrischen Koeffizientenmatrix des Gleichungssystems. Das Gleichungssystem ist gut konditioniert und läßt eine gute numerische Lösung zu.

5.3.1.4 1D, instationäre Strömungsmodellierung in homogenen, freien GW-Leitern

Schema des Strömungssystems

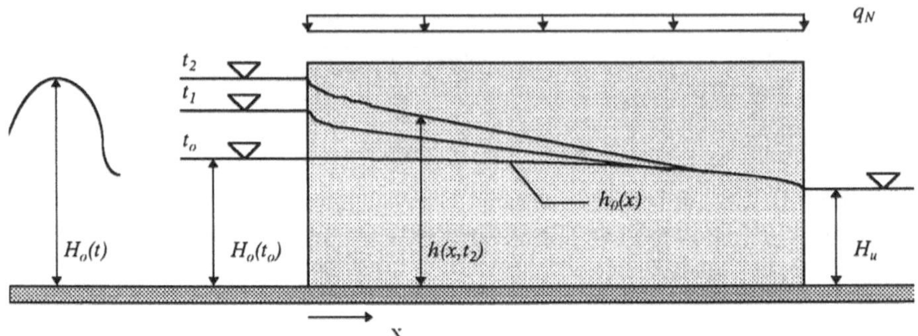

Die PDGL der Strömung:

$$\frac{\partial}{\partial x}\left(k_f h \frac{\partial h}{\partial x}\right) = n_e \frac{\partial h}{\partial t} - q_N \qquad h = h(x,t)$$

Durch Linearisierung mit $T = k_f \tilde{h} = \text{konst.}$ ($\tilde{h}$ ist die mittlere Wassertiefe) wird die nicht lineare PDGL der berechneten Strömung in eine lineare PDGL umgeformt:

$$\frac{\partial^2 h}{\partial x^2} = \frac{n_e}{T}\frac{\partial h}{\partial t} - \frac{q_N}{T}$$

Da es sich um ein instationäres Problem handelt, müssen Rand- und Anfangsbedingungen formuliert werden.

Randbedingung

$$h(x=0,t) = H_o(t) \qquad t \geq t_o$$

$$h(x=L,t) = \begin{cases} H_u \\ oder \\ H_u(t) \end{cases}$$

Anfangsbedingungen

$$h(x,t=t_o) = h_o(x) \qquad 0 \leq x \leq L$$

Das instationäre Strömungsproblem kann folgendermaßen diskretisiert werden:

Diskretisierung (räumlich und zeitlich)

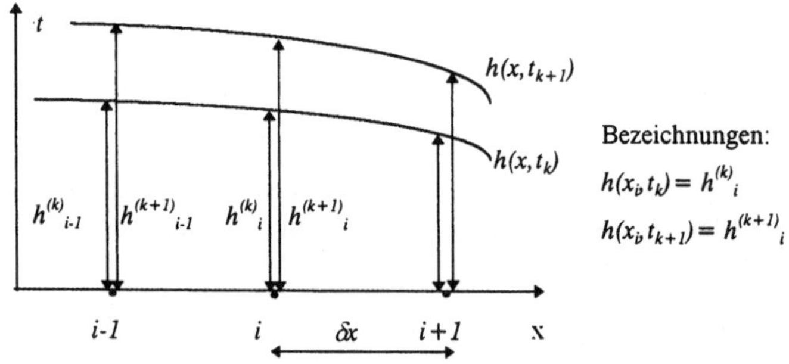

Bezeichnungen:

$h(x_i,t_k) = h^{(k)}_i$

$h(x_i,t_{k+1}) = h^{(k+1)}_i$

Schematische Darstellung der zeitlichen und räumlichen Diskretisierung

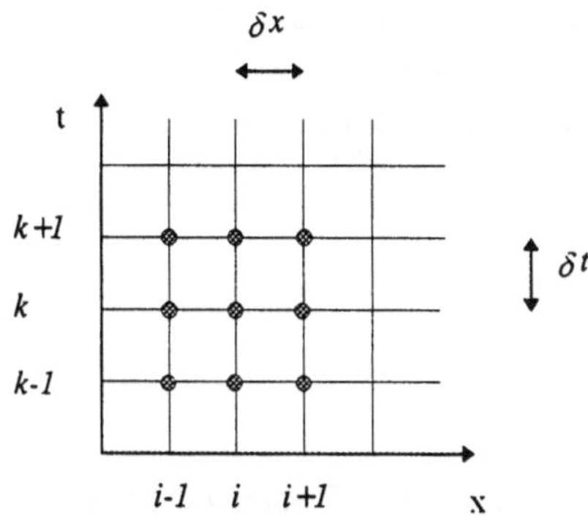

Die Standrohrspiegelhöhen in den einzelnen Knotenpunkten x_i werden zu den Zeitpunkten t_k und t_{k+1} mit $h^k{}_i, h^{k+1}{}_i$ usw. bezeichnet. Aufgrund der TAYLOR-Reihenentwicklung sind nun folgende Differenzengleichungen aufstellbar:

a,	Zentraldifferenz	⇒	örtliche Ableitung 2. Ordnung
b,	Vorwärtsdifferenz	⇒	zeitliche Ableitung 1. Ordnung
c,	Rückwärtsdifferenz	⇒	zeitliche Ableitung 1. Ordnung

$$a,\quad \left.\frac{\partial^2 h}{\partial x^2}\right|_{x_i,t_k} = \frac{h_{i-1}^{(k)} - 2h_i^{(k)} + h_{i+1}^{(k)}}{(\delta x)^2} + O(\delta^2 x) \cong \frac{h_{i-1}^{(k)} - 2h_i^{(k)} + h_{i+1}^{(k)}}{(\delta x)^2}$$

$$b,\quad \left.\frac{\partial h}{\partial t}\right|_{t_k} = \frac{h_i^{(k+1)} - h_i^{(k)}}{\delta t} + O(\delta t) \cong \frac{h_i^{(k+1)} - h_i^{(k)}}{\delta t}$$

$$c,\quad \left.\frac{\partial h}{\partial t}\right|_{t_k} = \frac{h_i^{(k)} - h_i^{(k-1)}}{\delta t} + O(\delta t) \cong \frac{h_i^{(k)} - h_i^{(k-1)}}{\delta t}$$

Mit den Gleichungen „a“ und „b“ folgt das **explizite Differenzenschema.**

Mit den Gleichungen „a“ und „c“ folgt das **implizite Differenzenschema.**

Das explizite Differenzenschema erhält man aus der linearisierten PDGL durch die Ersetzung der Differenzen a und b.

$$h^{(k+1)}{}_i = r \cdot h^{(k)}{}_{i-1} + (1-2r)h^{(k)}{}_i + r \cdot h^{(k)}{}_{i+1} + q_{Ni} \cdot \delta t$$

mit

$$r_i = \frac{T_i^{(k)}}{n_e} \frac{\delta t}{(\delta x)^2} \qquad i = 2,3,...,n-1$$

und der Näherungsordnung $O(\delta^2 t)$ bzw. $O(\delta^2 x)$.

Anschauliche schematische Darstellung des **expliziten** Differenzenschemas

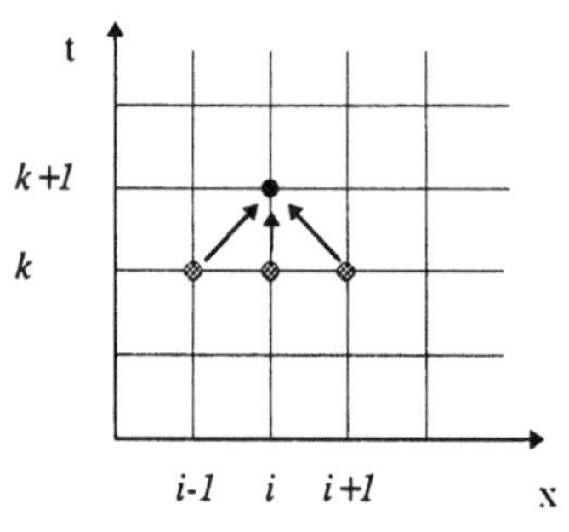

- bekannte Standrohrspiegelhöhen $h^{(k)}_{i-1}, h^{(k)}_{i}, h^{(k)}_{i+1}$
- berechnete Standrohrspiegelhöhe $h^{(k+1)}_{i}$

Mit Hilfe dieses expliziten Differenzenschemas kann man für jeden Knoten i die Standrohrspiegelhöhe zum Zeitpunkt $k+1$ aus den bekannten Standrohrspiegelhöhen zum Zeitpunkt k ohne Schwierigkeiten berechnen. Das ist ein wesentlicher Vorteil dieses Berechnungsverfahrens. Um eine stabile Lösung zu erhalten, soll die folgende **Stabilitätsbedingung** für beliebige „*i*" und „*k*" erfüllt werden:

$$r_i = \frac{T_i^{(k)}}{n_e} \frac{\delta t}{(\delta x)^2} \leq \frac{1}{2}$$

Dieser Stabilitätsbedingung steht die Voraussetzung zu Grunde, daß der Berechnungsfehler der Lösungsfunktion h mit dem Zeitablauf nicht steigt.

Für einen beliebigen Zeitpunkt „*k*" in einem beliebigen Punkt „ *i*" gilt

$$h_i^{(k)} = \bar{h}_i^{(k)} + \varepsilon^{(k)}$$

wobei $h_i^{(k)}$der mit dem Fehler $\varepsilon^{(k)}$ berechnete Wert der gesuchten Standrohrspiegelhöhe $\bar{h}_i^{(k)}$ ist. Für den nächsten Zeitschritt folgt

$$h_i^{(k+1)} = \bar{h}_i^{(k+1)} + \varepsilon^{(k+1)}.$$

Die Voraussetzung, daß der Fehler nicht steigt, führt zur Bedingung

$$\left|\varepsilon^{(k+1)}\right| \leq \left|\varepsilon^{(k)}\right|.$$

Mit dieser Überlegung erhält man aus der Differenzengleichung die o. g. Stabilitätsbedingung.

Diese Bedingung ist aber nur eine *notwendige* und keine *hinreichende* Bedingung der Stabilität. Das ist ein Nachteil dieses Schemas.

Das implizite Differenzenschema erhält man aus der linearisierten PDGL durch die Ersetzung der Differenzen a und c:

$$h^{(k-1)}{}_i = -r \cdot h^{(k)}{}_{i-1} + (1+2r)h^{(k)}{}_i - r \cdot h^{(k)}{}_{i+1} - q_i \cdot \delta t$$

mit

$$r = \frac{T_i^{(k)}}{n_e} \frac{\delta t}{(\delta x)^2} \qquad i = 2, 3, \ldots, n-1$$

und der Näherungsordnung $O(\delta^2 t)$ bzw. $O(\delta^2 x)$.

Anschauliche schematische Darstellung des **impliziten** Differenzenschemas

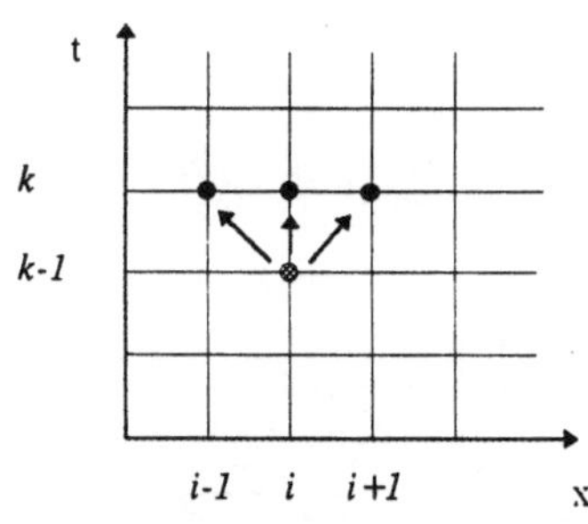

Ein wichtiger *Vorteil* des impliziten Schemas ist, daß dieses Differenzenschema bezüglich der Zeitschritte stabil ist (keine notwendige Stabilitätsbedingung).

Nachteil des Schemas ist, daß mit der Differenzengleichung nun ein Gleichungssystem $(i=2,3,\ldots,n-1)$ aufgestellt werden muß, um die unbekannte Standrohrspiegelhöhe $h_i^{(k+1)}$ zu bestimmen.

Anmerkungen

Wegen der Linearisierung sollen während der numerischen Berechnung Iterationen für jeden Zeitschritt durchgeführt werden.

Iteration (0) $(t=t_o)$ $T_i^{(0)} = k_f \overline{h}_{0i}^{(0)}$

Iteration (1) $(t=t_1)$ $T_i^{(1)} = k_f \overline{h}_i^{(1)}$

...

Iteration (k) $(t=t_k)$ $T_i^{(k)} = k_f \overline{h}_i^{(k)}$

$\overline{h}_{0i}^{(0)}$ die mittlere Standrohrspiegelhöhe zwischen den Knoten i und $i+1$ zum Zeitpunkt t_o

$\overline{h}_i^{(1)}$ die mittlere Standrohrspiegelhöhe zwischen den Knoten i und $i+1$ zum Zeitpunkt t_1

$\overline{h}_i^{(k)}$ die mittlere Standrohrspiegelhöhe zwischen den Knoten i und $i+1$ zum Zeitpunkt t_k

Es gibt eine Reihe von anderen Differenzenverfahren, wie z. B.

CRANK-NICHOLSON-Lösungsschema

DOUGLAS-JONES-Lösungsverfahren

ADI-Lösungsverfahren,

die die expliziten und impliziten Elemente und Techniken kombinieren [Busch, Luckner, Tiemer 1993].

5.3.1.5 Allgemeine Betrachtungen zur Modellierung stationärer 2D Grundwasserströmungen mit FDM

Die in 5.1 dargestellten Arbeitsschritte zur Bearbeitung eins Strömungsproblems mit Hilfe eines numerischen Verfahrens gelten für 2D Strömungen genauso wie für alle anderen Strömungen. Die Lösungsfunktion erhält jedoch die Form $h = h(x,y)$. Um die PDGL in eine Differenzengleichung zu überführen, ist es notwendig, die Reihenentwicklung in beiden Richtungen (x,y) durchzuführen.

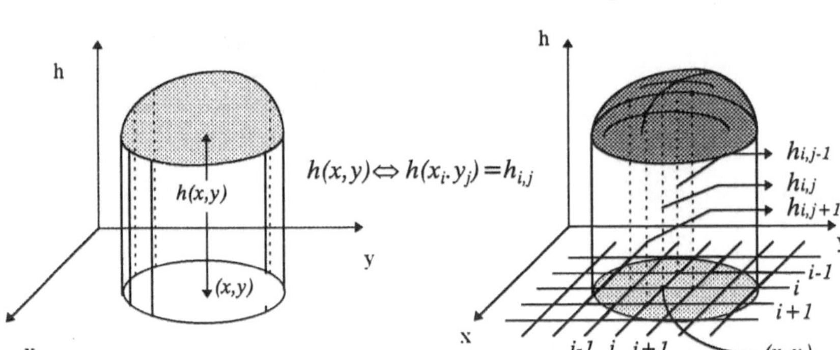

Abbildung 5-10 Prinzipskizze der 2D Strömungsmodellierung mit FDM

Prinzipiell sind verschiedene Diskretisierungsraster möglich. Diese sind in den folgenden Bildern dargestellt:

- a regelmäßige Quadratraster
- b unregelmäßige Quadratraster
- c Quadratraster mit Verdichtung
- d Dreieckraster
- e Viereckraster
- f gemischte Raster

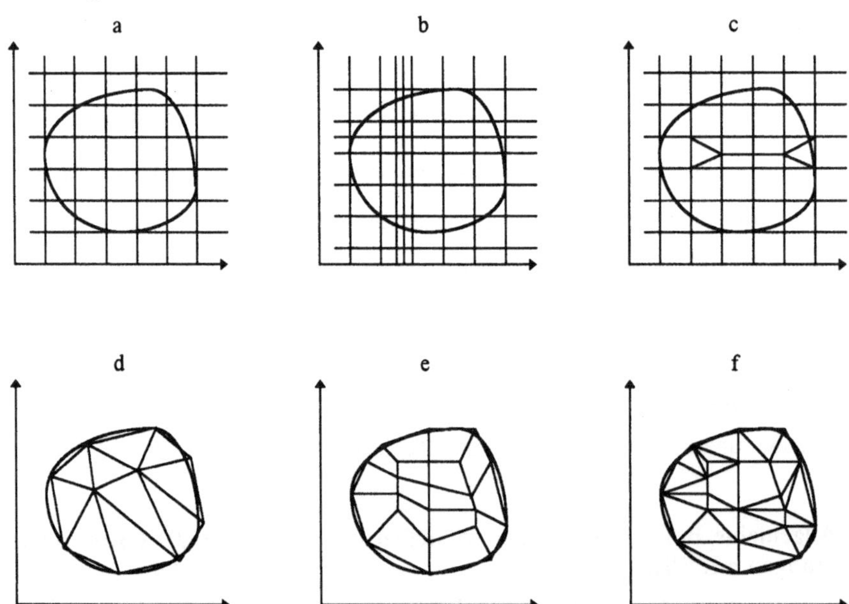

Abbildung 5-11 Diskretisierungsmöglichkeiten mit FDM

Da das Hauptziel dieses Textbuches die Vorstellung der Grundlagen der wichtigsten numerischen Verfahren ist, wird weiterhin *nur die Diskretisierung mit regelmäßigen Quadratrastern vorgestellt.*

5.3.1.6 2D, stationäre Strömungsmodellierung für homogene, gespannte GW-Leiter

Schema des Strömungssystems

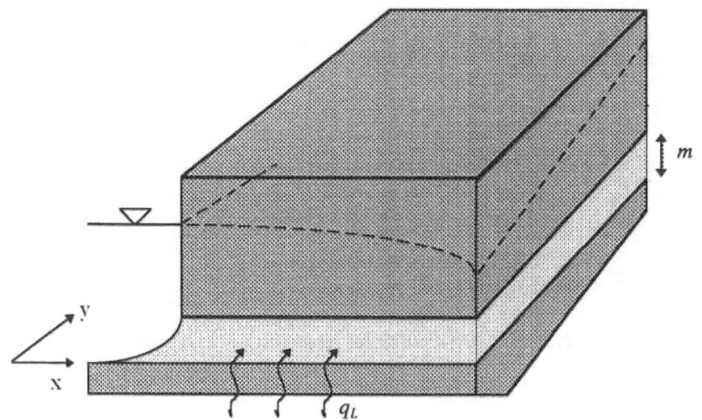

2D Problem

Die PDGL, die dieses Problem abbildet, hat folgende Form:

$$\frac{\partial^2 h}{\partial x^2}+\frac{\partial^2 h}{\partial y^2}=-\frac{q_L}{T} \qquad h=h(x,y)$$

$$T=k_f m=konst.$$

Diese PDGL mit den angegebenen Annahmen wird aufgrund der Diskretisierung in eine Differenzengleichung (DIFF) übergehen.

Diskretisierung mit Knoten

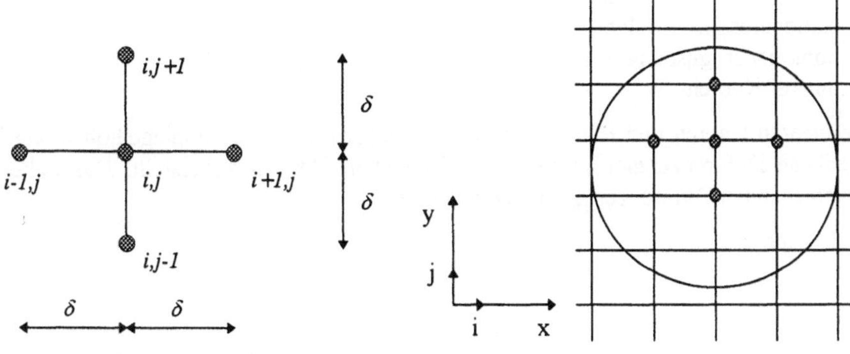

Abbildung 5-12 2D Diskretisierung mit regelmäßigen Quadratrastern

Die PDGL geht mit Hilfe der TAYLOR-Reihenentwicklung (Reihenentwicklung in beiden Richtungen) in eine Differenzengleichung über. Die TAYLOR-Reihenentwicklung lautet:

-δx Richtung:

$$h_{i+1,j} = h_{i,j} + \delta\frac{\partial h}{\partial x} + \frac{\delta^2}{2}\frac{\partial^2 h}{\partial x^2} + \frac{\delta^3}{2 \cdot 3}\frac{\partial^3 h}{\partial x^3} + ...$$

$$h_{i-1,j} = h_{i,j} - \delta\frac{\partial h}{\partial x} + \frac{\delta^2}{2}\frac{\partial^2 h}{\partial x^2} - \frac{\delta^3}{2 \cdot 3}\frac{\partial^3 h}{\partial x^3} + ...$$

-δy Richtung:

$$h_{i,j+1} = h_{i,j} + \delta\frac{\partial h}{\partial y} + \frac{\delta^2}{2}\frac{\partial^2 h}{\partial y^2} + \frac{\delta^3}{2 \cdot 3}\frac{\partial^3 h}{\partial y^3} + ...$$

$$h_{i,j-1} = h_{i,j} - \delta\frac{\partial h}{\partial y} + \frac{\delta^2}{2}\frac{\partial^2 h}{\partial y^2} - \frac{\delta^3}{2 \cdot 3}\frac{\partial^3 h}{\partial y^3} + ...$$

Die partiellen Ableitungen in Differenzenform (Zentraldifferenzen) erhält man durch die Addition dieser Reihenentwicklung

$$\frac{\partial^2 h}{\partial x^2} = \frac{1}{\delta^2}(h_{i-1,j} - 2h_{i,j} + h_{i+1,j}) + O(\delta^2)$$

bzw.

$$\frac{\partial^2 h}{\partial y^2} = \frac{1}{\delta^2}(h_{i,j-1} - 2h_{i,j} + h_{i,j+1}) + O(\delta^2)$$

Somit:

PDGL

$$\frac{\partial^2 h}{\partial x^2} + \frac{\partial^2 h}{\partial y^2} = \frac{-q_L}{T}$$

DIFF

$$h_{i,j} = \frac{1}{4}\left(h_{i-1,j} + h_{i+1,j} + h_{i,j-1} + h_{i,j+1}\right) + \frac{q_L}{4T}\delta^2$$

Annahmen:

Näherung mit der Fehlerordnung $O(\delta^2)$
stationäres 2D Problem
homogener, gespannter Leiter
innerer Knoten

Für die inneren Knoten und Randknoten mit unbekannten Standrohrspiegelhöhen werden unterschiedliche Differenzengleichungen nach folgendem Schema aufgestellt. Das Schema und die entsprechenden Differenzengleichungen lauten:

innerer Knoten

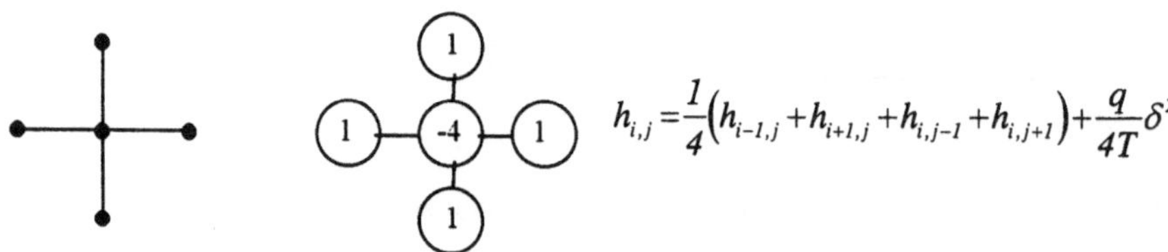

$$h_{i,j} = \frac{1}{4}\left(h_{i-1,j} + h_{i+1,j} + h_{i,j-1} + h_{i,j+1}\right) + \frac{q}{4T}\delta^2$$

Randknoten / undurchlässiger Rand

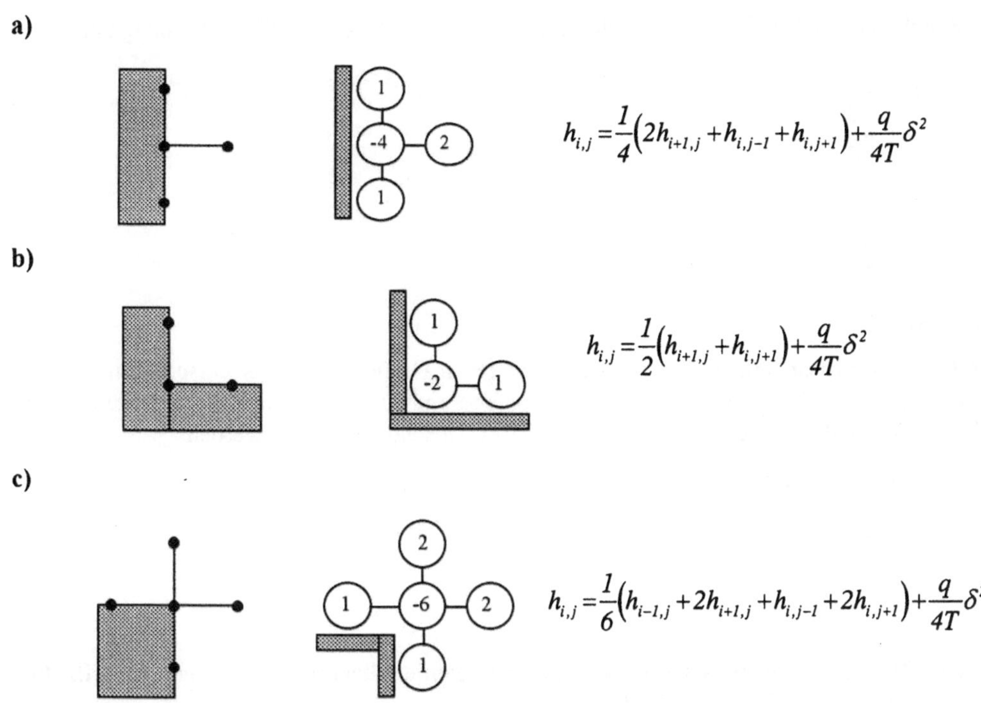

Je nach diskretisiertem Muster werden Gleichungen mit den entsprechenden Unbekannten zu einem Gleichungssystem zusammengefügt und gelöst.

5.3.1.7 2D, stationäre Strömungsmodellierung für inhomogene, gespannte GW-Leiter

Die PDGL, die dieses Problem abbildet, hat folgende Form.

$$\frac{\partial}{\partial x}\left(T\frac{\partial h}{\partial x}\right)+\frac{\partial}{\partial y}\left(T\frac{\partial h}{\partial y}\right)=-q_L$$

$$T=T(x,y)$$

Diskretisierung

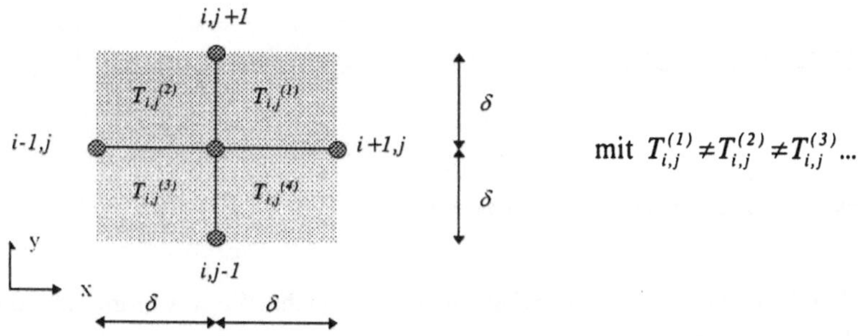

Die PDGL geht auch aufgrund der Reihenentwicklungen in folgende DIFF Gleichung über:

$$h_{i,j} = \frac{1}{2\sum_{k=1}^{4} T_{i,j}^{(k)}} \left[\left(T_{i,j}^{(1)} + T_{i,j}^{(4)}\right) h_{i+1,j} + \left(T_{i,j}^{(2)} + T_{i,j}^{(3)}\right) h_{i-1,j} + \left(T_{i,j}^{(3)} + T_{i,j}^{(4)}\right) h_{i,j-1} + \left(T_{i,j}^{(1)} + T_{i,j}^{(2)}\right) h_{i,j+1} \right]$$

$$+ \frac{q_l \delta^2}{\sum_{k=1}^{4} T_{i,j}^{(k)}}$$

Anmerkung:

Für $T_{i,j}^{(k)} = T = konst.$ erhält man die dem homogenen Grundwasserleiter entsprechende DIFF Gleichung (siehe 5.3.1.6). Die dem undurchlässigen Rand entsprechende DIFF Gleichung (a, b, c) können ebenfalls aus der o.g. allgemeinen FDIFF Gleichung erhalten werden.

a) $T_{i,j}^{(2)} = T_{i,j}^{(3)} = 0$

b) $T_{i,j}^{(2)} = T_{i,j}^{(3)} = T_{i,j}^{(4)} = 0$

c) $T_{i,j}^{(3)} = 0$

5.3.1.8 2D, instationäre Grundwasserströmungsmodellierung mit freier Oberfläche, horizontale Ebene, D.-F.-Annahme

Schematisierung

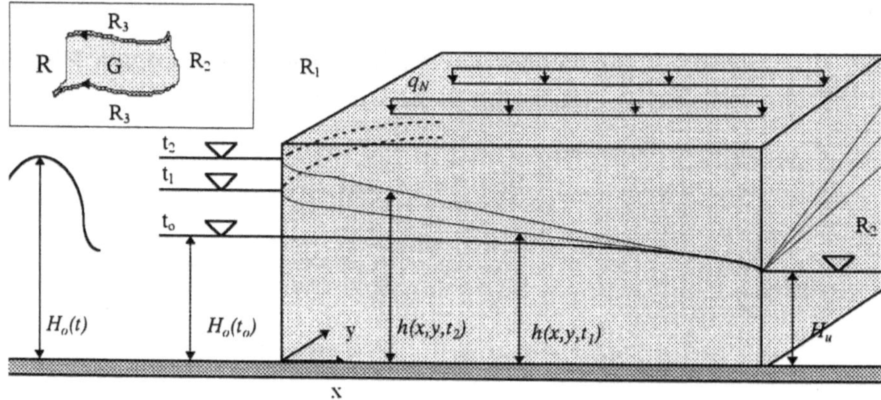

Abbildung 5-13 Schema eines 2D horizontalen Strömungssystems

Die linearisierte PDGL für dieses Problem erhält man auf ähnliche Weise wie im Falle der 1D Grundwasserströmung (siehe 5.3.1.3):

$$\frac{\partial^2 h}{\partial x^2} + \frac{\partial^2 h}{\partial y^2} = \frac{n_e}{T}\frac{\partial h}{\partial t} - \frac{q_N}{T},$$

wobei aufgrund der Linearisierung mit $T = k_f \tilde{h} = konst.$ gilt ($\tilde{h}$ über das Gebiet G gemittelte Standrohrspiegelhöhe).

Da es sich um ein instationäres Problem handelt, müssen Rand- und Anfangsbedingungen formuliert werden. Bei instationären Strömungen ist die Standrohrspiegelhöhe eine Funktion von Ort und Zeit. Da es sich um eine 2D Strömung handelt, gilt $h = h(x,y,t)$.

Randbedingung (RBD)

$$h\big|_{R_1} = H_o(x_R, y_R, t)$$

$$h\big|_{R_2} = \begin{cases} H_u(x_R, y_R, t) \\ oder \\ H_u \end{cases}$$

$$\left.\frac{\partial h}{\partial n}\right|_{R_3} = 0$$

Anfangsbedingung (ABD)

$$h(x,y,t_o) = h_o(x,y)$$
$$(x,y) \in G$$

Diskretisierung

- Gebietsdiskretisierung (x_i, y_i)
- zeitliche Diskretisierung (t_k)
- Bezeichnung $h_{i,j}^{(k)} = h(x_i, y_i, t_k)$ die Standrohrspiegelhöhe im Knotenpunkt (i,j) zum Zeitpunkt (k)

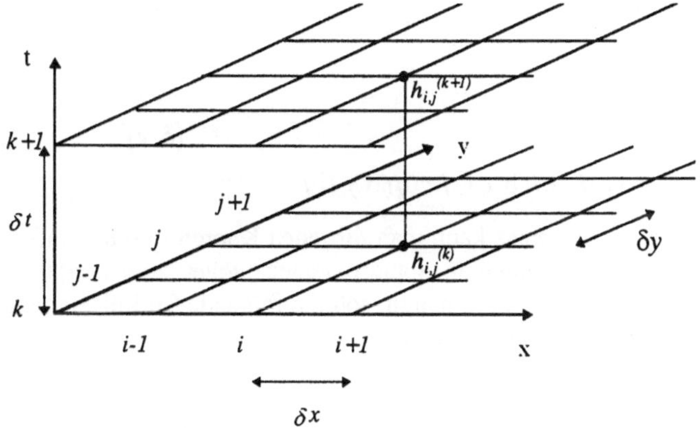

Abbildung 5-14 Anschauliche Darstellung der räumlichen und zeitlichen Diskretisierung

Aufgrund der TAYLOR-Reihenentwicklung sind nun folgende Differenzengleichungen aufstellbar.

a,	Zentraldifferenz	⇒	örtliche Ableitung 2. Ordnung
b,	Vorwärtsdifferenz	⇒	zeitliche Ableitung 1. Ordnung
c,	Rückwärtsdifferenz	⇒	zeitliche Ableitung 1. Ordnung

$$a, \quad \left.\frac{\partial^2 h}{\partial x^2}\right|_{x_i, y_i, t_k} \cong \frac{h_{i-1,j}^{(k)} - 2h_{i,j}^{(k)} + h_{i+1,j}^{(k)}}{(\delta x)^2} \quad \textit{Näherungsordnung } 0[(\delta x)^2]$$

$$a, \quad \left.\frac{\partial^2 h}{\partial y^2}\right|_{x_i, y_i, t_k} \cong \frac{h_{i,j-1}^{(k)} - 2h_{i,j}^{(k)} + h_{i,j+1}^{(k)}}{(\delta y)^2} \quad \textit{Näherungsordnung } 0[(\delta y)^2]$$

$$b, \quad \left.\frac{\partial h}{\partial t}\right|_{x_i, y_i, t_k} \cong \frac{h_{i,j}^{(k+1)} - h_{i,j}^{(k)}}{(\delta t)} \quad \textit{Näherungsordnung } 0(\delta t)$$

$$c, \quad \left.\frac{\partial h}{\partial t}\right|_{x_i, y_i, t_k} \cong \frac{h_{i,j}^{(k)} - h_{i,j}^{(k-1)}}{(\delta t)} \quad \textit{Näherungsordnung } 0(\delta t)$$

Mit den Gleichungen a und b folgt das **explizite Differenzenschema.**
Mit den Gleichungen a und c folgt das **implizite Differenzenschema.**

Das **explizite** Differenzenschema führt zu folgender DIFF-Gleichung

$$h^{(k+1)}{}_{i,j} \cong r_x\left(h_{i-1,j}^{(k)} + h_{i+1,j}^{(k)}\right) + r_y\left(h_{i,j-1}^{(k)} + h_{i,j+1}^{(k)}\right) + (1 - 2r_x - 2r_y)h_{i,j}^{(k)} + q_{Ni,j} \cdot \delta t$$

$$mit \quad r_x = \frac{T}{n_e}\frac{\delta t}{(\delta x)^2} \quad ; \qquad r_y = \frac{T}{n_e}\frac{\delta t}{(\delta y)^2}$$

$$\textit{Näherungsordnung} \quad 0[(\delta t)] ; 0[(\delta x)^2] ; 0[(\delta y)^2]$$

Mit Hilfe des expliziten Differenzenschemas kann man für jeden Knoten *i,j* die Standrohrspiegelhöhe zum Zeitpunkt *k+1* aus den bekannten Standrohrspiegelhöhen zum Zeitpunkt *k* berechnen. Um eine stabile Lösungsfunktion zu erhalten, soll die folgende **Stabilitätsbedingung** erfüllt werden (ähnlich wie im 1D Fall, siehe 5.3.1.4)

$$r_x + r_y \leq \frac{1}{2}$$

Diese Bedingung ist aber nur eine notwendige und keine hinreichende Bedingung der Stabilität. Das ist ein Nachteil dieses Schemas.

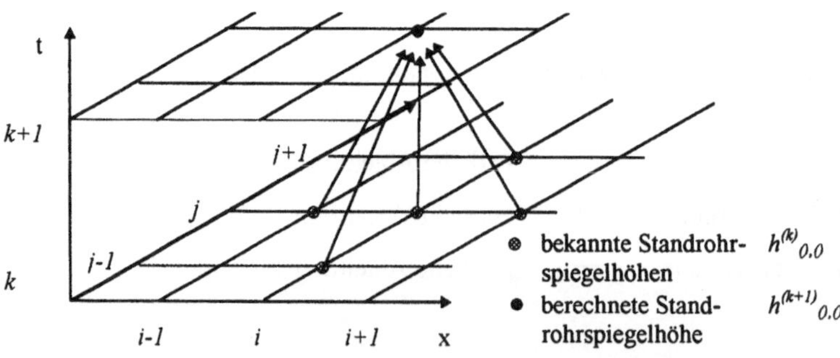

Abbildung 5-15 Anschauliche Darstellung des expliziten Schemas

Die Berechnung der unbekannten Standrohrspiegelhöhe zur Zeit t_{k+1} ist direkt (explizit) möglich, es setzt aber die Stabilitätsbedingung voraus.

Das **implizite** Differenzenschema führt zu folgender Differenzengleichung:

$$-h_{i,j}^{(k-1)} = r_x\left(h_{i-1,j}^{(k)} + h_{i+1,j}^{(k)}\right) + r_y\left(h_{i,j-1}^{(k)} + h_{i,j+1}^{(k)}\right) - (1 + 2r_x + 2r_y)h_{i,j}^{(k)} + q_{i,j}\delta t$$

mit der gleichen Näherungsordnung wie bei dem expliziten Schema

Ein wichtiger *Vorteil* des impliziten Schemas ist, daß dieses Differenzenschema für beliebige Zeitschritte stabil ist (keine notwendige Stabilitätsbedingung).

Ein *Nachteil* des Schemas ist, daß in der Differenzengleichung 5 Unbekannte und nur eine bekannte Standrohrspiegelhöhe enthalten sind. Es muß nun ein Gleichungssystem für das ganze Gebiet aufgestellt werden, um das implizite Differenzenschema zu lösen. Die Differenzengleichungen für alle Knoten (x_i, y_j) führen zu einem linearen Gleichungssystem, in dem die Unbekannten $(h_{0,0}^{(k)})$ implizit auftreten. Der Berechnungsaufwand ist bei diesem Verfahren viel größer als beim expliziten Schema, es liefert aber stabile Lösungen ohne Stabilitätsbedingung.

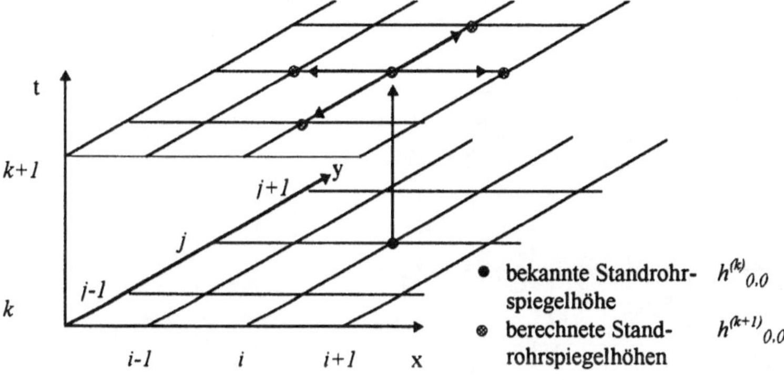

Abbildung 5-16 Anschauliche Darstellung des impliziten Schemas

Die bei der 1D Strömungsmodellierung erwähnten Anmerkungen (5.3.1.4) zur zeitlichen Diskretisierung gelten auch für die 2D Probleme.

5.3.2 Die Finite Volumen (Zellen) Methode FVM

5.3.2.1 1D, stationäre Strömungsmodellierung für inhomogene, gespannte GW-Leiter

Naturausschnitt

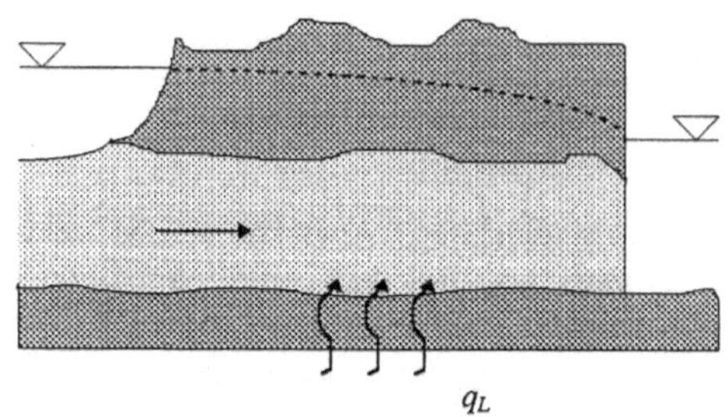

Schematisierung, Diskretisierung mit Volumen (Zellen)

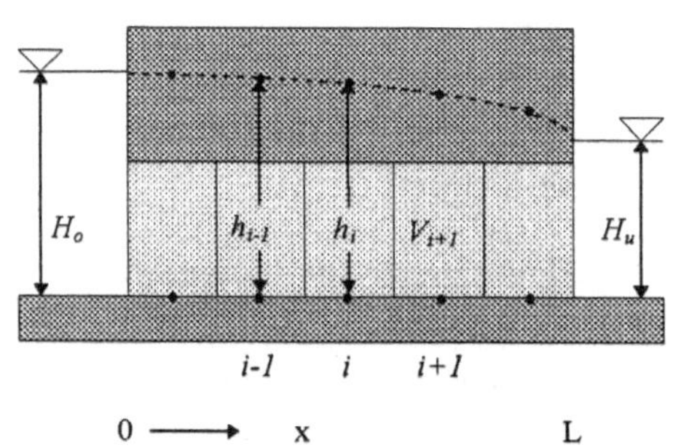

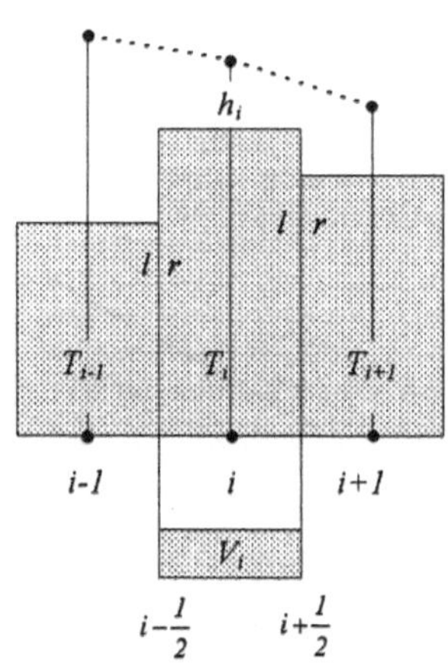

„i" Mittelpunkt des Volumens V_i

h_i Standrohrspiegelhöhe in Punkten „i"

Differentialgleichung

$$\frac{d}{dx}\left(T\frac{dh}{dx}\right)=-q_L$$

Randbedingung

$$h(x=0)=H_o$$
$$h(x=L)=H_u$$

Parameter

- h_i Standrohrspiegelhöhe in der Mitte des Volumens V_i
- T_i Transmissivität im Volumen V_i
- l,r Bezeichnung der linken bzw. rechten Seite der Begrenzung eines finiten Volumens

Die FVM basiert auf der Integration (Bilanzierung) der DGL im finiten Volumen. Für das finite Volumen V_i (Zellen Z_i) erhält man

$$\int_{x_{i-\frac{1}{2}}}^{x_{i+\frac{1}{2}}} d\left(T\frac{dh}{dx}\right)=-\int_{x_{i-\frac{1}{2}}}^{x_{i+\frac{1}{2}}} q dx \quad\Rightarrow\quad \left(T\frac{dh}{dx}\right)^l_{i+\frac{1}{2}}-\left(T\frac{dh}{dx}\right)^r_{i-\frac{1}{2}}=-q_{Li}\delta \qquad (*)$$

Aufgrund der Kontinuität gilt

$$\left(T\frac{dh}{dx}\right)^l_{i+\frac{1}{2}} = \left(T\frac{dh}{dx}\right)^r_{i+\frac{1}{2}} \qquad \left(T\frac{dh}{dx}\right)^r_{i-\frac{1}{2}} = \left(T\frac{dh}{dx}\right)^l_{i-\frac{1}{2}}$$

Wenn man nun aufgrund der Diskretisierung (siehe Skizze) berücksichtigt, daß

$$(T)^l_{i+\frac{1}{2}} = T_i \quad , \quad (T)^r_{i+\frac{1}{2}} = T_{i+1} \quad , \quad (T)^r_{i-\frac{1}{2}} = T_i \quad , \quad (T)^l_{i-\frac{1}{2}} = T_{i-1}$$

so gilt

$$\left(T\frac{dh}{dx}\right)^l_{i+\frac{1}{2}} = T_i\left(\frac{dh}{dx}\right)^l_{i+\frac{1}{2}} = T_{i+1}\left(\frac{dh}{dx}\right)^r_{i+\frac{1}{2}} = \left(T\frac{dh}{dx}\right)^r_{i+\frac{1}{2}} \qquad (**)$$

bzw.

$$\left(T\frac{dh}{dx}\right)^r_{i-\frac{1}{2}} = T_i\left(\frac{dh}{dx}\right)^r_{i-\frac{1}{2}} = T_{i-1}\left(\frac{dh}{dx}\right)^r_{i-\frac{1}{2}} = \left(T\frac{dh}{dx}\right)^l_{i-\frac{1}{2}} \qquad (***)$$

Somit ist es möglich, die Ausdrücke der beiden Glieder der Bilanzgleichung (*) mit Hilfe der TAYLOR-Reihenentwicklung darzustellen. Man betrachtet die TAYLOR-Reihenentwicklungen:

$$h_{i+1} = h_{i+\frac{1}{2}}{}^r + \frac{\delta}{2}\left(\frac{dh}{dx}\right)^r_{i+\frac{1}{2}} + \frac{\delta^2}{8}\left(\frac{d^2h}{dx^2}\right)^r_{i+\frac{1}{2}} + \ldots.$$

bzw.

$$.h_i = h_{i+\frac{1}{2}}{}^l - \frac{\delta}{2}\left(\frac{dh}{dx}\right)^l_{i+\frac{1}{2}} + \frac{\delta^2}{8}\left(\frac{d^2h}{dx^2}\right)^l_{i+\frac{1}{2}} - \ldots$$

Unter Berücksichtigung

$$h_{i+\frac{1}{2}}{}^l = h_{i+\frac{1}{2}}{}^r$$

(da in einem Punkt die Standrohrspiegelhöhe nur einen Wert haben kann) ergibt sich

$$\left(\frac{dh}{dx}\right)^r_{i+\frac{1}{2}} + \left(\frac{dh}{dx}\right)^l_{i+\frac{1}{2}} = \frac{2}{\delta}(h_{i+1} - h_i) + 0(\delta^2)\,.$$

Ersetzt man die Ableitungen aus (**) folgt:

$$\frac{1}{T_{i+1}}\left(T\frac{dh}{dx}\right)^r_{i+\frac{1}{2}} + \frac{1}{T_i}\left(T\frac{dh}{dx}\right)^l_{i+\frac{1}{2}} = \left(T\frac{dh}{dx}\right)^l_{i+\frac{1}{2}}\left[\frac{1}{T_{i+1}} + \frac{1}{T_i}\right] = \frac{2}{\delta}(h_{i+1} - h_i) + o(\delta^2)$$

Durch Umformung erhält man für das erste Glied der Bilanzgleichung (*):

$$\left(T\frac{dh}{dx}\right)^l_{i+\frac{1}{2}} = \frac{2T_iT_{i+1}}{T_i + T_{i+1}}\,\frac{h_{i+1} - h_i}{\delta} + 0(\delta^2)$$

Mit Hilfe der Beziehung (***) erhält man ähnlicherweise für das zweite Glied der Bilanzgleichung (*):

$$\left(T\frac{dh}{dx}\right)'_{i-\frac{1}{2}} = \frac{2T_{i-1}T_i}{T_{i-1}+T_i}\frac{h_i-h_{i-1}}{\delta} + 0(\delta^2)$$

Ersetzt man diese Ausdrücke in der Bilanzgleichung (*), ergibt sich die Differenzengleichung der FVM

$$h_{i-1}T^{(ä)}_{i-1i} - 2h_i T^{(ä)}_{ii} + h_{i+1}T^{(ä)}_{i+1i} = -q_{Li}\delta^2 \qquad i = 2,3,\ldots,n-1$$

$T^{(ä)}_{00}$ *äquivalente Transmissivitäten*

$$T^{(ä)}_{i-1i} = \frac{2T_{i-1}T_i}{T_{i-1}+T_i}; \quad T^{(ä)}_{ii} = \frac{1}{2}(T^{(ä)}_{i-1i} + T^{(ä)}_{i+1i}); \qquad T^{(ä)}_{i+1i} = \frac{2T_iT_{i+1}}{T_i+T_{i+1}}$$

Man merkt, daß die DIFF für FVM mit der FDM entsprechenden Form übereinstimmt (Fall B_2). Die Standrohrspiegelhöhen „h_i" sind aber in der Mitte des finiten Volumens V_i berechnet. Das führt zu Problemen in der Modellierung der Randbedingungen. Um diese Probleme zu überbrücken, können zusätzliche Finite Volumen (Zellen) angenommen werden (V_o bzw. V_{n+1}) in denen die Durchlässigkeit und somit die Transmissivität zum ∞ strebt. So gilt die DIFF-Gleichung für $i=1,2,\ldots,n-1,n$ mit den folgenden Ergänzungen für $i=1$ und $i=n$

$$i=1\ ,\ h_{i-1}=h_o=H_o\ ,\ T_{i-1}=\infty\ ,\Rightarrow T^{(ä)}_{o1}=2T_1$$
$$i=n\ ,\ h_{i+1}=h_{n+1}=H_u\ ,\ T_{i+1}=T_{n+1}=\infty \Rightarrow,\ T^{(ä)}_{n+1n}=2T_n$$

Aufgrund der o.g. Ähnlichkeit mit der FDM gelten auch für die FVM die im 5.4.1.4. erwähnten Anmerkungen.

5.3.2.2 2D, stationäre Strömungsmodellierung für homogene gespannte GW-Leiter

Schema der Standart 2D Probleme

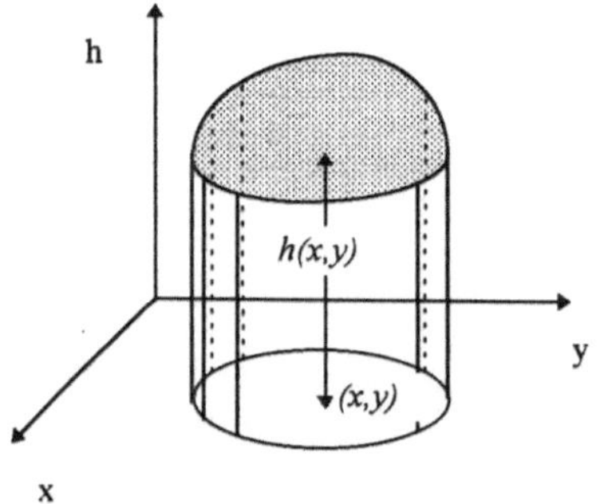

2D Diskretisierung mit Volumen (Zellen)

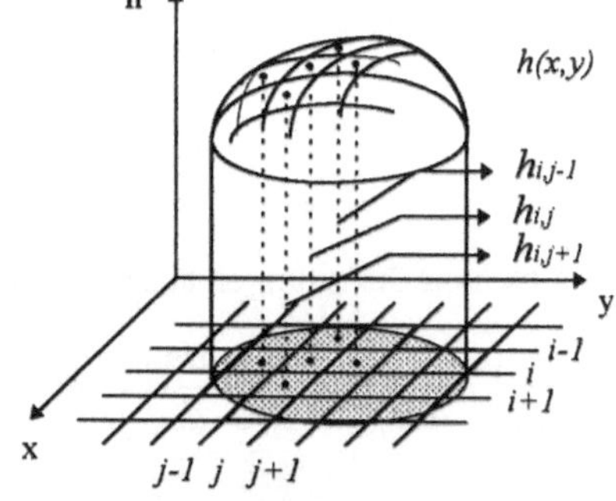

Abbildung 5-17 Skizze der 2D GW-Strömungsmodellierung mit FVM

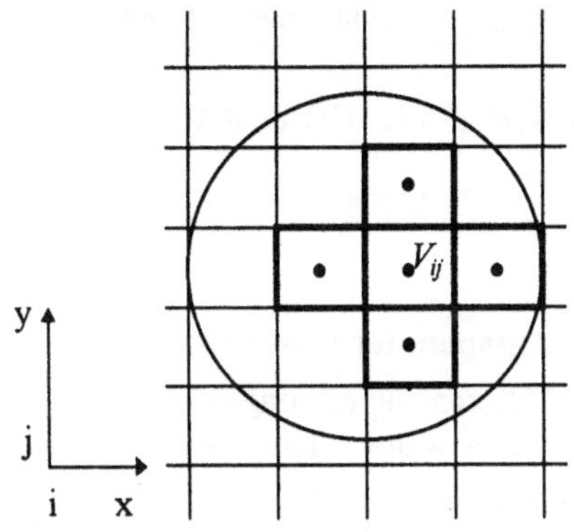

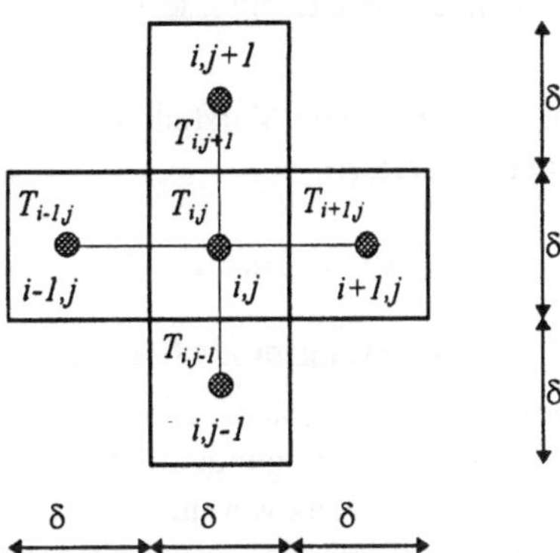

Abbildung 5-18 Diskretisierung mit FV (Zellen)

PDGL

$$\frac{\partial}{\partial x}\left(T\frac{\partial h}{\partial x}\right)+\frac{\partial}{\partial y}\left(T\frac{\partial h}{\partial y}\right)=-q_L$$

RBD

$$h(x,y)\big|_{R_1}=h(x_{R_1},y_{R_1})=H_1$$

$$\left.\frac{\partial h}{\partial x}\right|_{R_2}=-\frac{q_R}{T}\quad mit\quad R=R_1\cup R_2\quad Rand\ des\ Gebiets$$

Die PDGL geht aufgrund der Bilanzierung, Reihenentwicklung und mathematischer Umformungen wie im Fall der 1D Probleme (5.4.2.1) in folgende FDIFF Gleichung über:

$$h_{i,j}=\frac{1}{T^{(\ddot{a})}_{i,j}}\left[\frac{T_{i-1,j}T_{i,j}}{T_{i-1,j}+T_{i,j}}h_{i-1,j}+\frac{T_{i,j}T_{i+1,j}}{T_{i,j}+T_{i+1,j}}h_{i+1,j}+\frac{T_{i,j}T_{i,j+1}}{T_{i,j}+T_{i,j+1}}h_{i,j+1}+\frac{T_{i,j}T_{i,j-1}}{T_{i,j}+T_{i,j-1}}h_{i,j-1}\right]$$
$$+\frac{q_L\delta^2}{2T^{(\ddot{a})}_{i,j}}$$

$$T^{(\ddot{a})}_{i,j}=T_{i,j}\left[\frac{T_{i-1,j}}{T_{i,j}+T_{i-1,j}}+\frac{T_{i+1,j}}{T_{i,j}+T_{i+1,j}}+\frac{T_{i,j-1}}{T_{i,j}+T_{i,j-1}}+\frac{T_{i,j+1}}{T_{i,j}+T_{i,j+1}}\right]$$

Für den undurchlässigen Rand wird im entsprechenden Volumen (Zelle) die Transmissivität mit „*0*“, *T=0* angesetzt.

Je nach diskretisiertem Muster werden die entsprechenden DIFF Gleichungen zu einem Gleichungssystem zusammengefügt und gelöst. Ergebnis ist $h_{i,j}$. Der Durchfluß durch die Trennfläche zweier Zellen (z.B. $V_{i,j}$ und $V_{i+1,j}$) wird aufgrund des DARCY'schen Gesetzes zu

$$Q_{x(i+\frac{1}{2},j)}=\frac{2T_{i,j}T_{i+1,j}}{T_{i,j}+T_{i+1,j}}\frac{h_{i+1,j}-h_{i,j}}{\delta}$$

Ähnlich können die Durchflüsse $Q_{x(i-\frac{1}{2},j)}$, $Q_{y(i,j+\frac{1}{2})}$ und $Q_{y(i,j-\frac{1}{2})}$ berechnet werden.

Für eine ausführlichere Vorstellung der FVM siehe KINZELBACH & RAUSCH 1995 (das PC-Programm ASM).

5.3.3 Die Finite Elemente Methode (FEM)

5.3.3.1 1D Strömungsmodellierung, inhomogener gespannter GW-Leiter

Bisher wurden die Problemstellungen mit Hilfe der Differentialgleichungen DGL und den entsprechenden Randbedingungen RBD beschrieben. Es gibt weitere äquivalente Formulierungsmöglichkeiten der Randwertaufgabe, die die Einführung eines neuen Lösungsverfahrens - die Finite Element Methode - ermöglichen. Eine solche ist die Variationsformulierung. Dieser Formulierung liegt die Minimierung eines Funktionals zu Grunde. Am Beispiel einer stationären Strömung im gespannten GW-Leiter gilt danach folgendes:

Strömungsschema:

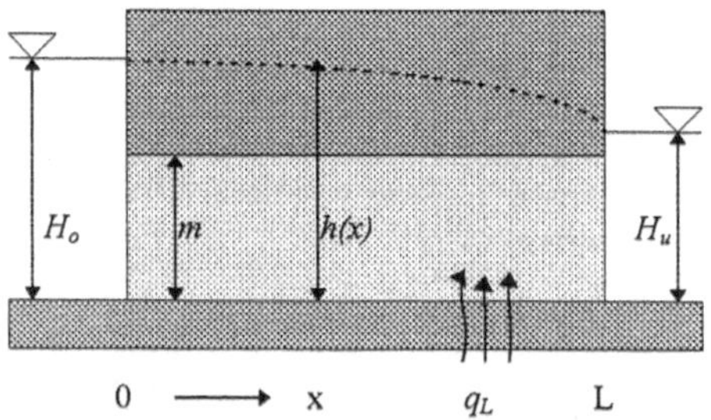

Differentialformulierung (1D, gespannt)

Differentialgleichung

$$\frac{d}{dx}(T\frac{dh}{dx}) = -q_L$$

Randbedingung

$$h_{|x=0} = H_O \qquad h_{|x=L} = H_U$$

Äquivalente Variationsformulierung

Man betrachtet das Funktional (siehe Mathematische Hilfsmittel)

$$F(h) = \frac{1}{2}\int_0^L T(\frac{dh}{dx})^2 dx - \int_0^L q_L\, h\, dx$$

mit:

$$h \in U = \left\{h(x) \in C^2(0,L) \,\middle|\, 0 \le x \le L,\ h_{|x=0} = H_O\ , h_{|x=L} = H_U\right\}$$

U ist die Menge aller Funktionen $h(x)$, mit stetigen Ableitungen 2. Grades im Intervall (O,L), die auch die Randbedingungen erfüllen.

Variationsprinzip

Die Funktion $h\ (x) \in \Omega$, die das Funktional $F\ (h)$ minimiert ist die gesuchte Lösungsfunktion $h(x)$ der Differentialgleichung, die die gegebenen Randbedingungen erfüllt. Umgekehrt gilt, die Lösungsfunktion $h(x)$ der Randwertaufgabe DGL und RBD minimiert das Funktional $F(h)$.

Schematische Darstellung der äquivalenten Formulierungen:

Differential | *Funktional*

$$\left.\begin{array}{l}\frac{d}{dx}(T\frac{dh}{dx})=-q_L \\ \\ h_{|x=0}=H_O \ , \ h_{|x=L}=H_U\end{array}\right\} \Leftrightarrow \left\{\begin{array}{l} \min F(h), \quad h\in U \\ \text{d.h. daß die Variation des Funktionals Null ist} \\ \delta F(h)=0 \ , \ h_{|x=0}=H_O \ ; \ h_{|x=L}=H_U\end{array}\right.$$

RITZ'sches Näherungsverfahren

Eine der am häufigsten angewandten Versionen der FEM beruht auf der oben genannten *Variationsformulierung* und dem *RITZ'schen Näherungsverfahren*.

Dieses Verfahren nimmt eine Näherungslösungsfunktion $\widetilde{h}$ von folgender Form an

$$\widetilde{h}=\sum_{j=1}^{N} c_j \phi_j(x)$$

$\phi_j(x)$ gegebene linear unabhängige Funktionen, die die RBD erfüllen.

c_j unbestimmte Konstanten (RITZ-Koeffizienten)

Ersetzt man diese Näherungslösung im Funktional, so ergibt sich:

$$F(\widetilde{h})=\frac{1}{2}\int_0^L (T\sum_{j=1}^{N} c_j \frac{d\phi_j}{dx})^2 dx-\int_0^L q_L \sum_{j=1}^{N} c_j \phi_j dx$$

Da die Funktionen ϕ_j gegeben sind, folgt durch die Integration:

$$F(\widetilde{h})=F(c_1,c_2,c_3,..........,c_n)$$

Die Variationsbedingung, daß das Funktional ein Minimum annimmt ($\delta F(\widetilde{h})=0$), führt zu den Beziehungen

$$\frac{\partial F}{\partial c_i}=0\,; i=1,2,3,.....,N \ \Rightarrow \int_0^L \sum_{j=1}^{N} c_j \frac{d\phi_j}{dx}\frac{d\phi_i}{dx}-\int_0^L q_L \phi_i dx=0$$

Diese stellen ein lineares Gleichungssystem mit den Unbekannten „ c_j " dar. Durch die Lösung des Gleichungssystems erhalten wir die Konstanten c_j und so die Näherungslösung $\widetilde{h}(x)$ des Problems.

Die FEM verwendet das oben genannte Näherungsverfahren elementweise, entsprechend einer Diskretisierung des Intervalls [0,L].

GALERKIN-Näherungsverfahren

Eine Möglichkeit, die auch bei der FEM verwendet werden kann, bietet das *sogenannte Gewichtete Residuum Verfahren* (GRV). Es wird eine ähnliche Näherungslösung $\widetilde{h}$ wie beim RITZ'schen Verfahren betrachtet. Ersetzt man diese Näherungslösung in der DGL, so folgt daraus

$$\frac{d}{dx}(T\frac{d\widetilde{h}}{dx})+q_L=R\neq 0$$

wobei R der von der Näherung verursachte Fehler (das Residuum) ist. Für die exakte Lösung gilt $R = 0$.
Die Grundidee dieses Verfahrens besteht darin, eine Näherungslösung zu erhalten, so daß das Residuum im Mittel über dem Strömungsgebiet [0,L] den Wert Null annimmt. Das wird durch die Einführung von sogenannten Gewichtsfunktionen (W_i) und mit Hilfe des Integrals

$$\int_0^L R W_i dx = \int_0^L \left[\frac{d}{dx}(T \frac{d\tilde{h}}{dx}) + q_L \right] W_i dx = 0$$

erreicht. Durch Teilintegration folgt

$$\int_0^L T \frac{d\tilde{h}}{dx} \frac{dW_i}{dx} dx - \int_0^L q_L W_i = 0$$

mit $W_i(x=0) = 0$; $W_i(x=L) = 0$.

Setzt man $W_i = \phi_i(x)$ (GALERKIN-Ansatz) so erhält man ein ähnliches Gleichungssystem wie beim RITZ'schen Verfahren. Die FEM GALERKIN verwendet dieses Verfahren auch elementweise, entsprechend einer Diskretisierung des Intervalls [0,L].

Anwendung der FEM (RITZ) für 1D Strömungsmodellierung

Diskretisierung

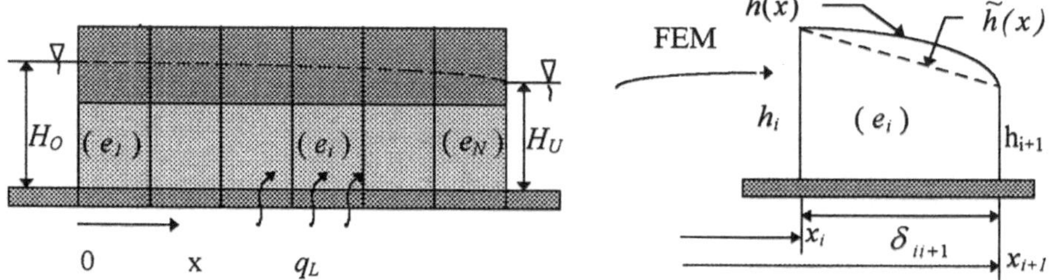

Abbildung 5-19 1D FEM Diskretisierung

Näherungslösung mit linearer Interpolation

Die einfachsten Interpolationsfunktionen (Formfunktionen) ϕ_i sind die linearen Funktionen.
Für ein finites Element (e_i) gilt:

Interpolationsfunktionen (e_i)

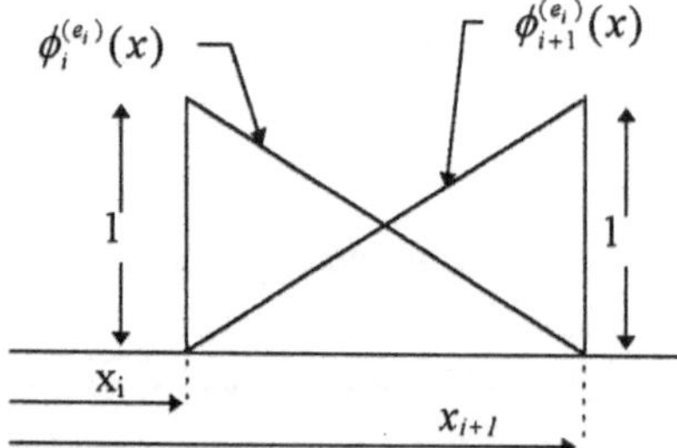

$$\phi_i^{(e_i)}(x) = \frac{x_{i+1} - x}{x_{i+1} - x_i} = \frac{1}{\delta^{(e_i)}}(x_{i+1} - x)$$

$$\phi_{i+1}^{(e_i)}(x) = \frac{x - x_i}{x_{i+1} - x_i} = \frac{1}{\delta^{(e_i)}}(x - x_i)$$

Näherungslösung für das FEM (e_i)

$$\tilde{h}(x) = h_i \phi_i^{(e_i)}(x) + h_{i+1} \phi_{i+1}^{(e_i)}(x)$$

Das Funktional für das FEM (e_i)

$$F^{(e_i)}(h) = \frac{1}{2} \int_{x_i}^{x_{i+1}} T^{(e_i)} (h_i \frac{d\phi_i^{(e_i)}}{dx} + h_{i+1} \frac{d\phi_{i+1}^{(e_i)}}{dx})^2 dx - \int_{x_i}^{x_{i+1}} q_L (h_i \phi_i^{(e_i)} + h_{i+1} \phi_{i+1}^{(e_i)}) dx$$

Die Bedingung, daß das Funktional $F^{(e_i)}(h)$ ein Minimum annimmt

$$\frac{\partial F^{(e_i)}}{\partial h_j} = 0\ ;\ j = i, i+1$$

Gleichungssystem für das Element (e_i):

$$\frac{\partial F^{(e_i)}}{\partial h_i} = \int_{x_i}^{x_{i+1}} T^{(ei)}\left(h_i \frac{d\phi_i^{(e_i)}}{dx} + h_{i+1}\frac{d\phi_{i+1}^{(e_i)}}{dx}\right)\frac{d\phi_i^{(e_i)}}{dx}dx - \int_{x_i}^{x_{i+1}} q_{Li}\phi_i^{(e_i)}dx = 0$$

$$\frac{\partial F^{(e_i)}}{\partial h_{i+1}} = \int_{x_i}^{x_{i+1}} T^{(ei)}\left(h_i \frac{d\phi_i^{(e_i)}}{dx} + h_{i+1}\frac{d\phi_{i+1}^{(e_i)}}{dx}\right)\frac{d\phi_{i+1}^{(e_i)}}{dx}dx - \int_{x_i}^{x_{i+1}} q_{Li}\phi_{i+1}^{(e_i)}dx = 0$$

Aufbau des Gleichungssystems für das Element (e_i):

$$\begin{bmatrix} A_{ii}^{(e_i)} & A_{ii+1}^{(e_i)} \\ A_{i+1i}^{(e_i)} & A_{i+1i+1}^{(e_i)} \end{bmatrix}\begin{bmatrix} h_i \\ h_{i+1} \end{bmatrix} = \begin{bmatrix} B_i^{(e_i)} \\ B_{i+1}^{(e_i)} \end{bmatrix} \quad (*)$$

Mit:

$$\frac{d\phi_i^{(e_i)}}{dx} = -\frac{1}{\delta^{(e_i)}}\ ;\ \frac{d\phi_{im}^{(e_i)}}{dx} = \frac{1}{\delta^{(e_i)}}$$

folgt:

$$A_{ii}^{(e_i)} = T^{(e_i)}\int_{x_i}^{x_{i+1}}\left(\frac{d\phi_i^{(e_i)}}{dx}\right)^2 dx = \frac{T^{(e_i)}}{\delta^{(e_i)}}$$

$$A_{i+1i}^{(e_i)} = A_{ii+1}^{(e_i)} = T^{(e_i)}\int_{x_i}^{x_{i+1}}\left(\frac{d\phi_i^{(e_i)}}{dx}\right)\left(\frac{d\phi_{i+1}^{(e_i)}}{dx}\right)dx = -\frac{T^{(e_i)}}{\delta^{(e_i)}}$$

$$A_{i+1i+1}^{(e_i)} = T^{(e_i)}\int_{x_i}^{x_{i+1}}\left(\frac{d\phi_{i+1}^{(e_i)}}{dx}\right)^2 dx = \frac{T^{(e_i)}}{\delta^{(e_i)}}$$

$$B_i^{(e_i)} = \int_{x_i}^{x_{i+1}} q_{Li}\phi_i^{(e_i)}dx = q_{L_i}\frac{\delta^{(e_i)}}{2}\ ;\ B_{i+1}^{(e_i)} = \int_{x_i}^{x_{i+1}} q_{Li}\phi_{i+1}^{(e_i)}dx = q_{Li}\frac{\delta^{(e_i)}}{2}$$

Mit der Annahme, daß q_{Li} konstant ist, ist der Aufbau und die Lösung des Gleichungssystems für das ganze Strömungsgebiet möglich. Als Beispiel wird eine 4 Elemente Diskretisierung betrachtet.

Anmerkung: Die den Elementen *(e_i)* zugeordneten Gleichungssysteme (*) werden als Bausteine für das Gesamtgleichungssystem der betrachteten 1D Grundwasserströmung verwendet. Für die Veranschaulichung des Aufbaus des Gesamtgleichungssystems dient das folgende Beispiel mit einer Diskretisierung von 4 Elementen.

Beispiel: Diskretisierung mit 4 Elementen

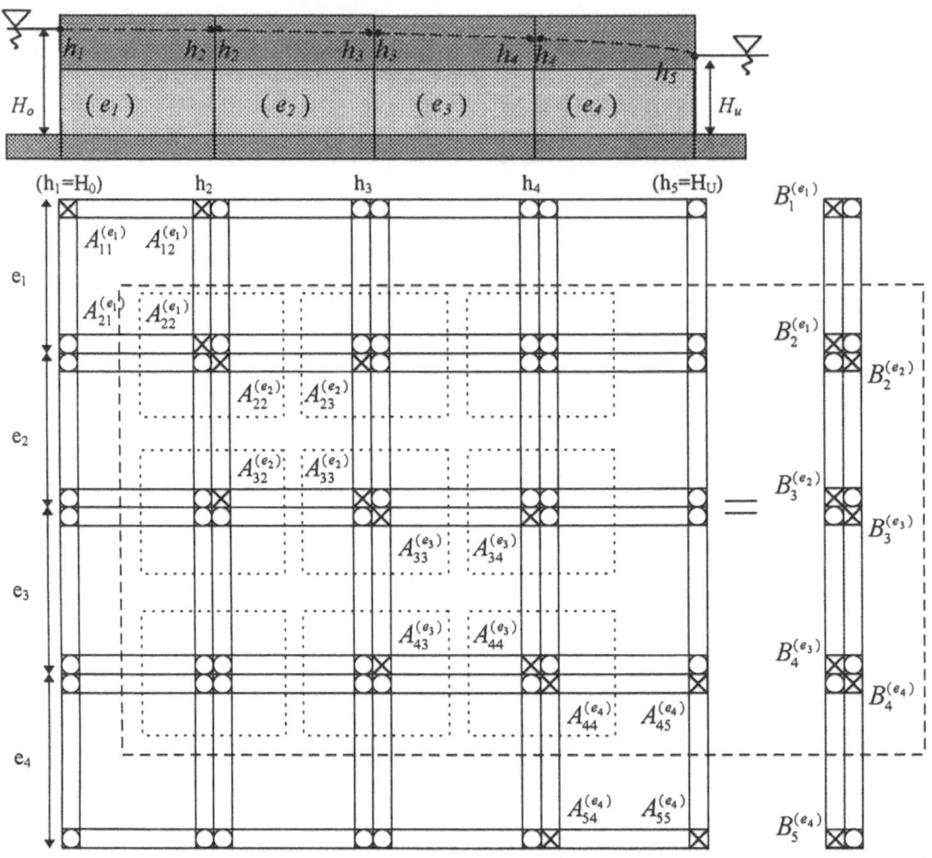

Abbildung 5-20 1D GW-Strömung Schema der Diskretisierung

Da $h_1=H_O$ und $h_5=H_U$ gegeben sind (siehe Randbedingungen), fällt die erste und letzte Gleichung aus und die Terme $A_{21}^{(e_1)}H_O$, bzw. $A_{45}^{(e_4)}$ H_U gehen auf die rechte Seite. Durch Zusammenstellung der Elemente unter Berücksichtigung der Verknüpfungen zwischen den Nachbarelementen erhält man folgendes Gleichungssystem in Matrix-Schreibweise:

$$\begin{bmatrix} A_{22}^{(e_1)}+A_{22}^{(e_2)} & A_{23}^{(e_2)} & 0 \\ A_{32}^{(e_2)} & A_{33}^{(e_2)}+A_{33}^{(e_3)} & A_{34}^{(e_3)} \\ 0 & A_{43}^{(e_3)} & A_{44}^{(e_3)}+A_{44}^{(e_4)} \end{bmatrix} \begin{bmatrix} h_2 \\ h_3 \\ h_4 \end{bmatrix} = \begin{bmatrix} B_2^{(e_1)}+B_2^{(e_2)}-A_{21}^{(e_1)}H_O \\ B_3^{(e_2)}+B_3^{(e_3)} \\ B_4^{(e_3)}+B_4^{(e_4)}-A_{45}^{(e_4)}H_U \end{bmatrix}$$

zusammengestellte Gesamtsteifigkeitsmatix

unbekannte Standrohrspiegelhöhen

Für $\delta^{(e_i)} = \delta$ durch die Ersetzung der Koeffizienten $A_{i,j}^{(e_i)}$ erhält man:

$$\begin{bmatrix} T^{(e_1)} + T^{(e_2)} & -T^{(e_2)} & 0 \\ -T^{(e_2)} & T^{(e_2)} + T^{(e_3)} & -T^{(e_3)} \\ 0 & -T^{(e_3)} & T^{(e_3)} + T^{(e_4)} \end{bmatrix} \begin{bmatrix} h_2 \\ h_3 \\ h_4 \end{bmatrix} = \begin{bmatrix} \frac{\delta^2}{2}(q_L{}^{(e_1)} + q_L{}^{(e_2)}) T^{(e_1)} H_O \\ \frac{\delta^2}{2}(q_L{}^{(e_2)} + q_L{}^{(e_3)}) \\ \frac{\delta^2}{2}(q_L{}^{(e_3)} + q_L{}^{(e_4)}) T^{(e_4)} H_u \end{bmatrix}$$

Die für die gespannte 1D Grundwasserströmung vorgestellte FEM kann auch im Fall der 1D Grundwasserströmung mit freier Oberfläche angewendet werden. Dafür soll die DGL durch Einführung der Funktion h^* umgeformt werden.

$$\frac{d}{dx}(k_f h \frac{dh}{dx}) = -q_N \quad \rightarrow \quad \frac{d}{dx}(k_f \frac{dh^*}{dx}) = -q_N \quad ; \quad mit \quad h^* = \frac{h^2}{2}$$

Durch die Anwendung der FEM wird die Hilfsfunktion $h^*(x)$ bestimmt, und mit Hilfe dieser Funktion wird die Standrohrspiegelhöhe $h(x)$ berechnet.

5.3.3.2 Grundlagen der FEM für 2D stationäre Strömungsmodellierung im gespannten, inhomogenen GW-Leiter

Wie schon bei der 1D Strömungsmodellierung erwähnt, liegt der FEM eine äquivalente Variationsformulierung der Randwertaufgabe zu Grunde.

Naturausschnitt 2D

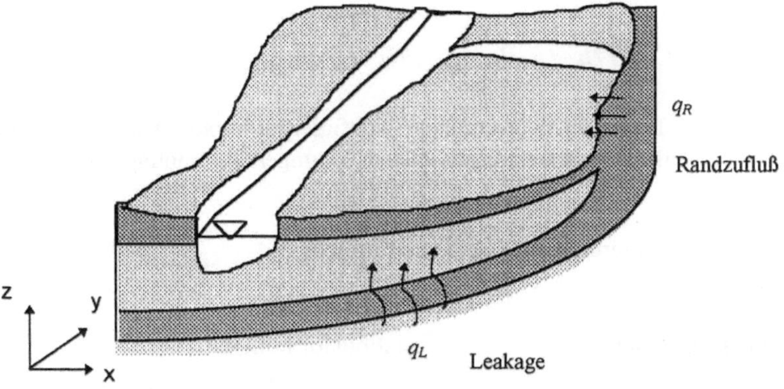

Abbildung 5-21 Schema eines 2D Strömungssystems

Schematisierung und Formulierung der Randwertaufgabe

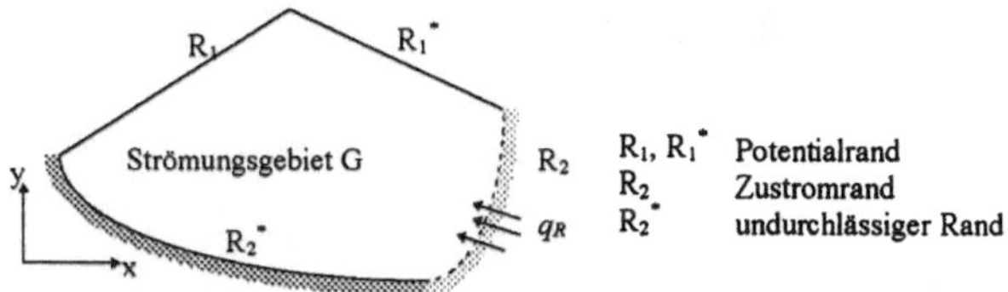

Abbildung 5-22 Schema (Draufsicht) des Strömungsgebiets

Differentialformulierung

PDGL

$$\frac{\partial}{\partial x}(T\frac{\partial h}{\partial x})+\frac{\partial}{\partial y}(T\frac{\partial h}{\partial y})=-q_L \quad oder \quad \nabla\cdot(T\nabla h)=-q_L$$

$h=h(x,y)$ *gesuchte Lösungsfunktion im Strömungsgebiet*

$T=T(x,y)$ *gegebene Transmissivität* $(T=k_f m)$

Randbedingungen RBD

$h|_{R_1\cup R_1^*}=h_1(x_R,y_R)$ Potentialrand

$-T\frac{\partial h}{\partial n}\Big|_{R_2}=q_R(x_R,y_R)$ Zuflußrand

$\frac{\partial h}{\partial n}\Big|_{R_2^*}=0$ undurchlässiger Rand

Variationsformulierung

Sei das Funktional (siehe Mathematische Hilfsmittel)

$$F(h)=\frac{1}{2}\int_G\left[T(\frac{\partial h}{\partial x})^2+T(\frac{\partial h}{\partial y})^2\right]dxdy-\int_G q_L h dxdy+\int_{R_2} q_R h dl$$

wobei

$$h\in U=\left\{h(x,y)\in C^2(G)\Big|h_{|R_1\cup R_1^*}=h_1\right\}$$

U ist die Menge der auf dem Strömungsgebiet *G* definierten Funktionen, die die wesentliche RBD (DIRICHLET) erfüllen und stetige partielle Ableitungen 2. Ordnung im Gebiet besitzen.

Variationsprinzip

äquivalente Formulierungen der Randwertaufgabe

Differentialformulierung		Variationsformulierung
$\nabla\cdot(T\nabla h)=-q_L$		$F(h)=\frac{1}{2}\int_G[T\nabla h\cdot\nabla h dA]-\int_G q_L h dA+\int_{R_2} q_R h dl$
	Satz	$\min_{h\in U\{h\}} F(h) \Rightarrow \delta F(h)=0$
$h\|_{R_1\cup R_1^*}=h_1$		$h\|_{R_1\cup R_1^*}=h_1$
$-T\frac{\partial h}{\partial n}\Big\|_{R_2\cup R_2^*}=q_N$	RBD	$-T\frac{\partial h}{\partial n}\Big\|_{R_2\cup R_2^*}=q_R$

Lösungsfunktion *h(x,y)*

RITZ'sches Näherungsverfahren

Eine der am häufigsten angewandten Versionen der FEM beruht auf der oben genannten Variationsformulierung und auf dem Ritz'schen Näherungsverfahren. Dieses Verfahren nimmt eine Näherungslösung von folgender Form an:

$$\tilde{h}(x,y)=\sum_{j=1}^{N} c_j \phi_j(x,y)$$

mit

$\phi_j\,(x,y)$ gegebene Funktionen, die die wesentliche RBD (DIRICHLET) erfüllen (Interpolationsfunktionen)

c_j unbestimmte Konstanten (Ritz-Koeffizienten).

Ersetzt man diese Näherungslösung im Funktional, so ergibt sich:

$$F(\tilde{h})=\frac{1}{2}\int_G \left[T(\sum_{i=1}^{N} c_j \frac{\partial \phi_j}{\partial x})^2 + T(\sum_{i=1}^{N} c_j \frac{\partial \phi_j}{\partial y})^2 \right] dxdy - \int_G q_L \sum_{j=1}^{N} c_j \phi_j dxdy + \int_{R_2} q_R \sum_{j=1}^{N} c_j \phi_j dl$$

Durch die Integration erhält man:

$$F(\tilde{h})=F(c_1,\ldots c_N)$$

Die **Variationsbedingung**, daß das **Funktional ein Minimum annimmt**, führt zu den Beziehungen:

$$\frac{\partial F}{\partial c_j}=0\,;j=1,2,3,\ldots..,N$$

Somit erhält man ein lineares Gleichungssystem der Form

$$A \cdot C = D$$

mit

$$A=\begin{bmatrix} a_{11} & a_{12} & . & . & a_{1n} \\ a_{21} & a_{22} & . & . & . \\ . & . & . & . & . \\ a_{n1} & a_{n2} & . & . & a_{nn} \end{bmatrix} \quad ; \quad C=\begin{bmatrix} c_1 \\ c_2 \\ \\ c_n \end{bmatrix} \quad ; \quad D=\begin{bmatrix} d_1 \\ d_2 \\ \\ d_n \end{bmatrix}$$

wobei a_{ij}

$$a_{ij}=\int_G \left[T\frac{\partial \phi_i}{\partial x}\frac{\partial \phi_j}{\partial x} + T\frac{\partial \phi_i}{\partial y}\frac{\partial \phi_j}{\partial y} \right] dxdy$$

$$d_i=\int_G q_L \phi_i dxdy - \int_{R_2} q_R \phi_i dl$$

Durch die Lösung des Gleichungssystems werden die Konstanten c_i bestimmt, mit deren Hilfe die Lösungsfunktion $\tilde{h}(x,y)$ bestimmt wird.

GALERKIN-Näherungsverfahren

Eine andere Möglichkeit, um eine Näherungslösung zu finden, die auch der FEM zugrunde liegen kann, bietet das sogenannte *Gewichtete Residuen Verfahren* (GRV), daß mit dem GALERKIN-Ansatz zu einem ähnlichen Gleichungssystem, wie die RITZ'SCHE FEM, führt.

Die Grundidee des Verfahrens besteht darin, eine ähnliche Näherungslösung (wie beim Ritz'schen Verfahren)

$$\tilde{h}=\sum_{j=1}^{N} c_j \phi_j (x,y)$$

zu erhalten, so das der Fehler (das Residuum) durch die Näherung

$$R=\frac{\partial}{\partial x}(T\frac{\partial \tilde{h}}{\partial x})+\frac{\partial}{\partial y}(T\frac{\partial \tilde{h}}{\partial y})+q_L=\nabla\cdot(T\nabla\tilde{h})+q_L$$

im Mittel über das Strömungsgebiet G den Wert Null annimmt. Für die exakte Lösung gilt $R=0$ im Gebiet. Der Wert Null „im Mittel" des Fehlers wird durch die sogenannte Gewichtsfunktion w_i, $i=1, 2, 3,\ldots n$ mit Hilfe des Integrals

$$\int_G Rw_i dxdy = \int_G [\nabla \cdot (T\nabla h) + q_L]w_i dxdy = 0$$

erhalten.

Mit Hilfe des GREEN'schen Integralsatzes und mit der Berücksichtigung der Randbedingungen erhält man durch einige mathematische Umformungen

$$\int_G T\nabla h \cdot \nabla w_i dxdy - \int_G q_L w_i dxdy + \int_R q_R w_j dl = 0$$

Die **GALERKIN-Version des GRV** nimmt als Gewichtsfunktionen die gegebenen Interpolationsfunktionen an

$$w_i = \phi_i(x,y)$$

Unter den Voraussetzungen, daß $\phi_i(x,y)$ die RBD erfüllt, erhält man ein ähnliches Gleichungssystem wie beim Ritz'schen Näherungsverfahren.

Die oben beschriebenen Näherungsverfahren stehen der FEM zu Grunde. Das Strömungsgebiet wird in finite Elemente zerlegt (Diskretisierung) und das Näherungsverfahren wird elementweise angewendet.

Die Diskretisierung

Bevorzugt werden bei der Diskretisierung von 2D Strömungsgebieten Dreiecks- und Vierecks-elemente genutzt. Die Seiten dieser Elemente können gerade oder gekrümmt sein (Abb. 5-23).

a) Dreieckselement

b) Viereckselement

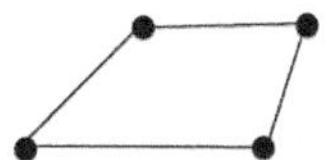

c) Dreieckselement
mit gekrümmten Seiten und 3 bzw. 6 Knoten

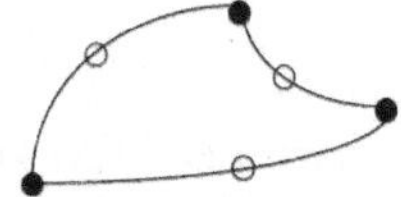

d) Viereckelement mit gekrümmten
Seiten und 8 bzw. 9 Knoten

Abbildung 5-23 Die am häufigsten benutzten finiten Elemente der FEM

Die unregelmäßig berandeten Elemente (b, c, d) wurden entwickelt, um komplexe Strömungsgebiete optimal zu diskretisieren. Für die finiten Elemente sollen Interpolationsfunktionen $\phi_i(x,y)$ eingeführt werden, um die Näherungslösung ($\tilde{h}$) zu definieren. Außer bei Element (a) treten Schwierigkeiten bei der Bestimmung der Interpolationsfunktionen und der FEM Koeffizienten a_{ij}, d_i, ... im globalen Koordinatensystem (x,y) auf. Um diese Schwierigkeiten zu vermeiden, wurden die sogenannten *isoparametrischen* Elemente eingeführt (b,c,d).

Als Beispiel berücksichtigen wir das Element (b). Man nimmt ein rechteckiges Element und das lokale Koordinatensystem (ξ,η) an. Als Interpolationsfunktionen ϕ_i werden lineare Funktionen bezüglich ξ,η angenommen. So erhält man die sogenannte lineare Interpolationsfunktion:

Rechteckelement, lokales Koordinatensystem **Interpolationsfunktionen**

(-1,1) η (1,1)
e_{iso}
ξ,
(-1,-1) (1,-1)

$$\phi_1^{(e)}(\xi,\eta) = \frac{1}{4}(1-\xi)(1-\eta)$$

$$\phi_2^{(e)}(\xi,\eta) = \frac{1}{4}(1+\xi)(1-\eta)$$

$$\phi_3^{(e)}(\xi,\eta) = \frac{1}{4}(1+\xi)(1+\eta)$$

$$\phi_4^{(e)}(\xi,\eta) = \frac{1}{4}(1-\xi)(1+\eta)$$

Durch eine Koordinatentransformation von der Form

$$x = \sum_{i=1}^{4} \phi_i^{(e)}(\xi,\eta)x_i = x(\xi,\eta)$$

$$y = \sum_{i=1}^{4} \phi_j^{(e)}(\xi,\eta)y_j = y(\xi,\eta)$$

wird das Rechteckelement in ein Viereckelement von der Form (a) umgeformt. So können die Interpolationsfunktionen $\phi_i(x,y)$ mit Hilfe der lokalen Koordinaten aufgestellt werden. Somit werden die Ableitungen und die FEM Koeffizienten für ein beliebiges Viereckelement (quadratisches Element) einfacher berechnet.

Viereckelement, globales Koordinatensystem **Interpolationsfunktionen**

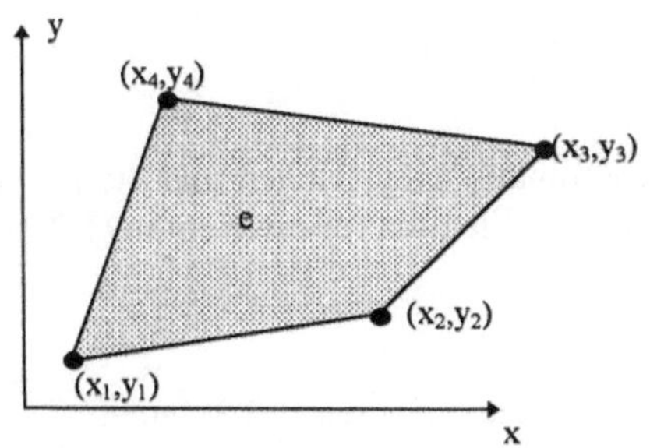

$$\phi_i^{(e)}(x,y) = \phi_i^{(e)}\left[x(\xi,\eta),y(\xi,\eta)\right]$$

$$i = 1,2,3,4$$

FEM Koeffizienten

$$a_{ij} = \int_e T\left[\frac{\partial\phi_i(x,y)}{\partial x}\frac{\partial\phi_j(x,y)}{\partial x} + \frac{\partial\phi_i(x,y)}{\partial y}\frac{\partial\phi_j(x,y)}{\partial y}\right]dxdy = \int_e F(x,y)dxdy$$

Mit Hilfe der o. g. Koordinatentransformation folgt:

$$a_{ij} = \int_e F(x,y)dxdy = \int_{e_{iso}} F[x(\xi,\eta),y(\xi,\eta)] \det J d\xi d\eta$$

$$wobei \quad \det J = \begin{vmatrix} \frac{\partial x(\xi,\eta)}{\partial \xi} & \frac{\partial y(\xi,\eta)}{\partial \xi} \\ \frac{\partial x(\xi,\eta)}{\partial \eta} & \frac{\partial y(\xi,\eta)}{\partial \eta} \end{vmatrix}$$

Det J ist die Determinante der JACOBI-Matrix der Koordinatentransformation. Für andere Typen isoparametrischer Elemente siehe PINDER/GRAY 1993 und BUSCH/LUCKNER 1992.

5.3.3.3 Anwendung der FEM für 2D Strömungsprobleme, gespannter inhomogener GW-Leiter

Diskretisierungen mit finiten Elementen sind durch zwei Parameter bestimmt

- Geometrie der Elemente
- Anzahl der Knotenpunkte

Durch die Geometrie (Form) und Anzahl der Knotenpunkte pro Element wird der Grad der Interpolationsfunktion bestimmt. Im Rahmen der folgenden Anwendung der FEM werden *Dreieckselemente mit drei Knoten* und globalen Koordinaten benutzt.

Diskretisierung

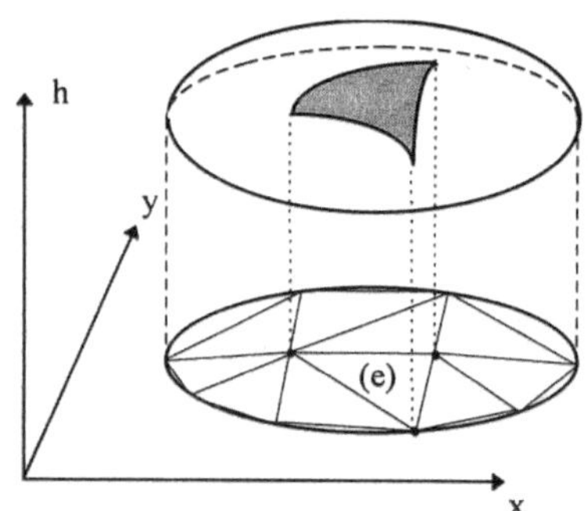

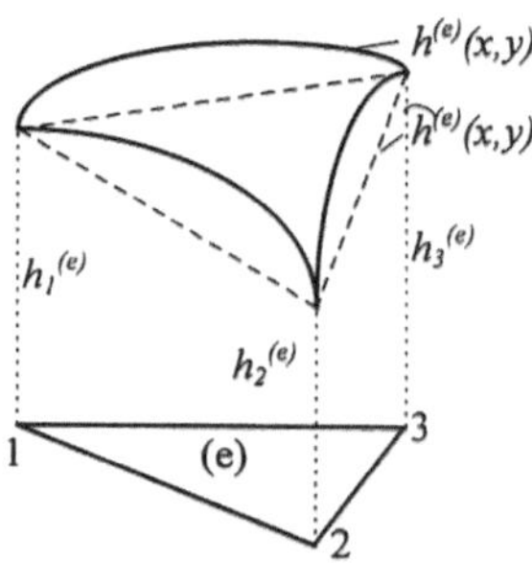

Abbildung 5-24 Schema der Diskretisierung mit linearen Dreickelementen

Die Topologie der Diskretisierung umfaßt die Koordinaten aller Knoten und die jedem Element zugeordneten Knoten. Im Beispiel oben sind dem Element (e) die Knoten (1,2,3) zugeordnet.

Interpolationsfunktionen

Die RITZ'sche Näherungslösung für das Element (e) mit den Knoten (1,2,3) lautet

$$\hat{h}^{(e)}(x,y) = h_1^{(e)}\phi_1^{(e)}(x,y) + h_2^{(e)}\phi_2^{(e)}(x,y) + h_3^{(e)}\phi_3^{(e)}(x,y) = \sum_{i=1}^{3} h_i^{(e)}\phi_i^{(e)}(x,y)$$

Aus der Bedingung

$$\hat{h}^{(e)}(x_i,y_i) = h_i^{(e)} \quad i=1,2,3$$

folgt, daß die Interpolationsfunktionen linear sind und die folgende Form haben:

$$\phi_i^{(e)}(x,y) = a_i^{(e)} + b_i^{(e)}x + c_i^{(e)}y$$

mit

$$a_1^{(e)} = \frac{1}{2A^{(e)}}\left(x_2y_3 - x_3y_2\right); \quad b_1^{(e)} = \frac{1}{2A^{(e)}}\left(y_2 - y_3\right); \quad c_1^{(e)} = \frac{1}{2A^{(e)}}\left(x_3 - x_2\right)$$

$$a_2^{(e)} = \frac{1}{2A^{(e)}}\left(x_3y_1 - x_1y_3\right); \quad b_2^{(e)} = \frac{1}{2A^{(e)}}\left(y_3 - y_1\right); \quad c_2^{(e)} = \frac{1}{2A^{(e)}}\left(x_1 - x_3\right)$$

$$a_3^{(e)} = \frac{1}{2A^{(e)}}\left(x_1y_2 - x_2y_1\right); \quad b_3^{(e)} = \frac{1}{2A^{(e)}}\left(y_1 - y_2\right); \quad c_3^{(e)} = \frac{1}{2A^{(e)}}\left(x_2 - x_1\right)$$

wobei $A^{(e)}$ die Fläche des Dreiecks

$$A^{(e)} = \frac{1}{2}\left|x_1(y_2 - y_3) + x_2(y_3 - y_1) + x_3(y_1 - y_2)\right|$$

ist. Graphisch können die Interpolationsfunktionen folgendermaßen dargestellt werden:

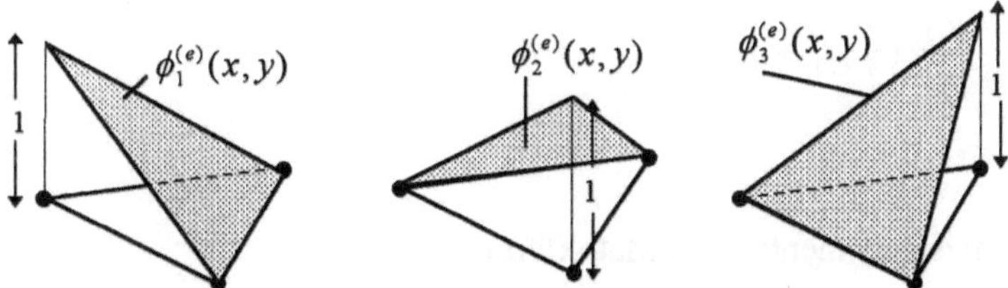

Abbildung 5-25 Geometrische Darstellung der Interpolationsfunktionen (Dreieckelemente)

Aufbau des Gleichungssystems für das Element (e)

$$\sum a_{ij}^{(e)} h_j^{(e)} = d_j^{(e)}$$

Mit:

$$a_{ij}^{(e)} = \int_{A^{(e)}} \left[T\frac{\partial\phi_i^{(e)}}{\partial x}\frac{\partial\phi_j^{(e)}}{\partial x} + T\frac{\partial\phi_i^{(e)}}{\partial y}\frac{\partial\phi_j^{(e)}}{\partial y} \right] dxdy = A^{(e)}T^{(e)}\left(b_j^{(e)}b_i^{(e)} + c_j^{(e)}c_i^{(e)}\right)$$

$$d_j^{(e)} = \int_{A^{(e)}} q_L \phi_j^{(e)} dxdy = \frac{q_L^{(e)}A^{(e)}}{3}$$

für ein Element, dessen Seiten im Inneren des Gebietes liegen. Wenn eine Seite z.B. $R_2^{(e)}$ des Elements (e) auf dem Zustromrand liegt, folgt:

$$d_j^{(e)} = \int_{A^{(e)}} q_L \phi_j^{(e)} dxdy - \int_{R_2^{(e)}} q_R \phi_j^{*(e)} dl$$

$\phi_j^{*(e)}$ ist die Interpolationsfunktion entlang der Randseite $R_2^{(e)}$ des Elements.

Beispiel: Element dessen Knoten 1 und 2 am Zustromrand liegen

Element mit einer Seite am Zustromrand

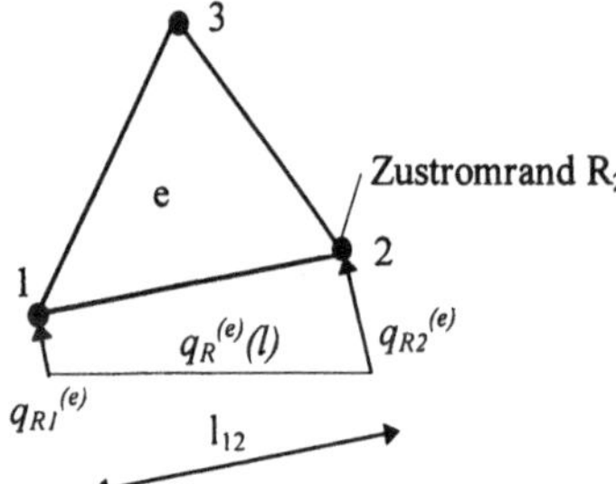

lineare Interpolationsfunktionen am Rand

$$\phi_{1x}^{*(e)}(l)=(1-\frac{l}{l_{12}^{(e)}})$$

$$\phi_{2x}^{*(e)}(l)=(1-\frac{l}{l_{12}^{(e)}})$$

$$0 \leq l \leq l_{12}^{(e)}$$

Ersetzt man die lineare Verteilung, ergeben sich durch Integration der Koeffizienten

$$d_1^{(e)} = \frac{q_n^{(e)} A^{(e)}}{3} - \frac{l_{12}^{(e)}}{3}(q_{R1}^{(e)} + \frac{1}{2} q_{R2}^{(e)})$$

$$d_2^{(e)} = \frac{q_n^{(e)} A^{(e)}}{3} - \frac{l_{12}^{(e)}}{3}(\frac{1}{2} q_{R1}^{(e)} + q_{R2}^{(e)})$$

$$d_3^{(e)} = \frac{q_R^{(e)} A^{(e)}}{3}$$

Das Gleichungssystem des Elements (e) in Matrixform

$$S^{(e)} \cdot H^{(e)} = D^{(e)}$$

mit

$$S^{(e)} = \begin{bmatrix} a_{11} & a_{12} & a_{13} \\ a_{21} & a_{22} & a_{23} \\ a_{31} & a_{32} & a_{33} \end{bmatrix}, \qquad H^{(e)} = \begin{bmatrix} h_1 \\ h_2 \\ h_3 \end{bmatrix}, \qquad D^{(e)} = \begin{bmatrix} d_1 \\ d_2 \\ d_3 \end{bmatrix}$$

Fazit

Durch die Verknüpfung aller den einzelnen Elementen zugeordneten Gleichungssysteme und mit den Randbedingungen erhält man durch Superposition das allgemeine Gleichungssystem für das ganze Gebiet.

Mit einem einfachen numerischen 2D Strömungsbeispiel wird der Aufbau des Elements- bzw. Gebietsgleichungssystems illustriert (5.5).

5.3.4 Die Randelementmethode (REM, BEM) für 2D Grundwasserströmungsprobleme

5.3.4.1 Allgemeine Betrachtungen

Die Randelementmethode (REM), auch Boundary Element Methode (BEM) genannt, bietet eine Alternative zu den anderen weit verbreiteten numerischen Methoden, wie der FEM oder FDM, an. Sie geht nicht von den üblichen gebietsgebundenen Differentialgleichungen aus, sondern wandelt diese in eine integrale Problemstellung auf dem Gebietsrand um. So braucht vorwiegend nur der Rand diskretisiert zu werden. Dadurch wird die Anzahl der benötigten Dimensionen um eine reduziert, und somit eine vorteilhafte Ausgangsbasis für das Lösungsverfahren geschaffen. Dieser Vorteil verschwindet aber, wenn der Grundwasserleiter inhomogen ist oder eine Leakage nicht konstant ist. In diesen Fällen wird zusätzlich eine Gebietsdiskretisierung nötig. Aus diesem Grund werden im Rahmen dieser Arbeit nur Strömungen in homogenen Grundwasserleitern vorgestellt.

Eine der wichtigsten Vorteile der REM ist die Möglichkeit, Singularitäten, wie z.B.: Brunnen, ohne merkwürdige Änderung der Strömungsverhältnisse im Nahbereich, wie das bei der Anwendung der FEM und FDM der Fall ist, darstellen zu können.

Im Rahmen des mathematischen Hilfmittels wurden für die Lösungsfunktionen U der folgenden Randwertaufgaben

$$L(U) = f$$

$$U_{|r_1} = U_0$$

$$\frac{\partial U}{\partial n}_{|r_2} = \varphi_n$$

$$U: \Omega \to R \quad ; \quad r_1 \cup r_2 = r$$

zwei Arten von Integraldarstellungen vorgestellt:

- direkte Randintegraldarstellung

$$U(M) = \int_r \left[U^*(M,P) \frac{\partial U(P)}{\partial n} - U(P) \frac{\partial U(M,P)}{\partial n} \right] dl - \int_\Omega f(R) U^*(M,R) d\Omega \qquad (*)$$

$$M, R \in \Omega; P \in M$$

- indirekte Randintegraldarstellung

$$U(M) = \int_r \phi(P) U^*(M,P) dl - \int_\Omega f(R) U^*(M,R) d\Omega + c$$

$$M, R \in \Omega; \phi \in M$$

mit:

U	Lösungsfunktion $U: \Omega \to R$
Ω	Definitionsbereich (Strömungsgebiet) der Funktion
r	Rand des Strömungsgebietes Ω
U_0, ϕ_n	gegebene Funktionen entlang der Ränder r_1 bzw. r_2
L	Differentialoperator
c	unbestimmte Konstante
U^*	Fundamentallösungsfunktion der DGL oder PDGL mit: $L(U^*) = -\delta(M,P);\ M, P \in \Omega$

δ(M,P) die DIRAC'sche Delta-Funktion

Für die 1D und 2D Grundwasserströmungsprobleme, die weiterhin betrachtet werden, gilt:

1D Grundwasserströmungen

$$U = h(x), \Omega = [0, L] \subset R, L(U) = L(h) = \frac{d^2h}{dx^2}; U^* = -\frac{1}{2}|x-\zeta| \quad x, \zeta \in [0, L]$$

2D Grundwasserströmungen

$$U = h(x,y), \Omega = G \in R^2; L(U) = L(h) = \frac{\partial^2 h}{\partial x^2} + \frac{\partial^2 h}{\partial y^2}; U^* = -\frac{1}{2} \ln r(M,P); M, P \in G$$

mit:

$$r(M,P) = \sqrt{(x_M - x_P)^2 + (y_M - y_P)^2}$$

Die o. g. direkten und indirekten Integraldarstellungen der Lösungsfunktion (Standrohrspiegelhöhe) stehen der Randelementmethode zu Grunde.

5.3.4.2 Die REM zur Lösung von 1D Strömungsproblemen in homogenen Grundwasserleitern

Man betrachtet als Beispiel das in der Abb. 5- 26 dargestellte schematisierte 1D Grundwasserströmungsschema

Schema des Strömungssystems

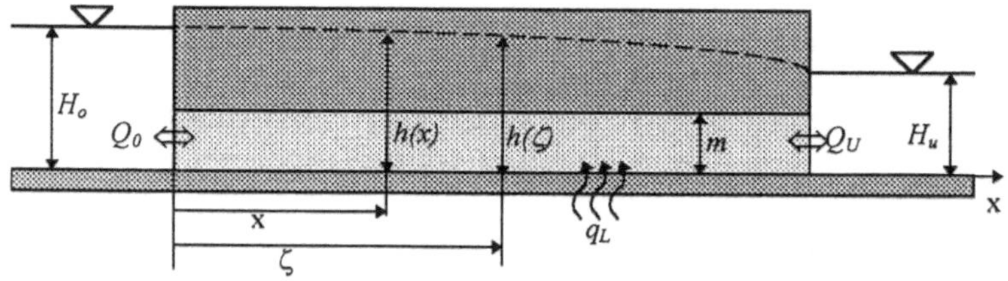

Abbildung 5-26 Schema des 1D GW-Strömungsgebiets

DGL

$$\frac{d^2h}{dx^2} = -\frac{q_L}{T}$$

Strömungsgebiet

$G = [0, L] - Intervall$

$\{0, L\} - Intervallenden \quad (Randelemente)$

Die RBD können als eine Kombination von zwei aus den folgenden vier möglichen Bedingungen gewählt werden.

$$h(x=0) = H_0; \quad h(x=L) = H_U \qquad \frac{dh}{dx}_{|x=0} = -\frac{Q_0}{T} \qquad \text{(RBD)}$$

mit Q_0 und Q_U: Randzufluß $\frac{dh}{dx}_{|x=L} = -\frac{Q_U}{T}$

Aufgrund der Kontinuität gilt:

$$Q_0 - Q_U = \int_0^L q_L dx$$

Das bedeutet, daß im Falle der Randbedingungen vom Typ Neumann gegebene Randzuflüsse diese Kompatibilitätsbedingung erfüllen.

Direkte Randelementemethode (DREM)

Die *Direkte Randintegraldarstellung der Lösungsfunktion* reduziert sich in diesem Fall auf eine *algebraische Randwertdarstellung*.

$$h(x) = \frac{1}{2}(H_0 + H_U) - \frac{x}{2}\frac{dh}{dx}_{|0} - \frac{1}{2}(L-x)\frac{dh}{dx}_{|L} - \frac{1}{2T}\int_0^L |x-\zeta| q_L d\zeta;\; x \in [0,L] \qquad (*')$$

Man bemerkt, daß die erhaltene Darstellung die Randwerte (H_0 und H_U) der Lösungsfunktion h(x) und deren erste Ableitung an den Randpunkten ($\frac{dh}{dx}_{|x=0}$ und $\frac{dh}{dx}_{|x=L}$) enthält. Die mathematischen Beziehungen sind einfache algebraische Ausdrücke. Statt der Bezeichnung „Randintegraldarstellung" kann man die erhaltene Darstellung als Randelementdarstellung bezeichnen. Die Randelemente sind die Intervallenden 0 und L. Aus der Randelementdarstellung mit $x=0$ und $x=L$ folgt

$$H_o - H_U + L\frac{dh}{dx}_{|L} = -\frac{1}{T}\int_0^L \zeta\, q_L d\zeta$$

$$H_o - H_U - L\frac{dh}{dx}_{|L} = -\frac{1}{T}\int_0^L (L-\zeta)\, q_L d\zeta$$

Mit Hilfe der Randbedingungen, d.h. zwei gegebenen Randwerten aus vier, können durch die Lösung des Gleichungssystems die anderen zwei unbekannten Randwerte bestimmt werden. Ersetzt man dieses Ergebnis in (*'), so erhält man die DREM-Lösung des betrachteten Grundwasserströmungsproblems.

Als *Beispiel* wird ein 1D Strömungsproblem betrachtet, bei dem die Randwerte H_0 und H_U der Standrohrspiegelhöhe gegeben sind. Für die DREM-Lösung werden zuerst aus dem o. g. Gleichungssystem die Randwerte $\frac{dh}{dx}_{|x=0}$ und $\frac{dh}{dx}_{|x=L}$ bestimmt.

Durch die Ersetzung in (*') erhält man folgende DREM-Lösung für die Standrohrspiegelhöhe:

$$h(x) = H_0 - \frac{x}{L}(H_0 - H_U) + \frac{L-x}{2LT}\int_0^L \zeta\, q_L d\zeta + \frac{x}{2LT}\int_0^L (L-\zeta) q_L d\zeta - \frac{1}{2T}\int_0^L |x-\zeta| q_L d\zeta \qquad (*'')$$

Indirekte Randelementmethode (IREM)

Die *indirekte Randintegraldarstellung* (**) reduziert sich im Falle der 1D Strömung ebenfalls auf eine algebraische *Randwertdarstellung* (auch Randelement-Darstellung).

$$h(x) = -\frac{|x|}{2}\psi_0 - \frac{|x-L|}{2}\psi_U - \frac{1}{2T}\int_0^L |x-\zeta| q_L d\zeta + c \qquad (**')$$

Für x∈[0,L] folgt:

$$h(x) = -\frac{x}{2}\psi_0 - \frac{L-x}{2}\psi_U - \frac{1}{2T}\int_0^L |x-\zeta| q_L d\zeta + c \qquad (**'')$$

Im Vergleich mit der DREM-Darstellung (*') bemerkt man, daß bei der IREM-Darstellung (**'') statt der Randwerte der Standrohrspiegelhöhen (H_0 und H_U) und deren Ableitungen die sogenannten indirekten Unbekannten ψ_0 und ψ_U erscheinen. Diese Unbekannten können mit Hilfe der Randbedingungen bestimmt werden. Um alle möglichen Kombinationen von Randbedingungen zu erfassen, wird auch die Ableitung der Funktion $h(x)$ aus (**'') hergeleitet:

$$\frac{dh}{dx} = \frac{1}{2}(\psi_0 - \psi_U) - \frac{1}{2T}\int_0^L sgn|x-\zeta| q_L d\zeta \qquad (***)$$

mit:

$$sgn|x-\zeta| = \begin{cases} 1, x > \zeta \\ -1, x < \zeta \end{cases}$$

Mit Hilfe der Randbedingungen erhält man aus (**'') und (***) die folgenden Randwertgleichungen:

- für x=0

$$H_0 = -\frac{L}{2}\psi_U - \frac{1}{2T}\int_0^L \zeta q_L d\zeta + c$$

$$\frac{dh}{dx}_{|X=0} = \frac{1}{2}(\psi_U - \psi_0) + \frac{1}{2T}\int_0^L q_L d\zeta$$

- für $x=L$

$$H_U = -\frac{L}{2}\psi_0 - \frac{1}{2T}\int_0^L (L-\zeta) q_L d\zeta + c$$

$$\frac{dh}{dx}_{|X=L} = \frac{1}{2}(\psi_U - \psi_0) - \frac{1}{2T}\int_0^L q_L d\zeta$$

Aufgrund des regulären Verhaltens der Lösungsfunktion am Unendlichen $(x \rightarrow +/- \infty)$ erhält man aus (**') eine zusätzliche Bedingung:

$$\psi_0 + \psi_U + \frac{1}{T}\int_0^L q_L d\zeta = 0$$

Aus den vier Randwertgleichungen werden entsprechend der gegebenen Randbedingungen zwei Gleichungen ausgewählt, die mit der o. g. zusätzlichen Bedingung ein lineares Gleichungssystem bilden. Durch die Lösung dieses Gleichungssystems werden die indirekten Unbekannten ψ_0, ψ_U und die Konstante c bestimmt.

Als *Beispiel* wird das gleiche Strömungsproblem wie bei der DREM betrachtet. Aus den o. g. Randwertgleichungen (1. und 3.) und der zusätzlichen Bedingung folgt:

$$\psi_0 = \frac{H_0 - H_U}{L} - \frac{1}{LT}\int_0^L (L-\zeta) q_L d\zeta$$

$$\psi_U = -\frac{H_0 - H_U}{L} - \frac{1}{LT}\int_0^L \zeta q_L d\zeta$$

Ersetzt man diese Ausdrücke in (**''), so erhält man die IREM-Lösung, die mit der DREM-Lösung (*'') übereinstimmt. Man bemerkt, daß im Vergleich mit den anderen Methoden (FDM, FVM und FEM) die REM (DREM oder IREM) ein völlig anderes Lösungsverfahren ist. Die Randelemente sind die Intervallenden und somit ähnelt die REM dem analytischen Verfahren. Sie präsentiert aber den Vorteil, daß die erhaltenen Darstellungen und die Randwertgleichungssysteme alle Randbedingungskombinationen in einheitlicher Form erfassen. Ebenfalls sind die Integralterme, die die Leakage umfassen, bestimmte Integrale, die ohne Schwierigkeiten berechnet werden können (für eine detailliertere Darstellung siehe DAVID 1989).

5.3.4.3 REM zur Lösung von 2D Strömungsproblemen in homogenen GW-Leitern

Für die Vorstellung der REM wird eine 2D Grundwasserströmung in einem homogenen gespannten GW-Leiter (Abb. 5-27) betrachtet.

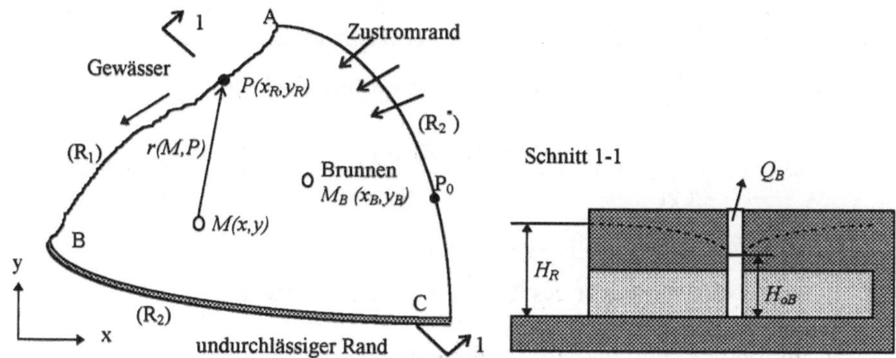

Abbildung 5-27 Schema des betrachteten 2D Strömungssystems

Dem betrachteten Problem entspricht die folgende Randwertaufgabe in differentieller Form:

PDGL

$$\frac{\partial^2 h}{\partial x^2} + \frac{\partial^2 h}{\partial y^2} = -\frac{Q_B}{T}\delta(M, M_B)$$

mit

$G<R^2$	Strömungsgebiet
$h(x,y)$	Standrohrspiegelhöhe
$M(x,y) \in G$	beliebiger Punkt im G
$P(x_R, y_R) \in R$	beliebiger Punkt des Randes
$P_0(x_R, y_R) \in R$	Punkt des Randes
$B(x_B, y_B)$	Lage der Mitte des Entnahmebrunnens
Q_B	Entnahmerate der Brunnen

$T = k_f m$ Transmissivität (als konstant angenommen)

$\delta(M,M_B)$ DIRAC'sche Deltafunktion

$$\delta(M,M_B) = \begin{cases} 0 & wenn\ M \neq M_B \\ 1 & wenn\ M \equiv M_B \end{cases}$$

RBD

$h|_{R_1} = H_R$ Potentialrand ($AB=R_1$)

$\left.\frac{\partial h}{\partial n}\right|_{R_2^*} = -\frac{v_n}{k_f} = -\frac{q_n}{k_f m} = -\frac{q_R}{T}$ Zuflußrand ($CA=R_2^*$)

$\left.\frac{\partial h}{\partial n}\right|_{R_2} = 0$ undurchlässiger Rand ($BC = R_2$)

für den Brunnen ist gegeben :

- entweder die Entnahmerate (Q_B) (H_{0B} unbekannt)
- oder der Wasserstand im Brunnen (H_{0B}) (Q_B unbekannt)

Randintegraldarstellungen

Für die oben formulierte Randwertaufgabe ist es möglich (siehe 5.3.4.2 und Mathematische Hilfsmittel), die Lösungsfunktion in integraler Form darzustellen:

- **direkte Randintegraldarstellung der Lösungsfunktion**

$$h(M) = \frac{1}{2\pi}\int_R \left[h(P)\frac{\partial \ln r(M,P)}{\partial n} - \frac{\partial h(P)}{\partial n}\ln r(M,P)\right] dl - \frac{Q_B}{2\pi T}\ln r(M,M_B) + \quad (*)$$

$$r(M,P) = \sqrt{(x_M - x_P)^2 + (y_M - y_P)^2}$$

n Normalenvektor des Randes in äußerer Richtung

- **indirekte Randintegraldarstellung der Lösungsfunktion**

$$h(M) = \frac{1}{2\pi T}\int_R [\psi(P)\ln r(M,P)] dl - \frac{Q_B}{2\pi T}\ln r(M,M_B) + c \quad (**)$$

mit $\psi(P)$ einer unbekannten Funktion (Dichtefunktion) entlang des Randes R.

Man bemerkt, daß mit der direkten Darstellung die Lösungsfunktion (die Piezometerhöhenverteilung) $h(M)$ im Strömungsgebiet nur dann berechnet werden kann, wenn die Werte der Funktion h(P) und der ersten normalen Ableitung ($\partial h(P)/\partial n$) entlang des Randes bekannt sind. Beide Funktionen haben eine mit dem Problem direkt verbundene physikalische Bedeutung (Standrohrspiegelhöhe bzw. Normalgeschwindigkeit zum Rand). Deshalb wird diese Darstellung als *direkt* bezeichnet.

Bei der *indirekten* Darstellung ist es erforderlich, die eingeführte Dichtefunktion $\psi(P)$ entlang des Randes und die unbestimmte Konstante *c* zu kennen.

Randintegralgleichungen

Um die o. g. Unbekannten zu bestimmen, werden Randintegralgleichungen erstellt. Durch Grenzübergang ($G \ni M \rightarrow P_0 \in R$) mit Hilfe der RBD erhält man in beiden Fällen ein **Randin-**

tegralgleichungssystem (die Unbekannte steht unter dem Integral). Im weiteren wird nur die indirekte Darstellung vorgeführt.

Im Fall der **indirekten Darstellung** erhält man das folgende Integralgleichungssystem:

$$c+\frac{1}{2\pi T}\int_R [\psi(P) \ln r(P_o,P)]dl - \frac{Q_B}{2\pi T}\ln r(P_o^*,M_B) = \begin{cases} H_R(P_o), \text{ wenn } P_o \in R_1 \\ H_{oB}, \text{ wenn } P_o \in RB_r \end{cases} \qquad (***)$$

$$\frac{1}{2}\psi(P_0)+\frac{1}{2T}\int_R \left[\psi(P)\frac{\partial \ln r(P_o,P)}{\partial n}\right]dl - \frac{Q_B}{2\pi T}\frac{\partial \ln r(P_o,M_B)}{\partial n} = \begin{cases} -\frac{q_R(P_o)}{T}, \text{ wenn } P_o \in R_2^* \\ 0, \text{ wenn } P_o \in R_2 \end{cases}$$

$$\int_R [\psi(P)]dl - Q_B = 0$$

mit $\psi(P)$ die unbekannte Dichtefunktion entlang des Randes
c unbestimmte Konstante
RBr Rand des Brunnens

Die letzte Gleichung entspricht der Bedingung eines regulären Verhaltens der Funktion h am Unendlichen $(M \to \infty)$. Die indirekte Integraldarstellung (**) und das entsprechende Integralgleichungssystem (***) stellen mit der betrachteten Randwertaufgabe (PDGL+RBD) eine äquivalente Problemstellung in integraler Form dar. Diese Problemstellung liegt der 2D Randelementmethode (REM) zu Grunde.

5.3.4.4 Anwendung der REM

Die Randelementmethode besteht eigentlich aus dem numerischen Lösungsverfahren des Integralgleichungssystems (***).

Diskretisierung

Die Diskretisierung betrifft nur den Rand

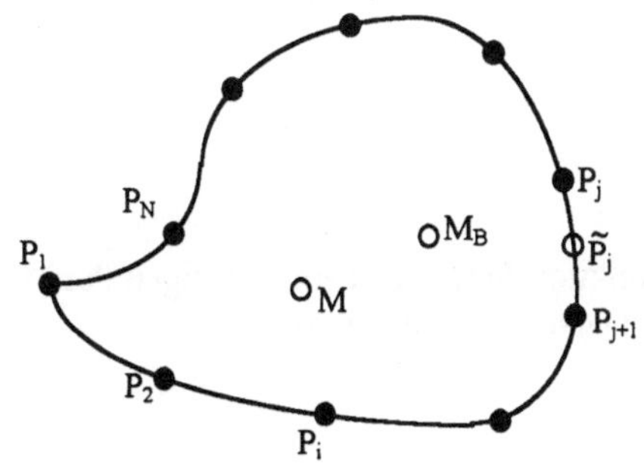

a) konstante Elemente

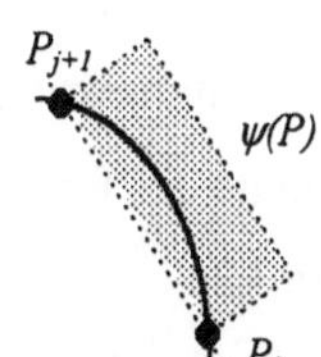

b) lineare Elemente

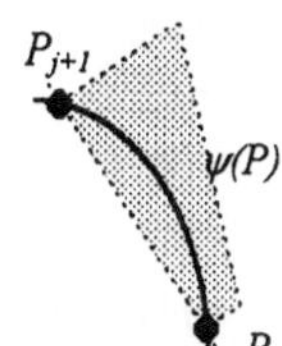

mit

Potentialrand (R_1) mit den Knoten P_j, $j=1,2,...,N_1$
undurchlässiger Rand (R_2) mit den Knoten P_j, $j=N_1, N_1+1,...,N_2$
Zuflußrand mit den Knoten P_j, $j=N_2, N_2+1,...,N,1$

Für die unbekannte Dichtefunktion $\psi(P)$ kann man auf den Randelementen $e_j(P_j, P_{j+1})$ verschiedene Verteilungen annehmen.

$a)\quad \psi(P) = \psi_j = konst.$ - konstante Elemente

$b)\quad \psi(P) = (1-\zeta)\psi_j + \zeta\psi_{j+1} \quad, \zeta \in [0,1]$ - lineare Elemente

Im Falle der *konstanten Elemente* erhält man aus dem Integralgleichungssystem (***) ein lineares algebraisches Gleichungssystem der Form:

$$\sum_{i=1}^{N} a_{ij}\frac{\psi_i}{T} - \frac{Q_B}{2\pi T} ln r(\widetilde{P}_j, M_B) + c = H_R(\widetilde{P}_j) \quad ; \quad 1 \le j \le N_1 - 1$$

$$\sum_{\substack{i=1\\ i\neq j}}^{N} b_{ij}\frac{\psi_i}{T} - \frac{1}{2}\frac{\psi_i}{T} + \frac{Q_B}{2\pi T}\frac{\partial ln r(\widetilde{P}_j, B)}{\partial n} = \begin{cases} 0 \quad ; \quad N_1 \le j \le N_2 - 1 \\ \dfrac{q_R(\widetilde{P}_j)}{T}; \quad N_2 \le j \le N \end{cases}$$

$$\sum_{i=1}^{N} c_{ij}\frac{\psi_i}{T} - \frac{Q_B}{2\pi T} ln r_o + c = H_{oB}$$

$$\sum_{i=1}^{N} \psi_{ij} l_{i,i+1} - \frac{Q_B}{2\pi} = 0$$

mit aij, b_{ij}, und c_{ij} - Koeffizienten

$$a_{ij} = \frac{1}{2\pi}\int_{P_i}^{P_{i+1}} ln[r(\widetilde{P}_j, P)]dl \qquad c_{i,j} = \frac{1}{2\pi}\int_{P_j}^{P_{j+1}} ln[r(B,P)]dl$$

$$b_{\substack{ij\\ i\neq j}} = -\frac{1}{2\pi}\int_{P_i}^{P_{i+1}} \frac{\partial ln[r(\widetilde{P}_j, P)]}{\partial n}dl \quad ,$$

wobei $\widetilde{P}_j$ die Mitte des Elements $e_j(P_j, P_{j+1})$ ist.

Durch die Lösung des Gleichungssystems erhält man die Unbekannten

- die indirekte Dichtefunktion für jedes Element ψ_j
- die Entnahmerate des Brunnen Q_B
- die Konstante c

Mit Hilfe dieser Größen kann man die Lösungsfunktion $h(M)$ in einem beliebigen Punkt $M(x,y)$ des Strömungsgebietes mit der folgenden IREM-Darstellung bestimmen.

$$h(M) = \frac{1}{T}\sum_{i=1}^{N} a_{iM}\psi_i - \frac{Q_B}{2pT} ln[r(M,B)] + c$$

$$a_{iM} = \frac{1}{2\pi}\int_{P_i}^{P_{i+1}} ln r[(M,P)]dl, \quad M \in G$$

5.4 Numerisches Berechnungsbeispiel für 1D Strömungsprobleme mit FDM, FVM, FEM

5.4.1 Allgemeines

Im Folgenden wird eine einfache 1D Grundwasserströmung mit verschiedenen finiten Berechnungsverfahren berechnet. Gegeben ist das dargestellte System.

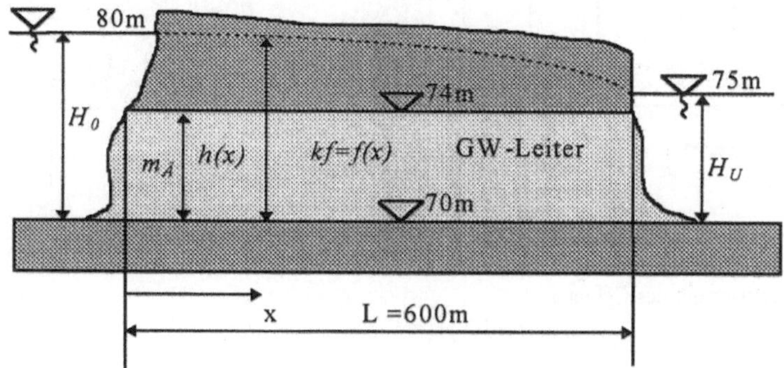

Abbildung 5-28 Schema des GW-Strömungssystems für die Anwendung der 1D numerischen Verfahren

Es handelt sich um eine

1D, stationäre Grundwasserströmung im gespannten, inhomogenen Grundwasserleiter.

Der Strömungsverlauf soll mit den numerischen Methoden

FDM Finite Differenzen Methode
FVM Finite Volumen (Zellen) Methode
FEM Finite Elemente Methode

abgebildet werden. Gesucht ist somit die Standrohrspiegelhöhenverteilung (Lösungsfunktion) *h(x)*. Die Ergebnisse der o.g. verschiedenen *numerischen Verfahren* sollen untereinander und mit dem Ergebnis des analytischen Verfahrens verglichen werden. Für die numerische Berechnung des Strömungsproblems werden folgende **Arbeitsschritte** durchgeführt:

1. Schematisierung und Begrenzung des Gebietes (Abb. 5-28)
2. Auswahl der numerischen Methode
3. Diskretisierung
4. Gebietsdaten
5. Randbedingungen
6. Formulierung des numerischen Modells:
   - DIFF Gleichungen entsprechend der Diskretisierung und dem Verfahren
   - Gleichungssystem aufstellen
7. Lösung des Gleichungssystems
8. Darstellung der Lösungsmatrix $h(x_i)$

5.4.2 Lösung mit Hilfe der Finiten Differenzen Methode FDM (Fall B1)

Schematisierung (siehe Abb. 5-28)

Diskretisierung des Gebietes (7 Knoten)

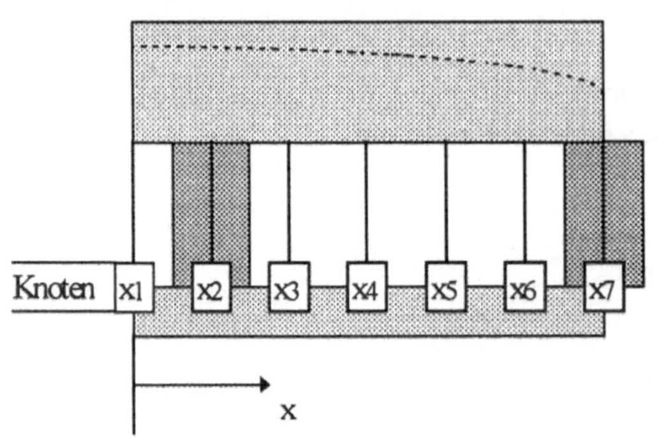

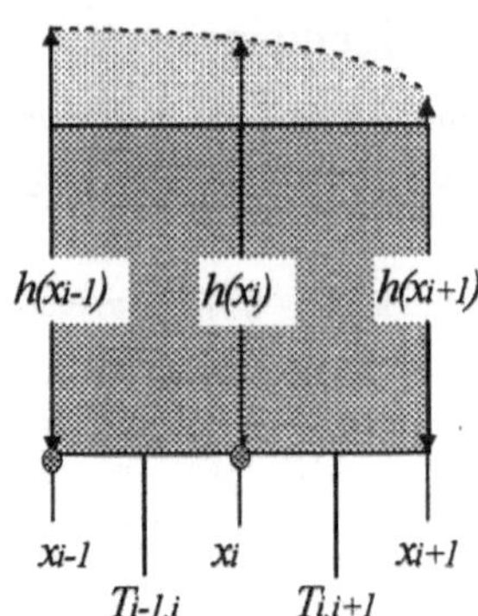

Abbildung 5-29 Diskretisierung des Gebietes

Gebietsdaten

mit Ansatz B1 nach (5.3.1.2) für die Transmissivität

Länge des Strömungsgebiets	$x_7 - x_1 = L = 600m$
Durchlässigkeit	$k_f = k_f(x) = (1 + 0{,}1x)10^{-3} m/s$
Mächtigkeit des GW-Leiters	$m = 4m$
Transmissivität	$T = T(x) = k_f(x)m_{\ddot{a}} = 4(1 + 0{,}1x)10^{-3} m^2/s$
Rasterweite der Diskretisierung	$x_{i+1} - x_i = \delta = 100m$
treppenförmiger Näherungsansatz für die Transmissivität	$T_{i,i+1} = T(x = x_i + \delta/2)$

Randbedingungen

1. Art
$$h(x_1) = H_0 = 10m$$
$$h(x_7) = H_U = 5m$$

Differenzengleichung für die Nachbarknoten (*i-1* ,*i* ,*i+1*)

$$T_{i-1,i}h_{i-1} - (T_{i-1,i} + T_{i,i+1})h_i + T_{i,i+1}h_{i+1} = -q_{Li}\delta^2$$

oder

$$h_{i-1}T_{i-1i}^{(\ddot{a})} - 2h_i T_{ii}^{(\ddot{a})} + h_{i+1}T_{ii+1}^{(\ddot{a})} = -q_{Li}\delta^2$$

wobei die äquivalenten Transmissivitäten nach B_1 Ansatz (5.3.1.2) lauten:

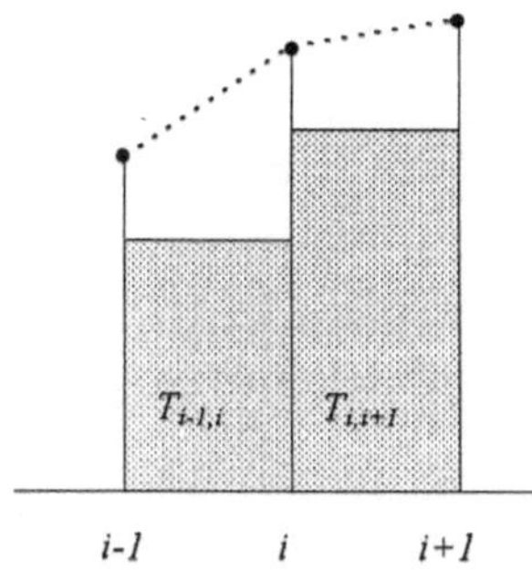

$$T_{i-1i}^{(ä)} = T_{i-1,i} \quad T_{ii+1}^{(ä)} = T_{i,i+1}$$

$$T_{ii}^{(ä)} = \frac{1}{2}\left(T_{i-1i}^{(ä)} + T_{ii+1}^{(ä)}\right) = \frac{1}{2}\left(T_{i-1,i} + T_{i,i+1}\right)$$

Aufstellen des Gleichungssystems

Differenzengleichungen für die inneren Knoten

$i = 1$

$i = 2 \quad T_{1,2}h_1 - (T_{1,2} + T_{2,3})h_2 + T_{2,3}h_3 = 0$

$i = 3 \quad T_{2,3}h_2 - (T_{2,3} + T_{3,4})h_3 + T_{3,4}h_4 = 0$

$i = 4 \quad T_{3,4}h_3 - (T_{3,4} + T_{4,5})h_4 + T_{4,5}h_5 = 0$

$i = 5 \quad T_{4,5}h_4 - (T_{4,5} + T_{5,6})h_5 + T_{5,6}h_6 = 0$

$i = 6 \quad T_{5,6}h_5 - (T_{5,6} + T_{6,7})h_6 + T_{6,7}h_7 = 0$

$i = 7$

Es entsteht ein Gleichungssystem mit 5 Gleichungen und 5 Unbekannten (*hi ; i=2,3,4,5,6*) auf der rechten Seite. Berechnung der Transmissivitäten in den Knoten nach Ansatz Typ B1

$$T = T(x) = 4(1 + 0{,}1x)10^{-3} m/s$$

$i = 2 \quad T_{1,2} = 0{,}024$

$i = 3 \quad T_{2,3} = 0{,}064$

$i = 4 \quad T_{3,4} = 0{,}104 \quad in\ m^2/s$

$i = 5 \quad T_{4,5} = 0{,}144$

$i = 6 \quad T_{5,6} = 0{,}184$

$i = 7 \quad T_{6,7} = 0{,}224$

$$\begin{bmatrix} -(T_{1,2}+T_{2,3}) & T_{2,3} & 0 & 0 & 0 \\ T_{2,3} & -(T_{2,3}+T_{3,4}) & T_{3,4} & 0 & 0 \\ 0 & T_{3,4} & -(T_{3,4}+T_{4,5}) & T_{4,5} & 0 \\ 0 & 0 & T_{4,5} & -(T_{4,5}+T_{5,6}) & T_{5,6} \\ 0 & 0 & 0 & T_{5,6} & -(T_{5,6}+T_{6,7}) \end{bmatrix} \cdot \begin{bmatrix} h_2 \\ h_3 \\ h_4 \\ h_5 \\ h_6 \end{bmatrix} = \begin{bmatrix} -T_{1,2} \cdot h_1 \\ 0 \\ 0 \\ 0 \\ -T_{6,7} \cdot h_7 \end{bmatrix}$$

Mit diesen Werten ist das o.g. Gleichungssystem schriftlich oder mit Hilfe eines Taschenrechners lösbar. Lösung ist die Piezometermatrix $[h_i]$.

Darstellung der Lösungsmatrix $h(x_i)=h_i$

$$H_o = 10{,}000 \qquad \begin{bmatrix} x=0 \end{bmatrix}$$

$$\begin{bmatrix} h_2 \\ h_3 \\ h_4 \\ h_5 \\ h_6 \end{bmatrix} = \begin{bmatrix} 7{,}512 \\ 6{,}580 \\ 6{,}006 \\ 5{,}591 \\ 5{,}266 \end{bmatrix} \; in\,[m] \qquad \begin{bmatrix} x = 100 \\ x = 200 \\ x = 300 \\ x = 400 \\ x = 500 \end{bmatrix} \; in\,[m]$$

$$H_u = 5{,}000 \qquad \begin{bmatrix} x=600 \end{bmatrix}$$

5.4.3 Lösung mit Hilfe der Finiten Volumen (Zellen) Methode

FVM Grundlagen (5.3.2.1)

Schematisierung (siehe Abb. 5-28)

Diskretisierung des Gebietes

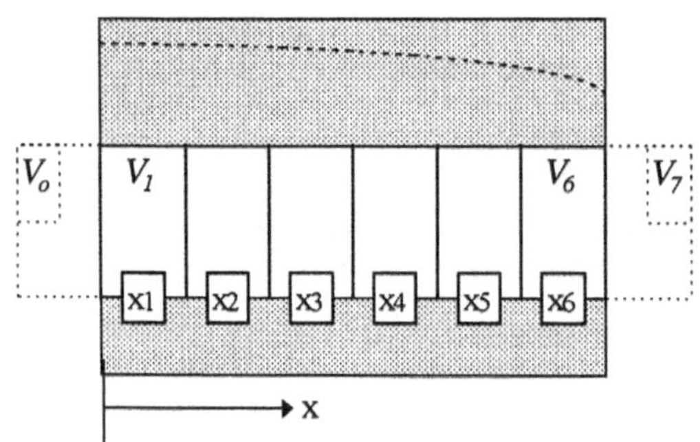

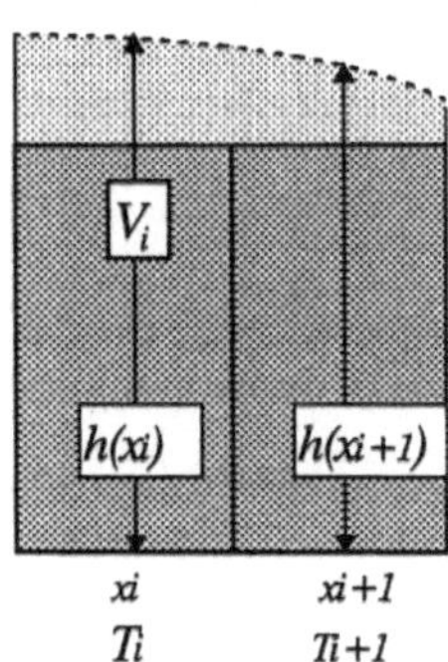

x_i Abszisse des Mittelpunktes des Volumens V_i
$h(x_i)$ Standrohrspiegelhöhe in der Mitte des Volumens V_i
V_o, V_7 zusätzliche Volumen zur Darstellung der RBD mit $T_o=T_7=\infty$

Differenzengleichungen

Gebietsdaten wie oben (5.4.2.), außer der Transmissivität, die für das Volumen V_i als Konstante durch $T_i=T(x_i)=4(1+0{,}1x_i)10^{-3}$ ersetzt wird.

$$T_{i-1i}^{(\ddot{a})}h_{i-1} - 2T_{ii}^{(\ddot{a})}h_i + T_{ii+1}^{(\ddot{a})}h_{i+1} = -q_i\delta^2=0$$

$$i = 1,\quad T_{01}^{(\ddot{a})}h_0 - 2T_{11}^{(\ddot{a})}h_1 + T_{12}^{(\ddot{a})}h_2 = 0$$

$$i = 2,\quad T_{12}^{(\ddot{a})}h_1 - 2T_{22}^{(\ddot{a})}h_2 + T_{23}^{(\ddot{a})}h_3 = 0$$

$$i = 3,\quad T_{23}^{(\ddot{a})}h_2 - 2T_{33}^{(\ddot{a})}h_3 + T_{34}^{(\ddot{a})}h_4 = 0$$

$$i = 4,\quad T_{34}^{(\ddot{a})}h_3 - 2T_{44}^{(\ddot{a})}h_4 + T_{45}^{(\ddot{a})}h_5 = 0$$

$$i = 5,\quad T_{45}^{(\ddot{a})}h_4 - 2T_{55}^{(\ddot{a})}h_5 + T_{56}^{(\ddot{a})}h_6 = 0$$

$$i = 6,\quad T_{56}^{(\ddot{a})}h_5 - 2T_{66}^{(\ddot{a})}h_6 + T_{67}^{(\ddot{a})}h_7 = 0$$

mit

$$T_{ii+1}^{(\ddot{a})} = \frac{2T_iT_{i+1}}{T_i + T_{i+1}}$$

$$T_{ii}^{(\ddot{a})} = T_i$$

Die Transmissivitäten T_i der einzelnen Volumen und die äquivalente Transmissivitäten $T_{ii+1}{}^{(ä)}$ ergeben sich zu:

$$T_i = T(x_i) = 4(1+0{,}1x_i)10^{-3}m/s$$

$$T_{01}{}^{(ä)} = \frac{2T_0T_1}{T_0+T_1} = 2T_1 \quad weil\ T_0 = \infty \qquad ,\ zusätzliches\ Volumen\ V_o$$

$$T_1 = T(x=50m) \qquad T_{12}{}^{(ä)} = \frac{2T_1T_2}{T_1+T_2}$$

$$T_2 = T(x=150m) \qquad T_{23}{}^{(ä)} = \frac{2T_2T_3}{T_2+T_3}$$

$$T_3 = T(x=250m) \qquad usw.$$

$$T_4 = T(x=350m) \quad in\, m^2/s \qquad \ldots$$

$$T_5 = T(x=450m) \qquad \ldots$$

$$T_6 = T(x=550m) \qquad \ldots$$

$$T_{67}{}^{(ä)} = \frac{2T_6T_7}{T_6+T_7} = 2T_6 \quad weil\ T_7 = \infty \qquad ,zusätzliches\ Volumen\ V_7$$

Aufstellen des Gleichungssystems

Es entsteht ein Gleichungssystem mit 6 Gleichungen und 6 Unbekannten.

$$\begin{bmatrix} -2T_{11}{}^{(ä)} & T_{12}{}^{(ä)} & 0 & 0 & 0 & 0 \\ T_{12}{}^{(ä)} & -2T_{22}{}^{(ä)} & T_{23}{}^{(ä)} & 0 & 0 & 0 \\ 0 & T_{23}{}^{(ä)} & -2T_{33}{}^{(ä)} & T_{34}{}^{(ä)} & 0 & 0 \\ 0 & 0 & T_{34}{}^{(ä)} & -2T_{44}{}^{(ä)} & T_{45}{}^{(ä)} & 0 \\ 0 & 0 & 0 & T_{45}{}^{(ä)} & -2T_{55}{}^{(ä)} & T_{56}{}^{(ä)} \\ 0 & 0 & 0 & 0 & T_{56}{}^{(ä)} & -2T_{66}{}^{(ä)} \end{bmatrix} \cdot \begin{bmatrix} h_1 \\ h_2 \\ h_3 \\ h_4 \\ h_5 \\ h_6 \end{bmatrix} = \begin{bmatrix} -T_{01}{}^{(ä)}h_0 \\ 0 \\ 0 \\ 0 \\ 0 \\ -T_{67}{}^{(ä)}h_7 \end{bmatrix}$$

Berechnung der Matrix

Das erhaltene Gleichungssystem ist schriftlich oder mit Hilfe eines Taschenrechners lösbar. Lösung ist die Piezometermatrix $[h_i]$ in der Mitte der Volumen V_i.

Darstellung der Lösungsmatrix

$$h_0 = H_0 = 10{,}000$$

$$\begin{bmatrix} h_1 \\ h_2 \\ h_3 \\ h_4 \\ h_5 \\ h_6 \end{bmatrix} = \begin{bmatrix} 8{,}643 \\ 7{,}163 \\ 6{,}387 \\ 5{,}862 \\ 5{,}465 \\ 5{,}145 \end{bmatrix} in\,[\mathrm{m}] \qquad \begin{bmatrix} x=0 \\ \\ x=50 \\ x=150 \\ x=250 \\ x=350 \\ x=450 \\ x=550 \\ \\ x=600 \end{bmatrix} in\,[\mathrm{m}]$$

$$h_7 = H_U = 5{,}000$$

5.4.4 Lösung mit Hilfe der Finiten Element Methode FEM

Diskretisierung des Gebietes

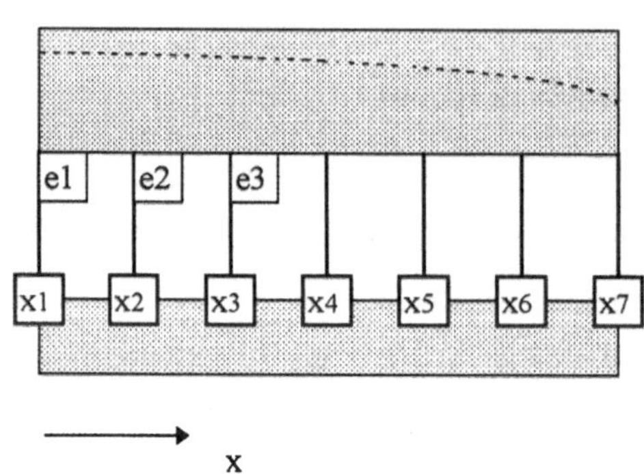

lineare Interpolation

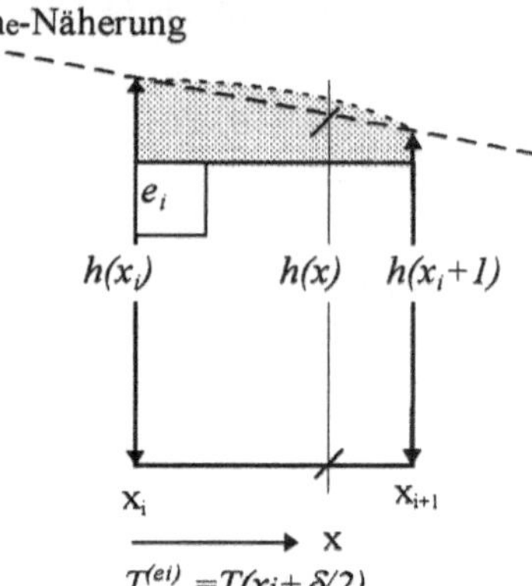

Gebietsdaten, Formulierung der RBD siehe oben (5.4.2) mit der Anmerkung, daß die Transmissivität des Elements (e_i) $T^{(ei)}$ konstant ist. $T^{(ei)} = T(x_i + \delta/2)$

Formulierung des numerischen Modells

Näherung der Lösungsfunktion $h(x)$

$$h^{(ei)}(x) = h_i \phi_i^{(ei)}(x) + h_{i+1} \phi_{i+1}^{(ei)}(x)$$

Lineare Interpolationsfunktionen

$$\phi_i^{(ei)} = \frac{x_{i+1} - x}{x_{i+1} - x_i} \quad ; \quad \phi_{i+1}^{(ei)} = \frac{x - x_i}{x_{i+1} - x_i}$$

Gleichungssystem für ein Element (e_i)

Die einzelnen Arbeitsschritte sind im Kapitel 5.3.3 (FEM) genau beschrieben.

$$\begin{bmatrix} A_{i,i}^{(e_i)} & A_{i,i+1}^{(e_i)} \\ A_{i+1,i}^{(e_i)} & A_{i+1,i+1}^{(e_i)} \end{bmatrix} \cdot \begin{bmatrix} h_i \\ h_{i+1} \end{bmatrix} = \begin{bmatrix} B_i^{(e_i)} \\ B_{i+1}^{(e_i)} \end{bmatrix}$$

mit:

$$A_{i,i}^{(e_i)} = T^{(e_i)} \int_{x_i}^{x_{i+1}} \left(\frac{d\phi_i^{(e_i)}}{dx} \right)^2 \cdot dx = \frac{T^{(e_i)}}{\delta^{(ei)}}$$

$$A_{i,i+1}^{(e_i)} = A_{i+1,i}^{(e_i)} = T^{(e_i)} \int_{x_i}^{x_{i+1}} \left(\frac{d\phi_i^{(e_i)}}{dx} \right) \left(\frac{d\phi_{i+1}^{(e_i)}}{dx} \right) dx = -\frac{T^{(e_i)}}{\delta^{(ei)}}$$

$$A_{i+1,i+1}^{(e_i)} = T^{(e_i)} \int_{x_i}^{x_{i+1}} \left(\frac{d\phi_{i+1}^{(e_i)}}{dx} \right)^2 dx = \frac{T^{(e_i)}}{\delta^{(ei)}}$$

$$B_i^{(e_i)} = B_{i+1}^{(e_i)} = 0 \quad \textit{keine} \quad \textit{Leakage}$$

wobei

$$T^{(ei)} = T(x = x_i + \delta/2) = 4 \cdot (1 + 0{,}1 \cdot x_i + \frac{\delta}{2}) \cdot 10^{-3} m/s = T_i$$

mit

$$T_1 = T(x = 50m) = 0{,}024$$
$$T_2 = T(x = 150m) = 0{,}064$$
$$T_3 = T(x = 250m) = 0{,}104 \quad in\, m^2/s$$
$$T_4 = T(x = 350m) = 0{,}144$$
$$T_5 = T(x = 450m) = 0{,}184$$
$$T_6 = T(x = 550m) = 0{,}224$$

Aufstellen des Gleichungssystems durch Zusammenstellung der Elementgleichungen

$$\begin{bmatrix} T_1 & -T_1 & 0 & 0 & 0 & 0 & 0 \\ -T_1 & T_1+T_2 & -T_2 & 0 & 0 & 0 & 0 \\ 0 & -T_2 & T_2+T_3 & -T_3 & 0 & 0 & 0 \\ 0 & 0 & -T_3 & T_3+T_4 & -T_4 & 0 & 0 \\ 0 & 0 & 0 & -T_4 & T_4+T_5 & -T_5 & 0 \\ 0 & 0 & 0 & 0 & -T_5 & T_5+T_6 & -T_6 \\ 0 & 0 & 0 & 0 & 0 & -T_6 & T_7 \end{bmatrix} \begin{bmatrix} h_1 \\ h_2 \\ h_3 \\ h_4 \\ h_5 \\ h_6 \\ h_7 \end{bmatrix} = \begin{bmatrix} 0 \\ 0 \\ 0 \\ 0 \\ 0 \\ 0 \\ 0 \end{bmatrix}$$

Da h_1 und h_2 aus den Randbedingungen bekannt sind, können die erste und letzte Gleichung entfallen.

$$\begin{bmatrix} T_1+T_2 & -T_2 & 0 & 0 & 0 \\ -T_2 & T_2+T_3 & -T_3 & 0 & 0 \\ 0 & -T_3 & T_3+T_4 & -T_4 & 0 \\ 0 & 0 & -T_4 & T_4+T_5 & -T_5 \\ 0 & 0 & 0 & -T_5 & T_5+T_6 \end{bmatrix} \cdot \begin{bmatrix} h_2 \\ h_3 \\ h_4 \\ h_5 \\ h_6 \end{bmatrix} = \begin{bmatrix} -T_1 \cdot H_o \\ 0 \\ 0 \\ 0 \\ -T_6 \cdot H_u \end{bmatrix}$$

Dieses Gleichungssystem ist schriftlich oder mit Hilfe eines Taschenrechners lösbar. Lösung ist die Piezometermatrix *[h_i]*.

Darstellung der Lösungsmatrix *h(x_i)*

$$H_o = 10{,}000 \qquad \begin{bmatrix} x = 0 \end{bmatrix}$$

$$\begin{bmatrix} h_2 \\ h_3 \\ h_4 \\ h_5 \\ h_6 \end{bmatrix} = \begin{bmatrix} 7{,}512 \\ 6{,}580 \\ 6{,}006 \\ 5{,}591 \\ 5{,}266 \end{bmatrix} in\,[m] \qquad \begin{bmatrix} x = 100 \\ x = 200 \\ x = 300 \\ x = 400 \\ x = 500 \end{bmatrix} in\,[m]$$

$$H_u = 5{,}000 \qquad \begin{bmatrix} x = 600 \end{bmatrix}$$

Die Ergebnisse sind identisch mit denen der FDM.

5.4.5 Lösung durch Integration (analytisches Verfahren)

Es gelten gleiche Bedingungen wie bei den numerischen Verfahren

gespannter Leiter 1D

stationäre Strömung mit

$h(0) = H_o = 10m$

$h(L) = H_u = 5m$

$m_a = 4m$

$L = 600m$

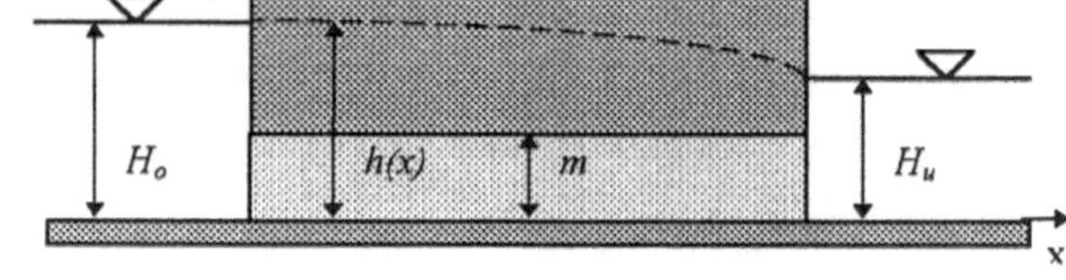

Es gelten folgende Gleichungen

DARCY	*Konti*	*DGL*
$v = v_x = -k_f \frac{dh}{dx}$	$\frac{d(v_x m)}{dx} = 0$	$\frac{d}{dx}(-k_f m \frac{dh}{dx}) = 0$ $\frac{d}{dx}(T(x)\frac{dh}{dx}) = 0$

Da *T(x)* eine gegebene lineare Funktion ist,

$$T(x) = 4(1+0{,}1x)10^{-3},$$

ist es möglich, eine direkte Integration der DGL durchzuführen

$$\frac{d}{dx}(T(x)\frac{dh}{dx}) = 0 \rightarrow T(x)\frac{dh}{dx} = c_1 \qquad I_1$$

$$\rightarrow \quad dh = c_1 \frac{dx}{T(x)}$$

$$h(x) = c_1 \int \frac{dx}{T(x)} + c_2 \qquad I_2$$

$$\int \frac{dx}{T(x)} = \frac{10^3}{4} \int \frac{dx}{1+0{,}1x} = \frac{10^2}{4} ln(1+0{,}1x)$$

Lösungsfunktion

$$h(x) = \frac{10^2 c_1}{4} ln(1+0{,}1x) + c_2$$

Randbedingung

$$h(0) = H_o = 10m \quad \Rightarrow \quad c_2 = 10$$
$$h(600) = H_u = 5m \quad \Rightarrow \quad c_1 = -0{,}048$$

Lösungsfunktion in geschlossener Form - analytische exakte Lösung (ANEX)

$$h(x) = 10 - 1{,}216\, ln(1+0{,}1x) \quad x \in [0, L]$$

5.4.6 Vergleich der Ergebnisse

Ergebnistabelle der Lösungsfunktionen h_i

Verfahren	ANEX	FDM B_1	FEM	FVM*)
Reihe	R4	R1	R2	R3
x in m	h(x)	h(x)	h(x)	h(x)
0	10,000	10,000	10,000	10,000
100	7,083	7,512	7,512	7,903
200	6,297	6,580	6,580	6,775
300	5,823	6,006	6,006	6,125
400	5,483	5,591	5,591	5,664
500	5,218	5,266	5,266	5,305
600	5,000	5,000	5,000	5,000

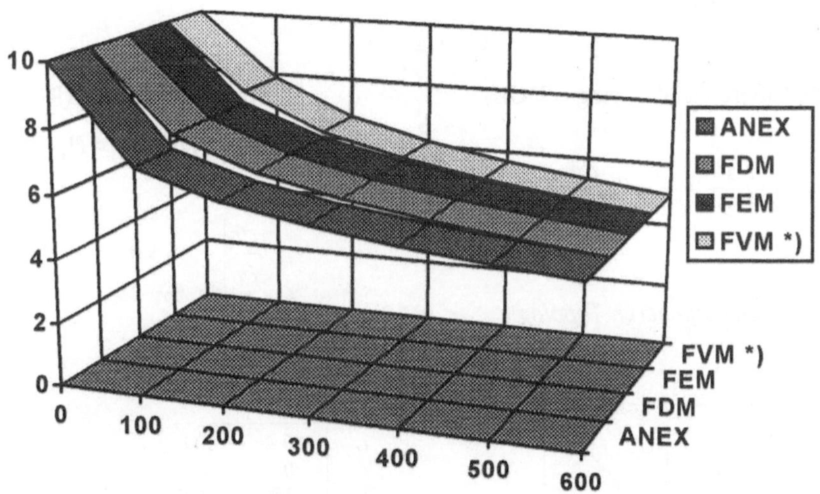

Abbildung 5-30 Gegenüberstellung der Ergebnisse

*) umgerechnete Werte für die Knoten x_i durch lineare Interpolation

Die Abweichungen werden besonders von den unterschiedlichen Näherungsansätzen der Transmissivität verursacht.

5.5 Numerisches Berechnungsbeispiel für 2D Strömungsprobleme mit FEM

In diesem Beispiel wird der Aufbau des Elementgleichungssystems und des Gesamtgleichungssystems illustriert. Zu diesem Zweck wird ein einfaches Strömungsproblem und eine sehr grobe Diskretisierung mit vier Elementen angenommen (Beispiel zu 5.3.3.3).

Schematisierung

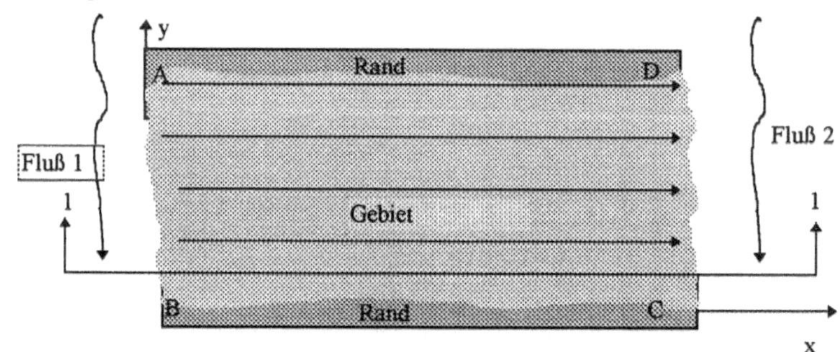

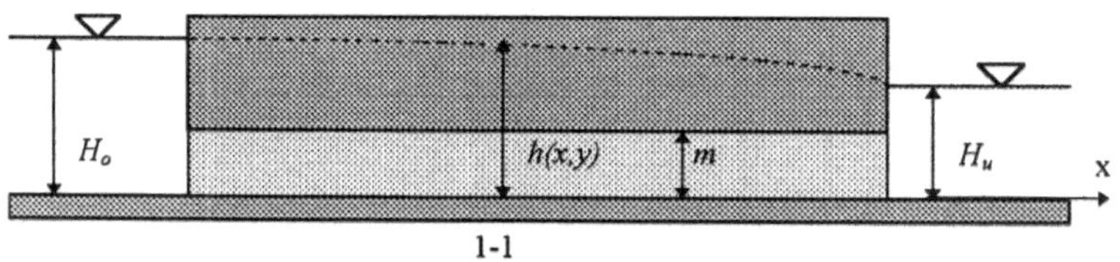

Gebietsbestimmung

$$G = \{(x,y) \mid 0 \le x \le 200 \quad , \quad 0 \le y \le 100 \}$$

Partielle Differentialgleichung (PDGL)

$$\frac{\partial}{\partial x}(T\frac{\partial h}{\partial x})+\frac{\partial}{\partial y}(T\frac{\partial h}{\partial y})=0$$

Randbedingungen (RBD)

$$h|_{AB} = H_o \quad h|_{CD} = H_u$$

$$\left.\frac{\partial h}{\partial n}\right|_{AD \cup BC} = 0$$

Diskretisierung und deren Topologie

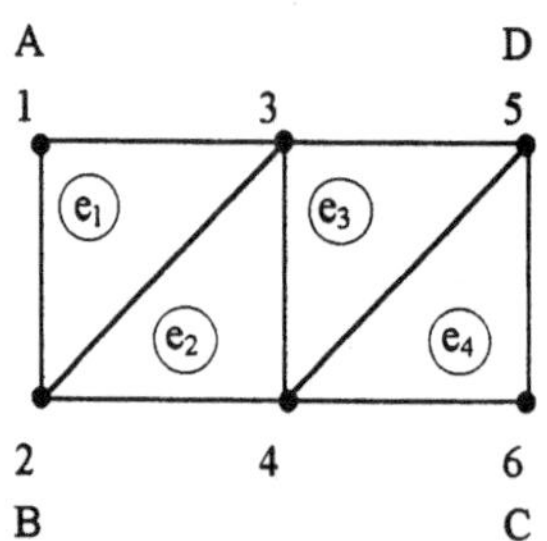

Knoten Nr.	x	y
1	0	100
2	0	0
3	100	100
4	100	0
5	200	100
6	200	0

Element Nr.	zugeornete Knoten		
1	1	2	3
2	2	4	3
3	3	4	5
4	4	6	5

Parameter

Transmissivität	$T = 10^{-2} m^2 / s$
Randzufluß	$q_R = 0$
Elementoberfläche	$A^{(e)} = \frac{1}{2} 100 \cdot 100 = \frac{1}{2} 10^4 m^2$
Randbedingungen	$h_1 = h_2 = H_o = 15m \quad ; \quad h_5 = h_6 = H_u = 5m$

Interpolationsfunktionen für die finiten Elemente (e_i)

(e_1) $\widetilde{h}(x,y) = h_1\phi_1^{(e_1)} + h_2\phi_2^{(e_1)} + h_3\phi_3^{(e_1)}$

$$mit \quad \phi_1^{(e_1)} = \frac{1}{100}(y-x) \quad ; \quad \phi_2^{(e_1)} = \frac{1}{100}(100-y) \quad ; \quad \phi_3^{(e_1)} = \frac{x}{100}$$

(e_2) $\widetilde{h}(x,y) = h_2\phi_2^{(e_2)} + h_4\phi_4^{(e_2)} + h_3\phi_3^{(e_2)}$

$$mit \quad \phi_1^{(e_2)} = \frac{1}{100}(100-x) \quad ; \quad \phi_4^{(e_2)} = \frac{1}{100}(x-y) \quad ; \quad \phi_3^{(e_2)} = \frac{y}{100}$$

(e_3) $\widetilde{h}(x,y) = h_3\phi_3^{(e_3)} + h_4\phi_4^{(e_3)} + h_5\phi_5^{(e_3)}$

$$mit \quad \phi_3^{(e_3)} = \frac{1}{100}(y-x+100) \quad ; \quad \phi_4^{(e_3)} = \frac{1}{100}(100-y) \quad ; \quad \phi_5^{(e_3)} = \frac{1}{100}(x-100)$$

(e_4) $\widetilde{h}(x,y) = h_4\phi_4^{(e_4)} + h_6\phi_6^{(e_4)} + h_5\phi_5^{(e_4)}$

$$mit \quad \phi_4^{(e_4)} = \frac{1}{100}(200-x) \quad ; \quad \phi_6^{(e_4)} = \frac{1}{100}(x-y-100) \quad ; \quad \phi_5^{(e_4)} = \frac{y}{100}$$

Ersetzt man die Koeffizienten der Interpolationsfunktionen in den Elementmatrizen $A^{(ei)}$, so erhält man die Element- Gleichungssysteme.

Element-Gleichungssysteme

$$S^{(e_1)} \cdot H^{(e_1)} = B^{(e_1)} \quad \Rightarrow \quad \frac{1}{200}\begin{bmatrix} 2 & -1 & -1 \\ -1 & 1 & 0 \\ -1 & 0 & 1 \end{bmatrix}\begin{bmatrix} h_1 \\ h_2 \\ h_3 \end{bmatrix} = \begin{bmatrix} 0 \\ 0 \\ 0 \end{bmatrix}$$

$$S^{(e_2)} \cdot H^{(e_2)} = B^{(e_2)} \quad \Rightarrow \quad \frac{1}{200}\begin{bmatrix} 1 & -1 & 0 \\ -1 & 2 & -1 \\ 0 & -1 & 1 \end{bmatrix}\begin{bmatrix} h_2 \\ h_4 \\ h_3 \end{bmatrix} = \begin{bmatrix} 0 \\ 0 \\ 0 \end{bmatrix}$$

$$S^{(e_3)} \cdot H^{(e_3)} = B^{(e_3)} \quad \Rightarrow \quad \frac{1}{200}\begin{bmatrix} 2 & -1 & -1 \\ -1 & 1 & 0 \\ -1 & 0 & 1 \end{bmatrix}\begin{bmatrix} h_3 \\ h_4 \\ h_5 \end{bmatrix} = \begin{bmatrix} 0 \\ 0 \\ 0 \end{bmatrix}$$

$$S^{(e_4)} \cdot H^{(e_4)} = B^{(e_4)} \quad \Rightarrow \quad \frac{1}{200}\begin{bmatrix} 1 & -1 & 0 \\ -1 & 2 & -1 \\ 0 & -1 & 1 \end{bmatrix}\begin{bmatrix} h_4 \\ h_6 \\ h_5 \end{bmatrix} = \begin{bmatrix} 0 \\ 0 \\ 0 \end{bmatrix}$$

Durch Anordnung in Reihenfolge der Indizierung und Einbau durch die Addition der Elementmatrizen in eine globale Matrix entsprechend der Topologie erhält man ein Gleichungssystem der Form

$$\begin{bmatrix} 2 & -1 & -1 & 0 & 0 & 0 \\ -1 & 2 & 0 & -1 & 0 & 0 \\ -1 & 0 & 4 & -2 & -1 & 0 \\ 0 & -1 & -2 & 4 & 0 & -1 \\ 0 & 0 & -1 & 0 & 2 & -1 \\ 0 & 0 & 0 & 1 & -1 & 2 \end{bmatrix} \begin{bmatrix} h_1 \\ h_2 \\ h_3 \\ h_4 \\ h_5 \\ h_6 \end{bmatrix} = \begin{bmatrix} 0 \\ 0 \\ 0 \\ 0 \\ 0 \\ 0 \end{bmatrix}$$

Berücksichtigt man nun noch die Randbedingungen

$h_1 = h_2 = H_0 = 15$ m

$h_5 = h_6 = H_u = 5$ m,

bleiben nur die den unbekannten Standrohrspiegelhöhen entsprechenden Gleichungen

$$\begin{bmatrix} 4 & -2 \\ -2 & 4 \end{bmatrix} \begin{bmatrix} h_3 \\ h_4 \end{bmatrix} = \begin{bmatrix} 15+5 \\ 15+5 \end{bmatrix} = \begin{bmatrix} 20 \\ 20 \end{bmatrix}$$

und das erwartete Ergebnis

$h_3 = h_4 = 10{,}0\ m.$

6 Modellierung der Schadstofftransportvorgänge im Grundwasser

6.1 Allgemeine Betrachtungen

Die zunehmende industrielle und landwirtschaftliche Aktivität in den letzten Jahrhunderten ist mit dem Umschlag einer großen Anzahl von grundwassergefährdenden Schadstoffen in großen Mengen verbunden. Diese stellen zusammen mit den über Jahrzehnte entstandenen Altablagerungen für das Grundwasser ein großes Verschmutzungspotential dar.

Verschmutzungen / Kontamination des Grundwassers [DVWK 1981,1983,1985]

- bakterielle Kontamination
- Ölverschmutzung
- leichtflüchtige chlorierte Kohlenwasserstoffe (CKW)
  - flächenmäßig ausgebreitete Verschmutzung
  - große Persistenz unter Aquiferbedingungen
  - Beweglichkeit in gelöster Form
  - hohes Gefährdungspotential
- Nitratverschmutzung und Pflanzenschutzmittel, besonders infolge intensiver landwirtschaftlicher Aktivität (Steigerung von 0.5 - 3 mg/a)
- Halden und Altablagerungen (Deponieanlagen); auch „Zeitbombeneffekt" durch zufälliges Versagen von gelagerten Behältern

Die Einleitung und Ausbreitung von Schadstoffen im Untergrund ist vielseitig und verläuft je nach Eintragsart, Aquifertyp, Strömungsart u.a. unterschiedlich:

- Eintragsart:
  - punktförmig
  - linienförmig
  - flächenförmig
- Art des Grundwasserleiters
  - Porengrundwasserleiter
  - Kluftgrundwasserleiter
- Charakteristische Zonen des Grundwasserleiters
  - ungesättigte Zone (vorwiegend vertikaler Transport)
  - gesättigte Zone (vorwiegend horizontaler Transport)
- Verhältnis Schadstoff - Grundwasser
  - *idealer Tracer* (Wasserinhaltsstoff, der die Wasserbewegung ohne merkbare Änderung der Massendichte der Mischung nachvollzieht und nur mechanische Wechselwirkung mit dem Grundwasser hat; auch gelöste CKW-Ausbreitung über einige Jahre kann als Tracer betrachtet werden [KINZELBACH (1986)]

- *nicht mischbare Schadstoffe in Phase* (z.B. Erdölprodukte oder CKW; Eintrag und Transport „in Phase" → Mehrphasenströmung, kurze Migrationswege)
- *gelöste mischbare oder nicht mischbare Schadstoffe* (zusammenfallende Transport- und Strömungsvorgänge; auch Erdölprodukte und CKW durch allmähliche Lösung)
- *hydrodynamisch aktive oder inaktive Konzentrationen des Schadstoffes* (bei geringer Konzentration unabhängige Transport- und Strömungsvorgänge; bei hoher Konzentration gekoppelte Transport- und Strömungsvorgänge; bei extremer Konzentration - Transport „in Phase")
- chemische oder biologisch aktive Substanzen (Abbauprozesse und Adsorption, die später diskutiert werden)

Es gibt auch andere Bedingungen, die die Einleitung wesentlich beeinflussen, wie z.B. der Aggregatzustand, die relative Dichte und die Wasserlöslichkeit. Die Struktur und die Schichtung des Grundwasserleiters kann ebenfalls die Einleitungs- und Ausbreitungsvorgänge der Schadstoffe wesentlich beeinflussen. Eine anschauliche Darstellung der oben erwähnten Parameter ist in Abbildung 6-1 skizziert.

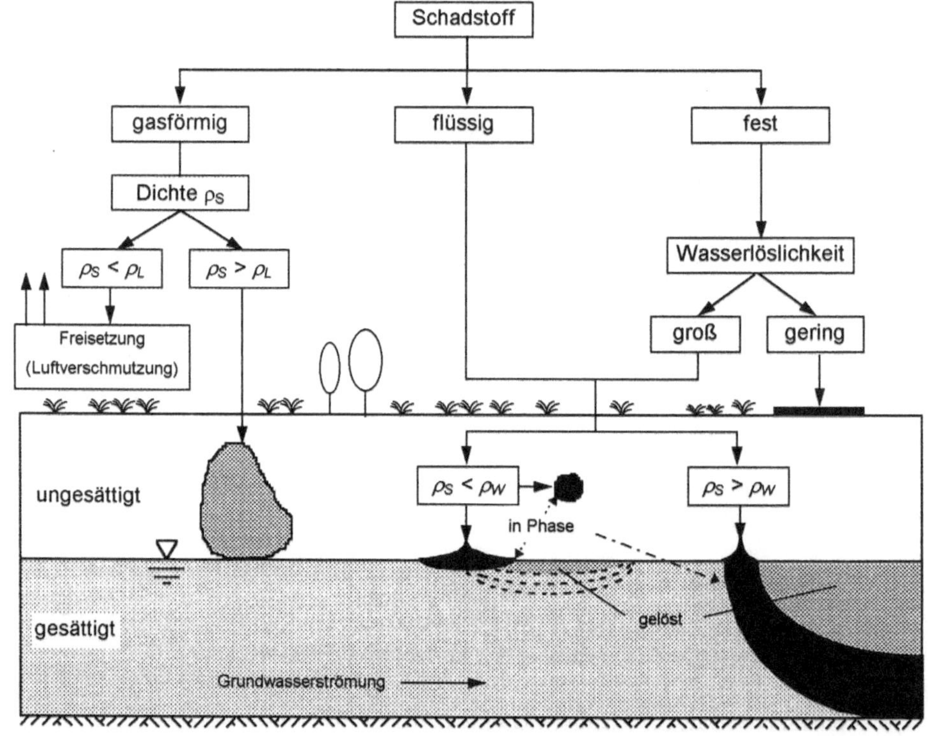

Abbildung 6-1 Aggregatzustand, relative Dichte und Wasserlöslichkeit (geänderte und vereinfachte Form der generalisierten Migrationsklassifizierung - LTWS-90b, ROTTGART u.a. 1993)

ρ_S Dichte des Schadstoffes, ρ_L Dichte der Luft, ρ_W Dichte des Wassers

Abbildung 6-2 stellt Beispiele zum Einfluß der Schichtung im Untergrund dar.

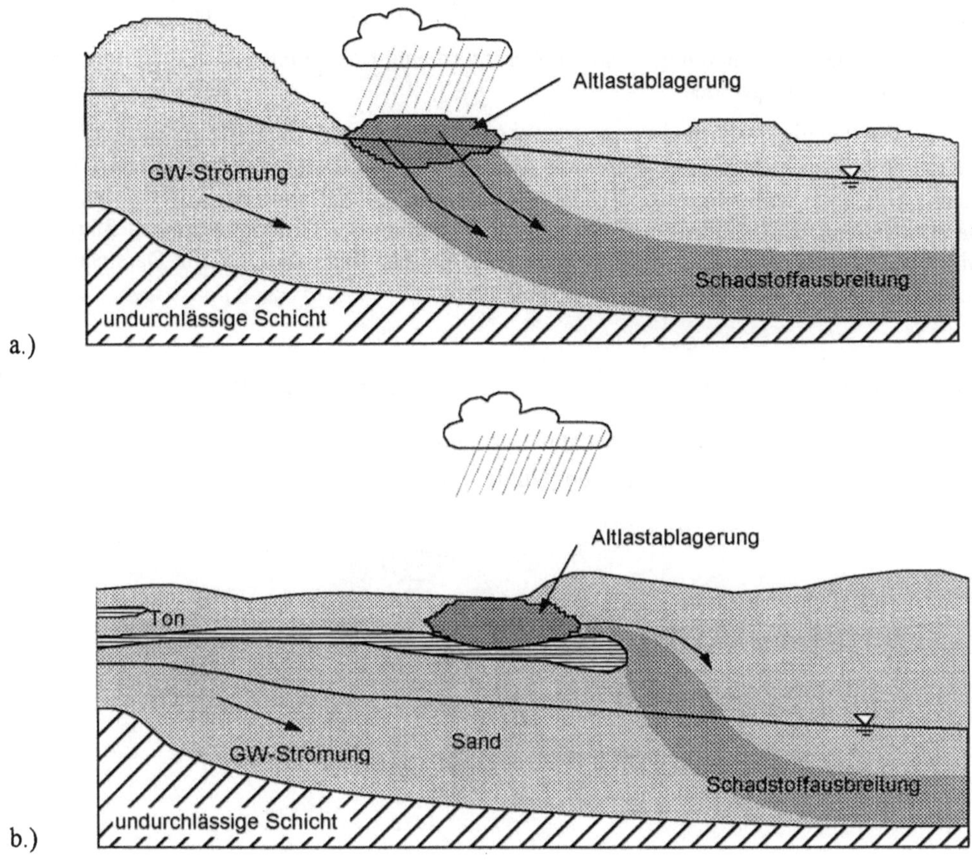

Abbildung 6-2 Beispiel zum Einleitungs- und Ausbreitungsvorgang von Schadstoffen ins Grundwasser (US Environmental Protection Agency 1977):
a.) direkter Kontakt der Ablagerung mit dem Grundwasserleiter
b.) untere Tonabdichtung, indirekte Verschmutzung des Grundwassers

6.2 Beschreibung und mathematische Darstellung der Transportprozesse

6.2.1 Allgemeine Betrachtungen über die Wechselwirkung Schadstoff-Transport - Strömung

Von den unterschiedlichen Transportvorgängen werden im Rahmen dieser Arbeit der Transport- und der Ausbreitungsvorgang gelöster Schadstoffe im gesättigten Grundwasserleiter betrachtet.

Beide Prozesse, Grundwasserströmung und Schadstofftransport im Grundwasser, sind gekoppelte Vorgänge, die sich gegenseitig beeinflussen können.

Die Beschreibung und mathematische Darstellung der Strömungsvorgänge wurden im Kapitel 2 vorgestellt. Die Grundlagen dieser Darstellung, d.h. die Betrachtung und Gegenüberstellung der Mikro- und Makrostruktur des Grundwasserleiters und die Einführung des Kontinuumsmodells (Mitteilung über das REV), werden für alle Prozesse beibehalten.

Zusätzlich sollen auch Inhomogenitäten höherer Ordnung (lokale mit 10^0 m und regionale mit 10^3 m) berücksichtigt werden.

Für die Darstellung der Grundwasserströmung werden grundsätzlich die in Kapitel 2 vorgestellten Grundgleichungen angewandt. Ein gelöster Schadstoff kann aber einige der physikalischen Größen der Mischung wie z.B. die Massendichte *(ρ)* und die Viskosität *(μ)* des Grundwassers wesentlich beeinflussen und somit zur Änderung der Grundgleichungen führen. Als wichtigste, dem Kontinuumsmodell zugeordnete, physikalische Größen zur Darstellung des Schadstoffinhaltes sind die folgenden zu erwähnen:

- die Konzentration der im Grundwasser gelösten Substanz (Schadstoff)

Mikrostruktur: $c_f^* = \frac{\text{Masse der Substanz}}{\text{Volumen des Fluids}} \left[\frac{mgr_S}{m_F^3}\right]$

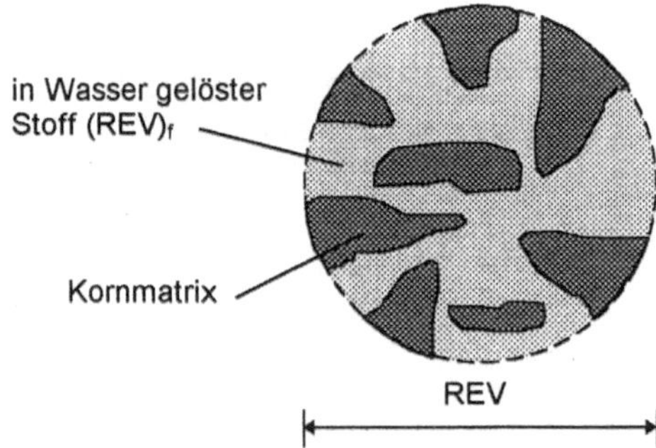

Mittelung über das (REV)f (Fluidanteil)

$$c = \frac{1}{(V_{REV})_f} \int_{(V_{REV})_f} c_f^* dV_f$$

Mittelung über das REV (Gesamtvolumen)

$$\tilde{c} = \frac{1}{V_{REV}} \int_{V_{REV}} c_f^* dV = cn_e \left[\frac{mgr_S}{m^3}\right]$$

- die Masse der gelösten Substanz in einem Kontrollvolumen V des Grundwasserleiters

$$M_s(V) = \int_V cn_e dV$$

mit n_e effektive Porosität

- die Massendichte ρ_M der Mischung Grundwasser und gelöste Substanz, belastetes Grundwasser

$$\rho_M = \rho + (1 - \frac{\rho}{\rho_s})c = \rho_M(c)$$

mit ρ Massendichte des Wassers

ρ_S Massendichte der Substanz

- die dynamische Viskosität des belasteten Grundwassers

$$\mu_M = \mu_M(c)$$

Durch μ_M wird auch die Durchlässigkeit geändert.

Berücksichtigt man, daß der Durchlässigkeitstensor $\vec{\vec{k}}_f$ den folgenden Ausdruck hat

$$\vec{\vec{k}}_f = \frac{\rho \cdot g}{\mu} \vec{\vec{K}}$$

mit $\vec{\vec{K}}$ der Permeabilitätstensor, der nur von der Kornmatrix- und Porenraumstruktur abhängig ist, folgt

$$\vec{\vec{k}}_{fM} = \frac{\mu}{\mu_M} \frac{\rho_M}{\rho} \vec{\vec{k}}_f = \vec{\vec{k}}_{fM}(c).$$

Diese Einflüsse der Schadstoffkonzentration führen zur Änderung der **Grundgleichungen** der Grundwasserströmung:

- **das verallgemeinerte DARCY-Gesetz**

$$\vec{v} = -\vec{\vec{k}}_{fM}\left[\nabla h + \left(\frac{\rho_M}{\rho} - 1\right)\nabla z\right] \qquad h = \frac{p}{\rho g} + z$$

- **die Kontinuitätsgleichung**

a gespannter Grundwasserleiter

$$\rho_M S \frac{\partial h}{\partial t} + \nabla \cdot (\rho_M \vec{v}) = 0 \quad \text{bzw. wenn } S \to 0 \qquad \nabla \cdot (\rho_M \vec{v}) = 0$$

mit

S Speicherkoeffizient

b ungespannter Grundwasserleiter (1D und 2D Grundwasserströmung mit freier Oberfläche, D.-F.-Annahme)

$$\rho_M n_e \frac{\partial h}{\partial t} + \nabla \cdot (\rho_M h \vec{v}) = 0$$

mit h Mächtigkeit des Grundwassers die im Falle der D.-F.-Annahme gleich mit der Standrohrspiegelhöhe ist ($h=h(x,t)$ bzw. $h=h(x,y,t)$)

Man bemerkt, daß man aus diesen verallgemeinerten Formeln der Grundgleichungen im Falle einer vernachlässigbaren Belastung des Grundwassers, d.h. wenn

$$\rho_M(c) \cong \rho = konst\,; \quad \mu_M(c) \cong \mu = konst\,,$$

die im Kapitel 2 vorgestellten Grundgleichungen erhält.

In diesem Fall, der in der Praxis vorwiegend auftritt, sind die Strömungsvorgänge von dem im Grundwasser gelösten Schadstoff unabhängig. Im Gegensatz dazu werden die Transportvorgänge des Schadstoffes von der Grundwasserströmung wesentlich beeinflußt und bestimmt.

6.2.2 Beschreibung und mathematische Darstellung der wichtigsten Transportprozesse

Die wichtigsten transportrelevanten Prozesse gelöster Schadstoffe in einem gesättigten Grundwasserleiter sind:

- Konvektion oder Advektion
- molekulare Diffusion
- Dispersion
  - korngerüstbedingte Dispersion (10^{-3} m)
  - kleinskalige Makrodispersion (10^{0} m)
  - megaskalige Makrodispersion (10^{3} m)
- Adsorption, Desorption
- Abbauprozesse (chemische, biologische Reaktionen, radioaktiver Zerfall u.a.)

6.2.2.1 Konvektion (Advektion)

Unter Konvektion oder Advektion versteht man die Bewegung eines gelösten Stoffes mit der über die REA (repräsentative Elementarfläche) ermittelte Abstandsgeschwindigkeit $\tilde{\vec{v}}_a$ der Grundwasserströmung. Da die Abstandsgeschwindigkeit eine dem idealisierten Kontinuumsmodell angeordnete physikalische Größe ist, stellt die Konvektion einen idealisierten Transport des Schadstoffes dar, bei dem die tatsächlichen korngerüstbedingten gekrümmten Bahnlinien durch idealisierte mittlere Bahnlinien ersetzt sind (idealer Tracer).

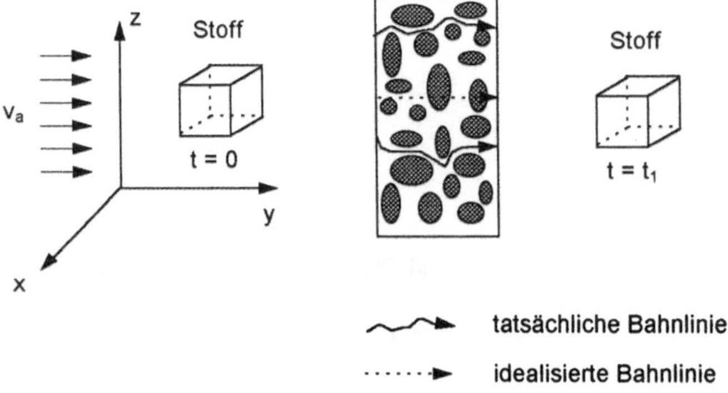

Abbildung 6-3 Schematische Darstellung des advektiven Transports

Für die mathematische Darstellung der Konvektion (Advektion) wird eine neue physikalische Größe definiert.

- der advektive Stoffmassenstromvektor

$$\tilde{\vec{q}}_K = n_e \tilde{c} \tilde{\vec{v}}_a = \tilde{c} \tilde{\vec{v}} \; ; \; < \vec{q}_k > = \frac{kg}{m^2 s}$$

mit $\tilde{\vec{v}}_a$ Abstandsgeschwindigkeitsvektor

($\tilde{\vec{v}}_a$ bezieht sich auf die durchflußwirksame Querschnittsfläche, die für die Einheitsfläche gleich n_e ist)

$\tilde{\vec{v}}$ Filtergeschwindigkeitsvektor ($\tilde{\vec{v}} = n_e \tilde{\vec{v}}_a$)

($\tilde{\vec{v}}$ bezieht sich auf die gesamte Querschnittsfläche)

Der Reduktionsfaktor „n_e" steht für den Zusammenhang, daß im Aquifer nur der Porenanteil einer Fläche für den Durchstrom zur Verfügung steht. Der Betrag des Stoffmassenstromvektors stellt den Stofffluß durch die Einheitsfläche senkrecht zur Strömungsrichtung dar.

Der advektive Stoffmassenstrom durch eine Fläche A ergibt sich aus dem Integral

$$Q_K = \int_A \vec{n} \cdot \tilde{\vec{q}}_k dA$$

mit $\vec{n}$ äußerer Normaleneinheitsvektor in einem beliebigen Punkt der Fläche A.

6.2.2.2 Molekulare Diffusion

Stoffteilchen im Wasser „wandern" durch die BROWN'sche Molekularbewegung von Orten höherer Konzentration in Orte niedriger Konzentration.

- im Porenraum (Mikrostruktur „*") gilt das FICK'sche Gesetz

$$\vec{q}^*_{Df} = - D^*_m grad^* C^* = - D^*_m \nabla^* C^*$$

$\vec{q}^*_{Df}$ diffusiver Stoffmassenstromvektor (Mikrostruktur)

D^*_m molekularer Diffusionskoeffizient

(z.B. für NaCl im Wasser bei 20°C $D^*_m = 10^{-9} \frac{m^2}{s}$)

„*" bezeichnet die Mikrostruktur

- im Grundwasserleiter (Kontinuumsmodell, Makrostruktur) folgt durch Volumenermittlung über das REV

$$\vec{q}_{Df} = \tilde{\vec{q}}_{Df} = - n_e D_m \nabla C ,$$

wobei

$\vec{q}_{Df}$ den dem Aquifer (Kontinuumsmodell) zugeordneten, über das REV gemittelten, diffusiven Stoffmassenstromvektor bezeichnet.

Der Reduktionsfaktor „n_e" bedeutet hierbei, daß im Aquifer nur der poröse Anteil einer Fläche für die Diffusion zur Verfügung steht.

6.2.2.3 Dispersion

Beschreibung

Die Dispersion wird durch Schwankungen (Abweichungen), nach Richtung und Betrag der Geschwindigkeit und der Schadstoffverteilung, verursacht, die der mittleren advektiven Bewegung und dem Transport überlagert sind. Diese Abweichungen und deren Auswirkung auf die Transportprozesse lassen sich mit entsprechend zunehmenden Längenmaßstäben klassifizieren (Abb. 6-4, KINZELBACH 1987).

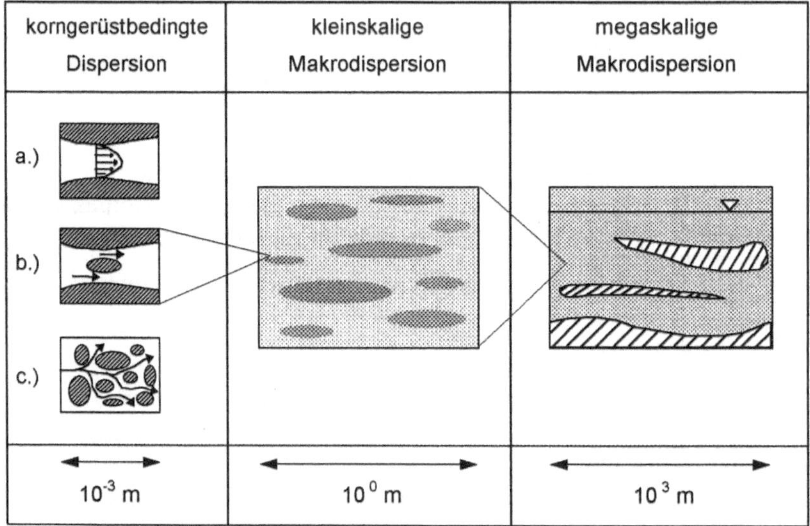

Abbildung 6-4 Gegenüberstellung zunehmender Längenmaßstäbe zur Beschreibung der Dispersion

Die *korngerüstbedingte Dispersion* ist von den

- ungleichförmigen Geschwindigkeitsprofilen innerhalb der Poren (a)
- unterschiedlichen Porenquerschnitten (b)
- Abweichung von der Hauptfließrichtung (c)

abhängig.

In Abbildung 6-5 ist die Auswirkung der Dispersion über den Schadstofftransport, im Falle einer mittleren advektiven Bewegung mit konstanter Abstandsgeschwindigkeit, dargestellt.

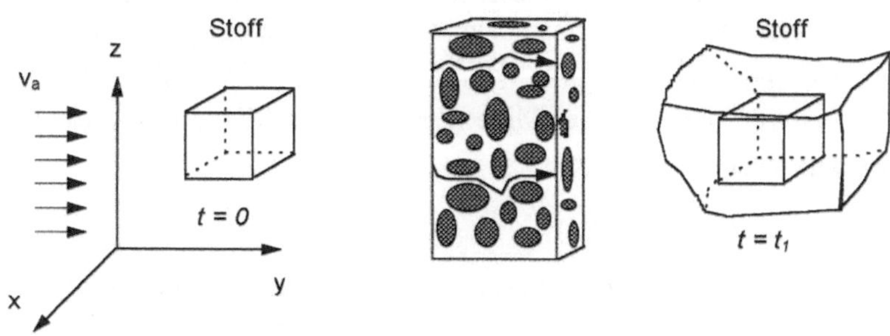

Abbildung 6-5 Schematische Darstellung der Auswirkung der Dispersion im Falle einer gleichförmigen Konvektion

Man bemerkt, daß die o.g. Abweichung der Geschwindigkeit und Fließrichtung zu einer Aufweitung und Vermischung der Schadstoffverteilung führt, die als Dispersion bezeichnet wird. In Abbildung 6-6 ist eine schematische Darstellung dieser Effekte im Falle einer impulsartigen Schadstoffeinleitung in einer gleichförmigen Grundwasserströmung skizziert. Da die Schadstoffmenge konstant bleibt, führt die Dispersion zur Abnahme der Konzentration.

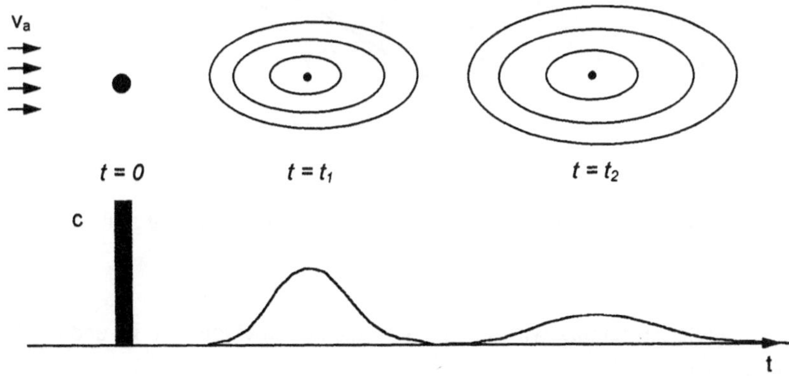

Abbildung 6-6 Schematische Darstellung der Konzentrationsabnahme infolge Dispersion

Die **Makrodispersion** wird durch die kleinskaligen und megaskaligen Inhomogenitäten der Durchlässigkeit und durch die damit verbundenen Fließgeschwindigkeitsvariationen verursacht. Somit ist die Auswirkung der Makrodispersion auf den Transportvorgang und deren prinzipiellen Darstellung der korngerüstbedingten Dispersion ähnlich und eine einheitliche mathematische Darstellung der Dispersion möglich.

Mathematische Darstellung der Dispersion

Bei der mathematischen Darstellung der Dispersion bemerkt man, daß durch die Mittelung über das REV (Repräsentatives Elementarvolumen) oder die REA (Repräsentative Elementarfläche) eine intensive physikalische Größe $G(\vec{r}^*,t;\vec{r})$ innerhalb des REV's bzw. der REA als Summe des Mittelwerts $\widetilde{G}(\vec{r},t)$ in der Mitte (Zentroid) des REV's und einer Abweichung $\delta G(\vec{r}^*,t;\vec{r})$ darstellen kann:

$$G(\vec{r}^*,t;\vec{r}) = \widetilde{G}(\vec{r},t) + \delta G(\vec{r}^*,t;\vec{r})$$

Eine solche Aufteilung ist für die Abstandsgeschwindigkeit in Abbildung 6-7 skizziert.

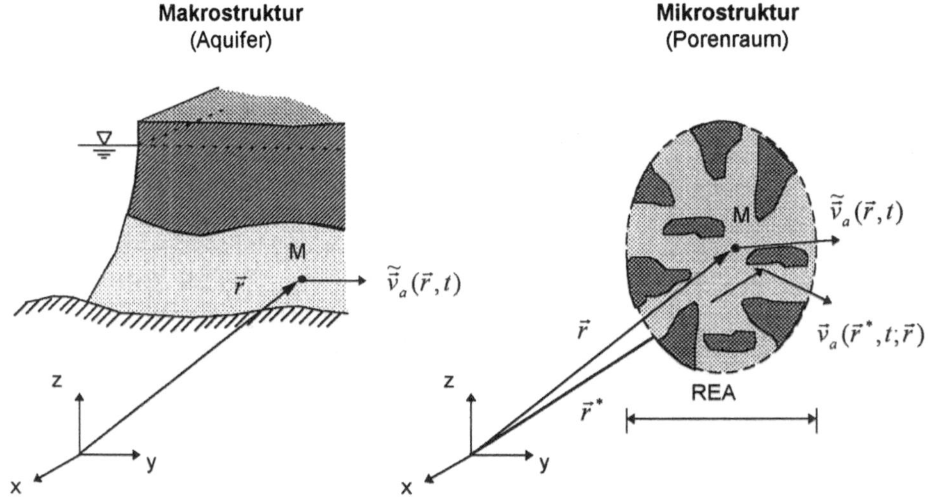

Abbildung 6-7 Gegenüberstellung der Mikro- und Makrostruktur des Aquifers zur Aufteilung der Abstandsgeschwindigkeit

Die oben betrachtete Aufteilung wird für die Abstandsgeschwindigkeit $\vec{v}_a$ und die Konzentration c angenommen:

$$\vec{v}_a = \widetilde{\vec{v}}_a + \delta\vec{v}_a$$

$$c = \widetilde{c} + \delta c$$

Der gesamte Stoffmassenstromvektor durch eine auf die Abstandsgeschwindigkeit $\vec{v}_a$ senkrechte Einheitsfläche wird:

$$\widetilde{\vec{q}}_g = n_e \vec{v}_a c = n_e(\widetilde{\vec{v}}_a + \delta\vec{v}_a)(\widetilde{c} + \delta c)$$

Durch die Mittelung über die REA erhält man

$$\widetilde{\vec{q}}_g = n_e \widetilde{\vec{v}}_a \widetilde{c} + n_e \widehat{\delta\vec{v}_a \delta c}$$

Es wurde berücksichtigt, daß durch die Mittelung

$$\widetilde{\tilde{\vec{v}}_a \tilde{c}} = \tilde{\vec{v}}_a \tilde{c}\ ;\ \widetilde{\tilde{\vec{v}}_a \delta c} = 0\ ;\ \widetilde{\delta \vec{v}_a \tilde{c}} = 0 \text{ und } \widetilde{\delta \vec{v}_a \delta c} \neq 0 \text{ ist.}$$

Man bemerkt, daß der gesamte Stoffmassenstromvektor ($\tilde{\vec{q}}_g$) als Summe des konvektiven Massenstromvektors ($\tilde{\vec{q}}_k$) und eines neuen zusätzlichen Massenstromvektors ($\tilde{\vec{q}}_{DS}$)

$$\tilde{\vec{q}}_{DS} = n_e \widetilde{\delta \vec{v}_a \delta c}$$

darstellen kann.

$$\tilde{\vec{q}}_g = \tilde{\vec{q}}_k + \tilde{\vec{q}}_{DS}$$

Der von den korngerüstbedingten Abweichungen verursachte *zusätzliche Stoffmassenstromvektor* ($\vec{q}_{DS}$) wird als dispersiver Stoffmassenstromvektor bezeichnet.

Für die weitere mathematische Darstellung der Dispersion kann man eine dem FICK'schen Diffusionsgesetz ähnliche Beziehung annehmen. (SCHEIDEGGER 1961, BEAR 1972, 1991). Um die Schreibweise zu vereinfachen, wird im Folgenden auf die Bezeichnung „~" verzichtet.

$$\vec{q}_{DSP} = -n_e \vec{\vec{D}}_{DS} \cdot grad\, c = -n_e \vec{\vec{D}}_{DS} \cdot \nabla c$$

mit $\vec{\vec{D}}_{DS}$ Dispersionstensor

Im allgemeinen Fall der 3D Strömung besitzt der Dispersionstensor 9 Komponenten:

$$\vec{\vec{D}}_{DS} \Rightarrow \begin{bmatrix} D_{xx} & D_{xy} & D_{xz} \\ D_{yx} & D_{yy} & D_{yz} \\ D_{zx} & D_{zy} & D_{zz} \end{bmatrix}$$

mit: $$D_{xx} = \alpha_L \frac{v_{ax}^2}{v_a} + \alpha_T \frac{v_{ay}^2 + v_{az}^2}{v_a}$$

$$D_{xy} = D_{yx} = (\alpha_L - \alpha_T)\frac{v_{ax} v_{ay}}{v_a}$$

$$D_{xz} = D_{zx} = (\alpha_L - \alpha_T)\frac{v_{ax} v_{az}}{v_a}$$

$$D_{yy} = \alpha_L \frac{v_{ay}^2}{v_a} + \alpha_T \frac{v_{ax}^2 + v_{az}^2}{v_a}$$

$$D_{yz} = D_{zy} = (\alpha_L - \alpha_T)\frac{v_{ay} v_{az}}{v_a}$$

$$D_{zz} = \alpha_L \frac{v_{az}^2}{v_a} + \alpha_T \frac{v_{ax}^2 + v_{ay}^2}{v_a}$$

α_L longitudinale Dispersivität

α_T transversale Dispersivität

Die neu eingeführten physikalischen Größen (α_L *und* α_T) sind nur von den Eigenschaften des Grundwasserleiters abhängig.

Sonderfälle:

- 1D parallele Grundwasserströmung($v_{az}=0;v_{ay}=0;v_{ax}=v_a$) und 3D Dispersion ($c=c(x,y,z;t)$), siehe Abbildung 6-8, Zone 1

$$\vec{\vec{D}}_{DS}=\begin{bmatrix} D_L & 0 & 0 \\ 0 & D_T & 0 \\ 0 & 0 & D_T \end{bmatrix}$$

mit

$$D_L=\alpha_L v_a \; ; \; D_T=\alpha_T v_a$$

als longitudinale (D_L) bzw. transversale (D_T) Dispersionskoeffizienten.

- 1D parallele Grundwasserströmung ($v_{az}=0$; $v_{ay}=0$; $v_{ax}=v_a$) und 2D Dispersion (über die Tiefe vollgemischte Substanz) ($c=c(x,y;t)$), siehe Abbildung 6-8, Zone 2

$$\vec{\vec{D}}_{DS}=\begin{bmatrix} D_L & 0 \\ 0 & D_T \end{bmatrix}$$

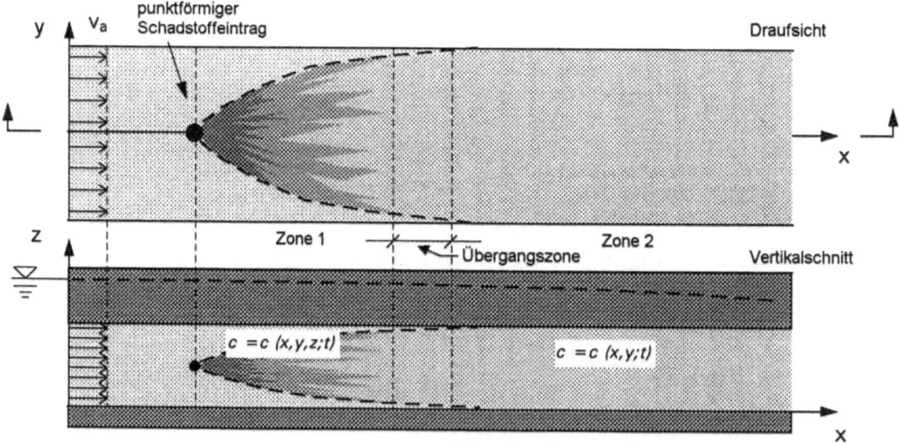

Abbildung 6-8 1D Grundwasserströmung, 3D und 2D Dispersion

- 1D Grundwasserströmung ($v_{az}=0$; $v_{ay}=0$; $v_{ax}=v_a$) und 1D Dispersion (Säulenversuch oder Längsschnitt einer parallelen Strömung mit über der Tiefe vollgemischten Substanz) ($c=c(x,t)$) $\vec{\vec{D}}_{DS}\Rightarrow D_{DS}$ (ein Skalar), siehe Abbildung 6-9

$$D_{DS}=D_L=\alpha_L v_a$$

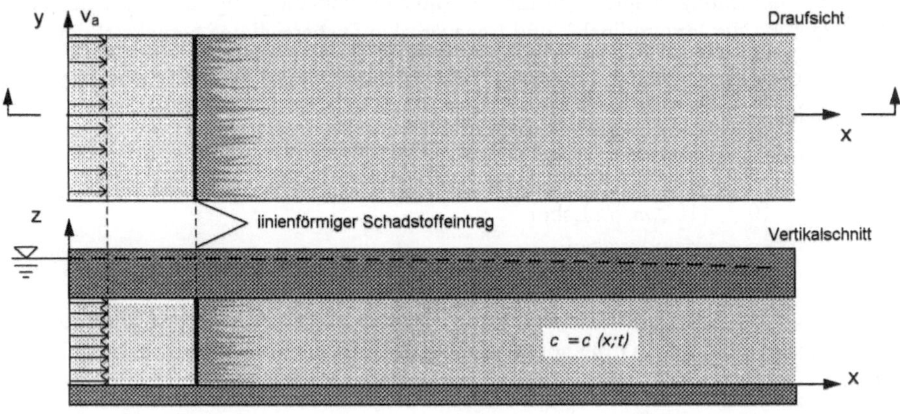

Abbildung 6-9 1D Grundwasserströmung *($v_a = v_a(x)$)* und 1D Transportvorgang

- 2D Grundwasserströmung in der horizontalen Ebene ($v_{az} = 0;\ v_{ax} \neq 0;\ v_{ay} \neq 0$) und 3D Dispersion ($c = c(x, y, z; t)$), siehe Abb. 6-10, Zone 1

$$\vec{\vec{D}} \Rightarrow \begin{bmatrix} D_{xx} & D_{xy} & 0 \\ D_{yx} & D_{yy} & 0 \\ 0 & 0 & D_{zz} \end{bmatrix}$$

- 2D Grundwasserströmung ($v_{az} = 0; v_{ax} \neq v_{ay} \neq 0$) und 2D Dispersion (über die Tiefe vollgemischte Substanz) ($c = c(x, y; t)$), siehe Abbildung 6-10, Zone 2

$$D_{xz} = D_{zx} = D_{yz} = D_{zy} = D_{zz} = 0 \ \Rightarrow \vec{\vec{D}}_{DS} \Rightarrow \begin{bmatrix} D_{xx} & D_{xy} \\ D_{yy} & D_{yy} \end{bmatrix}$$

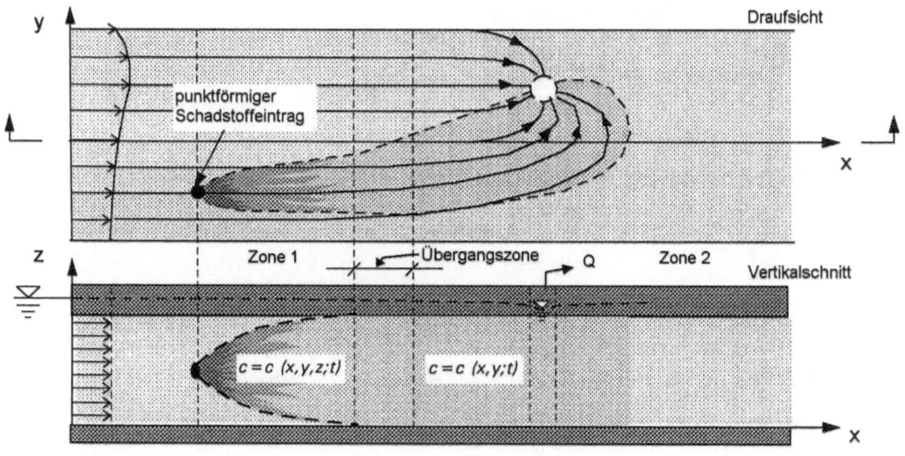

Abbildung 6-10 1D Grundwasserströmung *($v_a = v_a(x,y)$,* 3D und 2D Dispersion

Die erhaltenen Darstellungen sind auch für die Makrodispersion gültig. Der Unterschied wird durch die Änderung der longitudinalen und transversalen Dispersivitäten berücksichtigt.

Für die Größe der Dispersivitäten (α_L und α_T) werden nach FRIED (1975) drei Skalenbereiche unterschieden:

- die Skala des Säulenexperiments

  $\alpha_L = 10^{-4} \div 10^{-2} m$ im Labor

  $\alpha_L = 0.07 \div 0.69 m$ im Falle von natürlichem Untergrundmaterial

- die bei der mittleren Skala beobachteten Dispersivitäten von einigen Metern bis Dekametern sind um 4 bis 5 Größenordnungen größer als die im Säulenexperiment bestimmten

- die Skala der regionalen Schadstoffausbreitung beeinflußt wesentlich die Dispersivität

In Abbildung 6-11 sind im Feld bestimmte Längsdispersivitäten aus unterschiedlichen Untersuchungen nach BEIMS (1983) dargestellt.

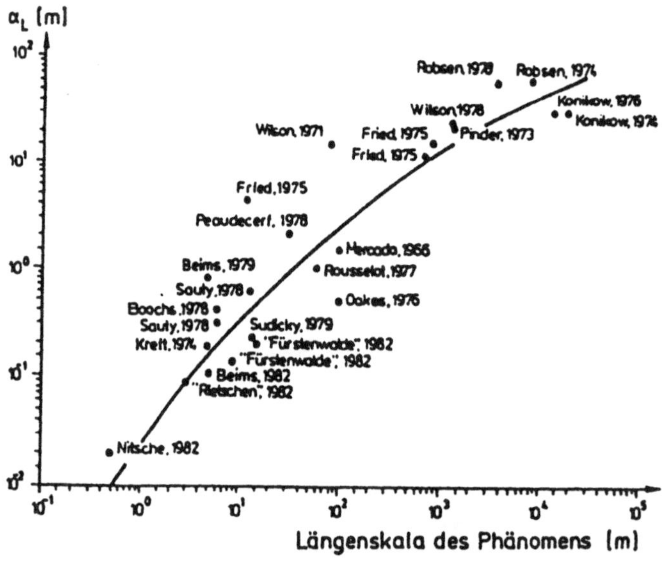

Abbildung 6-11 Skalenabhängigkeit der Dispersivität nach BEIMS (1983)

Für die Abschätzung der korngerüstbedingten Dispersivitäten können die in Abbildung 6-12 zusammengefaßten Ergebnisse umfangreicher Laborexperimente berücksichtigt werden.

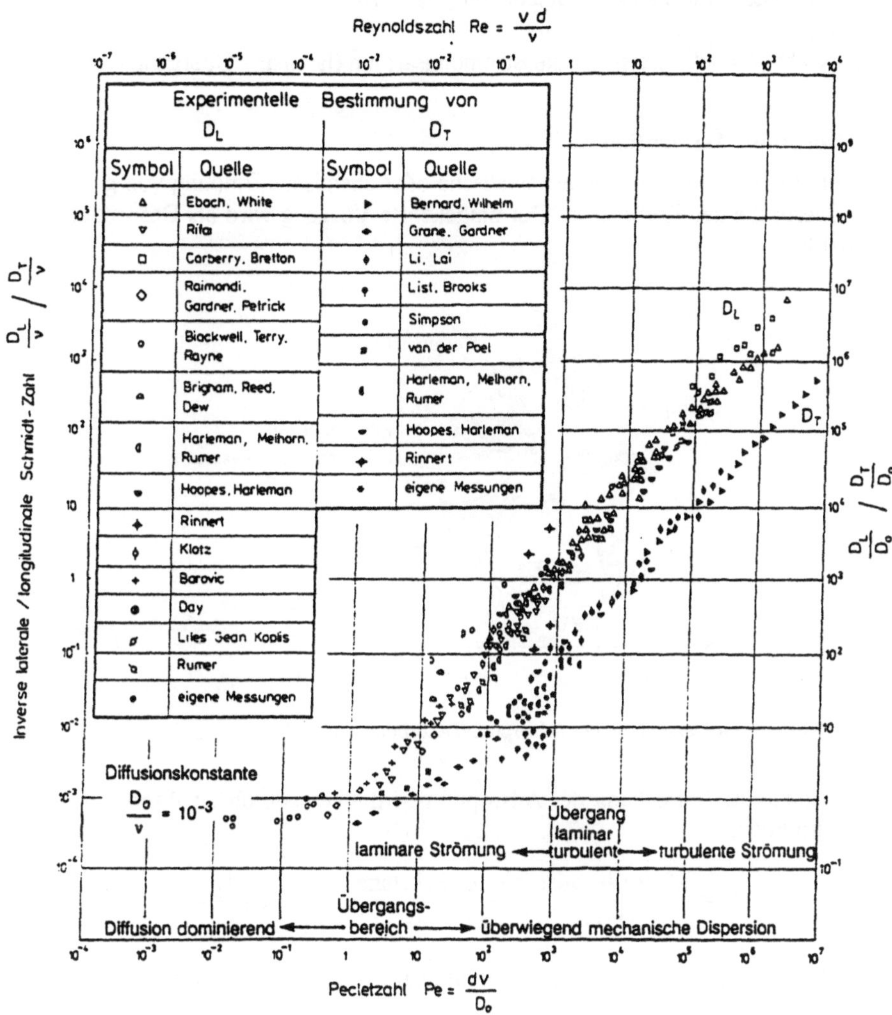

Abbildung 6-12 Experimentell bestimmte Dispersionskoeffizienten in homogenen, isotropen Aquiferen nach Bear (1961) mit Ergänzung (Spitz, 1985)

Durch die *PECLET-Zahl*

$$Pe = \frac{d\,v_a}{D_0}$$

d charakteristische Größe des Korngerüsts

v_a Abstandsgeschwindigkeit

D_0 Diffusionskonstante

ist eine Aufteilung der diffusiven/dispersiven Transportvorgänge möglich:

- Diffusion dominierend ($Pe < 10^{-1}$)
- Übergangsbereich Diffusion/Dispersion dominierend ($10^{-1} < Pe < 10^{2}$)

- überwiegend mechanische Dispersion ($Pe > 10^2$)

Die Reynoldszahl $Re = \frac{v_a d}{\upsilon}$ weist auf die Strömungsart hin (laminar - Übergang - turbulent).

6.2.2.4 Adsorption / Desorption

Unter Adsorption versteht man eine physikalische oder chemische Bindung von gelösten Stoffen an der Oberfläche der Kornmatrix. Der umgekehrte Vorgang wird als Desorption bezeichnet (Abb. 6-13).

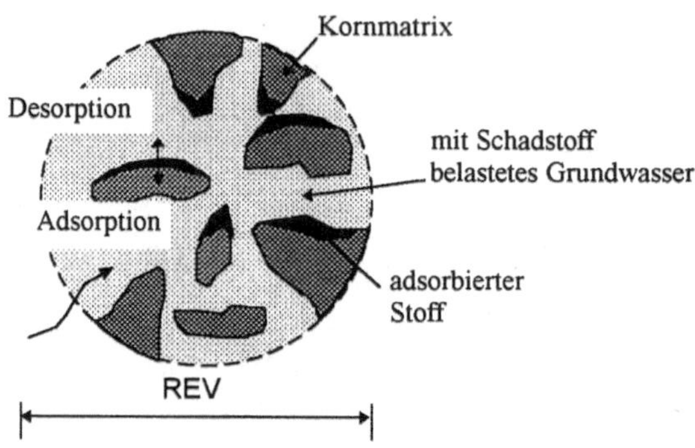

Abbildung 6-13 Skizze zur Darstellung der Adsorption/Desorption im REV

Für die mathematische Darstellung der Adsorption wird eine neue physikalische Größe eingeführt (Mikrostruktur).

$$c_a^* = \frac{\text{Masse der adsorbierten Substanz}}{\text{Masse des Korngerüsts}} \left[\frac{mg_s}{t_k} \text{ oder } \frac{kg_s}{t_k} \right]$$

Mit ρ_k^*, der Massendichte der Kornmatrix, erhält man

$$c_{ak}^* = \rho_k^* c_a^*$$

die Konzentration der adsorbierten Substanz pro Volumen der trockenen Kornmatrix [mg_s/m_k^3].

Durch die Mittelung über das $(REV)_k$ (Kornmatrixanteil des REV) und REV, folgt für die Makrostruktur

$$\left(\widetilde{\rho_k c_a}\right)_k = \frac{1}{V_{(REV)_k}} \int_{V_{(REV)_k}} \rho_k^* c_a^* dV = \rho_k c_a$$

die mittlere Konzentration der adsorbierten Substanz pro Volumen der trockenen Kornmatrix aus REV ($mg_s/m^3{}_k$) bzw.

$$\left(\widetilde{\rho_k c_a}\right)_g = \frac{1}{V_{(REV)}} \int_{V_{(REV)_k}} \rho_k^* c_a^* dV$$

pro Gesamtvolumen des REV's da $V_{(REV)_k} = (1 - n_e) V_{(REV)}$. Weiterhin folgt

$$(\widetilde{\rho_k c_a})_g = (\widetilde{\rho_k c_a})_k (1-n_e) = \rho_k c_a (1-n_e)$$

Die adsorbierte Masse in einem Volumen V des Aquifers (Makrostruktur/Grundwasserleiter)

$$M_a(V) = \int_V \rho_k c_a (1-n_e) dV$$

Die Gesamtmasse der Substanz in einem Volumen V des Aquifers $(M_g(V))$ besteht aus der Summe der im Wasser gelösten Substanz (cn_e) und der adsorbierten Substanz $\left((1-n_e)\rho_k c_a\right)$:

$$M_g(V) = \int_V e_g dV$$

mit den Bezeichnungen

$$e_g = cn_e + (1-n_e)\rho_k c_a = cn_e R$$

die Massendichte der gesamten Substanz und

$$R = 1 + \frac{1-n_e}{n_e} \rho_k \frac{c_a}{c}$$

der Retardationsfaktor.

Für weitere Darstellungen ist zwischen *schneller* und *langsamer* Adsorption zu unterscheiden. Diese Attribute sollen einen relativen Zeitmaßstab bezüglich der übrigen Transportprozesse ausdrücken, wie beispielsweise der konvektive Transport. Im Folgenden wird nur der einfache Fall der *schnellen* Adsorption behandelt, wenn der Adsorptionsprozeß im Vergleich zu der typischen Zeitskala der Strömung ausreichend schnell verläuft. In diesem Fall ist die Konzentration c_a der adsorbierten Phase eine Funktion der Konzentration c der im Wasser gelösten Phase:

$$c_a = f(c)$$

Die Funktion $f(c)$ ist als *Isotherme* benannt, denn sie beschreibt das Gleichgewicht zwischen gelöster und angelagerter Masse bei konstanter Temperatur. Es gibt zahlreiche Funktionsansätze für die Isotherme. Im einfachsten Fall ist $f(c)$ eine lineare Funktion

$$c_a = k_D c$$

Andere gebräuchliche nichtlineare Isotherme sind die von FREUNDLICH (1926), LANGMUIR (1918) und VAN GENUGTEN (1974) vorgeschlagene Formeln (nach BEAR (1991)).

$$c_a = k_1 c^{k_2} \quad ; \quad c_a = \frac{k_3 c}{1+k_4 c} \quad ; \quad c_a = k_5 c \exp(-2k_6 c)$$

mit k_i $i=1,\ldots,6$, Konstante

Für die *langsame* Adsorption, wenn die Konzentration (c) der gelösten und der adsorbierten Substanz (c_a) nicht im Gleichgewicht sind, wird für c_a eine zusätzliche Differentialgleichung angegeben [BEAR (1991)]:

LANGMUIR (1967), LANGMUIR (1972)

$$\frac{\partial c_a}{\partial t} = k_r c \quad ; \quad \frac{\partial c_a}{\partial t} = k_r \left(\frac{k_7 c}{1+k_8 c} - c_a\right)$$

VAN GENUCHTEN (1974)

$$\frac{\partial c_a}{\partial t} = k_r(k_9 c^{k_{10}} - c_a)$$

mit k_i, $i=7,\ldots, 10$, Konstanten und k_r als Beiwert der kinetischen Rate des Adsorptionsprozesses.

6.2.2.5 Abbauprozesse

Die Abbauprozesse sind eine Folge von *chemischen* oder *chemisch-biologischen* Reaktionen und werden als Senkenterme in die Transportbilanzierung eingebracht. Bei *irreversiblem langsamem* Abbau kann man die Reaktionskinetik mit empirischen Gesetzen beschreiben. In einer Reaktion erster Ordnung z.B. ist die Abbaurate proportional zur Massenkonzentration der gesamten Substanz (gelöste und adsorbierte).

$$\sigma_{ab} = -\lambda\left[cn_e + (1-n_e)\rho_k c_a\right] \text{ z.B. in } \left[\frac{mg_s}{m^3 s}\right]$$

Andere Modellansätze sind bei KINZELBACH (1987), BEAR und YEHUDA (1991) zu finden. Mit dieser, dem Kontinuumsmodell (Aquifer) zugeordneten physikalischen Größe, kann die gesamte Masse der abgebauten Masse in integraler Form ausgedrückt werden.

$$M_{ab} = \int_V \sigma_{ab} dV$$

6.2.2.6 Zusätzliche Substanzeinträge ins Aquifer

Zur Darstellung zusätzlicher Substanzeinträge kann man volumen- und flächenbezogene Zu- und Entnahmen betrachten:

- Die volumenbezogene Zugabe- oder Entnahme einer Substanz wird mit Hilfe der Zugabe-Entnahmerate (σ_{VE} - die Masse der eingebrachten Substanz pro Volumeneinheit des Aquifers und Zeiteinheit in kg/m^{3}s) dargestellt.

  Damit kann man die gesamte Masse der volumenbezogenen Zugabe- oder Entnahme in einem Volumen V des Aquifers in der folgenden integralen Form darstellen:

  $$M_E(V) = \int_V \sigma_{VE} dv$$

- Die flächenbezogene Substanzinjektion wird mit Hilfe des Zu- und Abflußvektors ($\vec{q}_E$), der Durchfluß pro Flächeneinheit des Aquifers und Zeiteinheit in m^3/sm^2, dargestellt.

  Der gesamte Zu- und Abfluß der injizierten Substanz durch eine Fläche A des Aquifers:

  $$M_{inj}(A) = \int_A \vec{n} \cdot \vec{q}_E c_{inj} dA$$

  mit:

  c_{inj} - die Konzentration des injizierten Durchflusses

  $\vec{n}$ - äußerer Normaleneinheitsvektor der Fläche A

6.3 Grundgleichungen der Transportvorgänge im Aquifer

6.3.1 Allgemeine Transportgleichungen in differentieller und integraler Form

6.3.1.1 Zusammensetzung aller transportrelevanter Prozesse

Dem Kontinuumsmodell des Aquifers wurden in den Kapiteln 6.2.2.1 - 6.2.2.6 eine Reihe von physikalischen Größen zugeordnet, die die transportrelevanten Prozesse mathematisch als Ortsfunktionen und je nach Fall auch als zeitabhängige Funktionen darstellen ($\Phi = \Phi(\vec{r}, t)$):

- Massenstromvektoren für
  - Konvektion $\vec{q}_K = n_e c \vec{v}_a$
  - Diffusion $\vec{q}_{Df} = -n_e D_m \nabla c$
  - Dispersion $\vec{q}_{DS} = -n_e \bar{\bar{D}}_{DS} \cdot \nabla c$

und der Gesamtmassenstromvektor:

$$\vec{q}_g = \vec{q}_K + \vec{q}_{Df} + \vec{q}_{DS}$$

- Zu- oder Abflußvektor im Falle einer (eventuellen) flächenbezogenen Substanzinjektion

  $(\vec{q}_E)$ [m³/m²s]

- Massendichte der gesamten Substanz im Aquifer (gelöste und adsorbierte)

$$e_g = c n_e + (1 - n_e) \rho_k c_a$$

bzw.

$$e_g = c n_e R \quad ; \quad R = 1 + \frac{1 - n_e}{n_e} \rho_k \frac{c_a}{c} \quad \text{[kg/m}^3\text{]}$$

- Abbaurate

$$\sigma_{ab} = -\lambda \left[c n_e + (1 - n_e) \rho_k c_a \right] = -\lambda c n_e R \quad \text{[kg/m}^3\text{s]}$$

- Zugabe- oder Entnahmerate einer (eventuellen) volumenbezogenen quellenförmigen Substanzentnahme oder eines Substanzseintrags

  σ_{VE} [kg/m³s]

Anmerkungen zum Massenstromvektor

Aufgrund der Darstellung des konvektiven Massenstromvektors ($\vec{q}_K$) mit Hilfe der Abstandsgeschwindigkeit ($\vec{v}_a$) ($\vec{q}_K = c n_e \vec{v}_a$) kann der diffusive, dispersive und der gesamte Massenstromvektor ähnlich dargestellt werden. Für diese Darstellung wird

die „Geschwindigkeit" des diffusiven Transports ($\vec{v}_{DF}$)

$$\vec{v}_{DF} = \frac{\vec{q}_{DF}}{c n_e} = -D_m \frac{\nabla c}{c}$$

die „Geschwindigkeit" des dispersiven Transports ($\vec{v}_{DS}$)

$$\vec{v}_{DS} = \frac{\vec{q}_{DS}}{cn_e} = -\vec{\vec{D}}_{DS} \cdot \frac{\nabla c}{c}$$

und die „Geschwindigkeit" des Gesamttransports im Aquifer

$$\vec{v}_g = \frac{\vec{q}_g}{e_g} = \frac{\vec{q}_g}{cn_e R}$$

eingeführt (definiert).

Für die „Geschwindigkeit" des gesamten Stofftransports folgt

$$\vec{v}_g = \frac{1}{R}(\vec{v}_a + \vec{v}_{Df} + \vec{v}_{DS})$$

Dieses Ergebnis zeigt deutlich, daß die Adsorption aller Art ($c_a \neq 0$)zu einer Verzögerung der Substanzausbreitung im Aquifer führt:

$$c_a \neq 0 \;\Rightarrow\; R > 1 \;\Rightarrow\; \vec{v}_g < \vec{v}_a + \vec{v}_{Df} + \vec{v}_{DS}$$

Eine anschauliche schematische Darstellung des Konzentrationsverlaufes bei unterschiedlichen Transportvorgängen ist in Abbildung 6-15 skizziert.

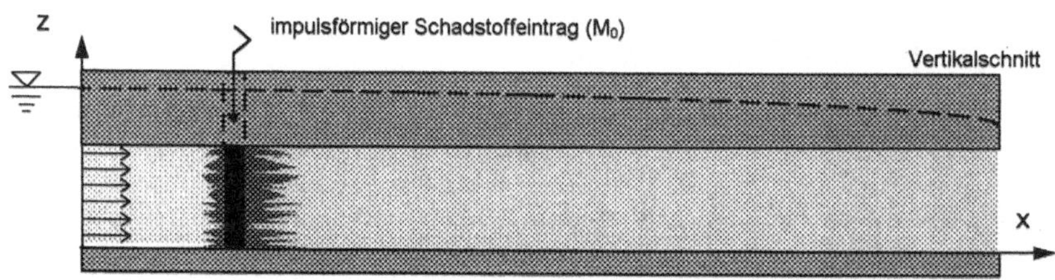

Abbildung 6-14 Prinzipskizze des Schadstoffeintrags in einen gespannten 1D Grundwasserleiter

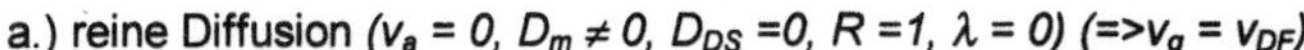
a.) reine Diffusion $(v_a = 0, D_m \neq 0, D_{DS} = 0, R = 1, \lambda = 0)$ $(\Rightarrow v_g = v_{DF})$

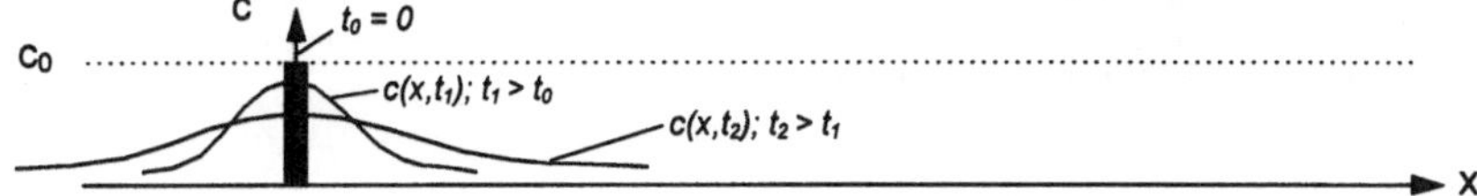

b.) reine Konvektion $(v_a \neq 0, D_m = D_{DS} = 0, R = 1, \lambda = 0)(\Rightarrow v_g = v_a)$

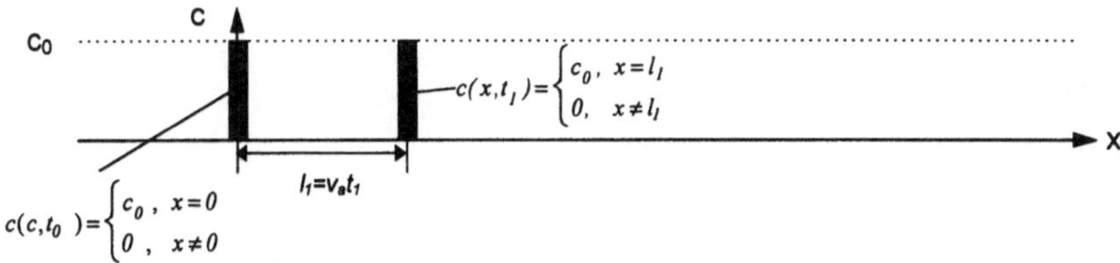

c.) Konvektion mit Diffusion und Dispersion $(v_a \neq 0, D_m + D_{DS} = D \neq 0, R = 1, \lambda = 0)$
$(\Rightarrow v_g = v_a + v_{DF} + v_{DS})$

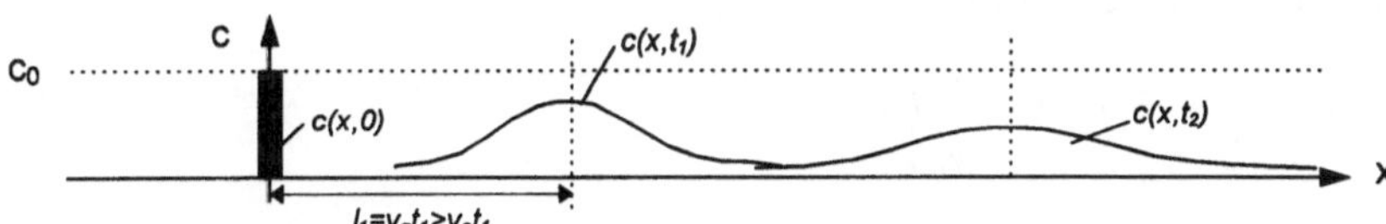

d.) Konvektion, Diffusion/Dispersion, Adsorption, ohne und mit Abbau
$(v_a \neq 0, D \neq 0, R > 1, \lambda \neq 0)$

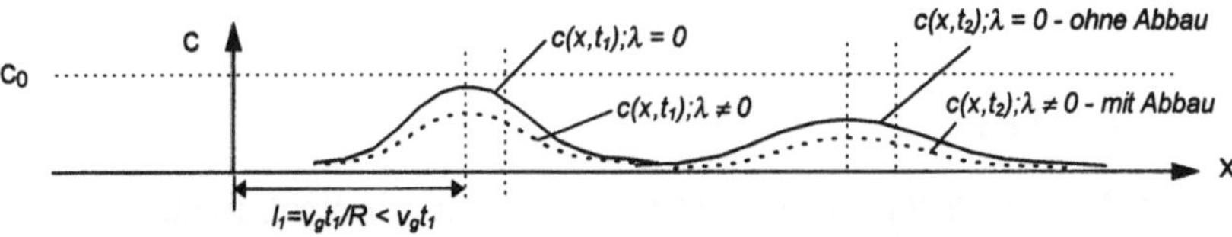

Abbildung 6-15 Schematische Darstellung unterschiedlicher Transportvorgänge im Falle eines impulsartigen Schadstoffeintrags in einem 1D Grundwasserleiter

6.3.1.2 Herleitung der Transportgleichung

Man betrachtet ein beliebiges materielles Volumen im Aquifer, das zum Zeitpunkt t mit dem räumlichen Volumen $V(t) \subset R^3$ übereinstimmt und mit der Fläche $A(t)$ begrenzt ist.

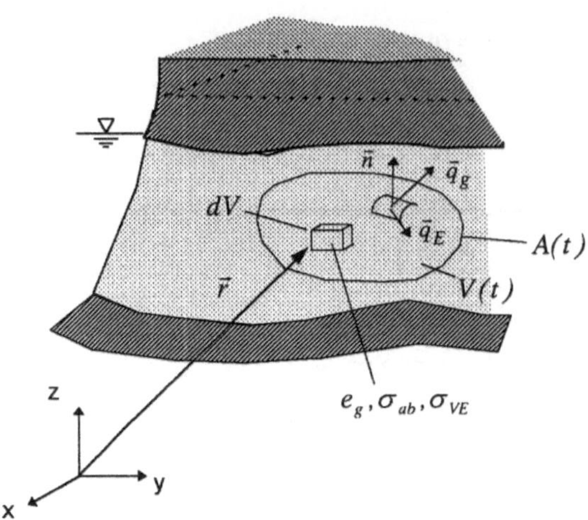

Abbildung 6-16 Prinzipskizze zur Herleitung der Transportgleichung im Aquifer

Es gelten:

- das verallgemeinerte Prinzip der Massenerhaltung

$$\frac{d}{dt}\int_{V(t)} e_g dV = \int_{A(t)} \vec{n}\cdot\vec{q}_E c_{inj} dA + \int_{V(t)} (\sigma_{ab} + \sigma_{VE}) dV$$

- das Transporttheorem für die verallgemeinerte Dichtefunktion „e_g“

$$\frac{d}{dt}\int_{V(t)} e_g dV = \int_{V(t)} \frac{\partial e_g}{\partial t} dV + \int_{A(t)} \vec{n}\cdot\vec{q}_g dA$$

mit dem verallgemeinerten Geschwindigkeitsvektor (Geschwindigkeit des Gesamttransports im Aquifer)

$$\vec{v}_g = \frac{d\vec{r}}{dt} \quad ; \quad \vec{q}_g = e_g \vec{v}_g$$

Aus dem Prinzip der Massenerhaltung und mit Hilfe des Transporttheorems folgt:

$$\int_{V(t)} \frac{\partial e_g}{\partial t} dV + \int_{A(t)} \vec{n}\cdot\vec{q}_g dA = \int_{A(t)} \vec{n}\cdot\vec{q}_E c_{inj} dA + \int_{V(t)} (\sigma_{ab} + \sigma_{VE}) dV$$

Die Anwendung des GAUß'schen Theorems (siehe mathematische Hilfsmittel) führt zur Darstellung:

$$\int_{V(t)} \left[\frac{\partial e_g}{\partial t} + \nabla\cdot\left(\vec{q}_g - \vec{q}_E c_{inj}\right) - \sigma_{ab} - \sigma_{VE}\right] dV = 0$$

Da *V(t)* ein beliebiges materielles Volumen ist, folgt daraus:

$$\frac{\partial e_g}{\partial t} + \nabla \cdot \vec{q}_g - \sigma_{ab} = \begin{cases} \sigma_{VE} & - \quad \text{in einem inneren Punkt des Aquifers} \\ \nabla \cdot \vec{q}_E c_{inj} & - \quad \text{in einem Randpunkt mit Injektionsrate durch den Rand} \\ 0 & - \quad \text{wenn zusätzliche Stoffeinträge entfallen} \end{cases} \tag{1}$$

die allgemeine *Transportgleichung in lokaler Form.*

Ersetzt man den Massenstromvektor ($\vec{q}_g$) und die Massendichte der Substanz (e_g) durch die im Aquifer möglichen Transportprozesse (Konvektion, Diffusion, Dispersion, schnelle Adsorption ...), so ergibt sich die explizite *Transportgleichung in lokaler Form.*

$$\frac{\partial}{\partial t}(Rn_e c) + \nabla \cdot \left[\vec{v}_a n_e c - n_e \vec{\vec{D}} \cdot \nabla c \right] - \lambda c n_e R = \begin{cases} \sigma_{VE} & - \quad \text{in einem inneren Punkt des Aquifers} \\ \nabla \cdot \vec{q}_E c_{inj} & - \quad \text{in einem Randpunkt mit Injektionsrate durch den Rand} \\ 0 & - \quad \text{wenn zusätzliche Stoffeinträge entfallen} \end{cases} \tag{2}$$

mit:

n_e effektive Porosität [-]

R $R = 1 + \frac{1-n_e}{n_e} \rho_k \frac{c_a}{c}$, Adsorptionsfaktor (Retardationsfaktor)

c Konzentration der im Grundwasser gelösten Substanz [kg/m^3]

c_a die Konzentration der adsorbierten Phase pro Masseneinheit der trockenen Kornmatrix [kg_s/kg_k oder mg_s/kg_k]

ρ_k die Massendichte der Kornmatrix [kg/m_k^3]

e_g $e_g = cn_e + (1-n_e)\rho_k c_a = cn_e R$, die Massendichte der gesamten Substanz (gelöste und adsorbierte)[kg_s/m^3], d.h. die Masse der gesamten Substanz pro Volumeneinheit des Aquifers als Kontinuum

$\vec{v}_a$ die Abstandsgeschwindigkeit [m/s]

$\vec{\vec{D}}$ $\vec{\vec{D}} = D_m \vec{\vec{I}} + \vec{\vec{D}}_{DS}$ der gesamte Diffusions/Dispersionstensor [m^2/s]

D_m der molekulare Diffusionskoeffizient [m^2/s]

$\vec{\vec{D}}_{DS}$ der Dispersionstensor [m^2/s]

$\vec{\vec{I}}$ der Einheitstensor

λ die Abbaukonstante

$\vec{q}_E$ der flächenbezogene Zu- oder Abflußstromvektor der flächenbezogenen injizierten Substanz [m^3/m^2]

c_{inj} die Konzentration der injizierten Substanz [kg/m^3]

σ_{VE} der quellen- oder senkenartige Substanzeintrag pro Volumen und Zeiteinheit [kg/m^3s]

Wenn die Porosität konstant ist (n_e = *konst.*) und die Adsorption als eine lineare Isotherme betrachtet wird ($c_a = K_d\, c$) erhält man aus (2):

$$\frac{\partial c}{\partial t}+\frac{1}{R}\nabla\cdot\left[\vec{v}_a c-\vec{\vec{D}}\cdot\nabla c\right]-\lambda c=\begin{cases}\dfrac{\sigma_{VE}}{n_e R} & \text{in einem inneren Punkt des Aquifers}\\[2ex] \dfrac{1}{n_e R}\nabla\cdot\vec{q}_E c_{inj} & \text{in einem Randpunkt mit Injektionsrate durch den Rand}\end{cases} \tag{2*}$$

mit

$$R=1+\frac{1-n_e}{n_e}\rho_k K_d \;\; ; \;\; \vec{\vec{D}}=D_m\vec{\vec{I}}+\vec{\vec{D}}_{DS}$$

Wenn der zusätzliche volumen- und flächenbezogene Schadstoffeintrag entfällt ($\sigma_{VE}=0;\vec{q}_E=0$) folgt daraus:

$$\frac{\partial c}{\partial t}+\frac{1}{R}\nabla\cdot\left[\vec{v}_a-\vec{\vec{D}}\cdot\nabla c\right]-\lambda c=0 \tag{2**}$$

Man bemerkt, daß die Adsorption ($R > 1$) zur Verringerung der Stoffausbreitung durch Verminderung der konvektiven, diffusiven und dispersiven Terme führt.
Durch Integration über ein raumfestes Kontrollvolumen V des Aquifers erhält man die *Transportgleichung in globaler Form*, als Massenbilanzgleichung der gesamten Substanz in einem raumfesten Kontrollvolumen des Aquifers:

$$\begin{aligned}&\int_V\frac{\partial}{\partial t}(Rn_e c)dV+\int_A\vec{n}\cdot\left[\vec{v}_a n_e c-n_e(D_m\vec{\vec{I}}+\vec{\vec{D}}_{DS})\cdot\nabla c\right]dA\\&-\int_V\lambda c n_e R dV=\int_A\vec{n}\cdot\vec{q}_E c_{inj}dA+\int_V\sigma_{VE}dV\end{aligned} \tag{3}$$

In den allgemeinen Transportgleichungen (1), (2) und (3) ist die gesuchte Lösungsfunktion gewöhnlich die Konzentration der gelösten Substanz:

$$c = c(\vec{r}, t) = c(x, y, z; t)$$

Die anderen physikalischen Größen sind im allgemeinen Fall auch orts- und zeitabhängig, d.h. Funktionen von *(x,y,z;t)* wie z.B. $\vec{v}_a$, $\vec{\vec{D}}_{DS}$, usw..

Es ist zu bemerken, daß es für die Darstellung des gesamten Schadstoffinhalts (oder der gesamten Schadstoffmenge) im Aquifer geeigneter wäre, die Massendichteverteilung der gesamten Substanz im Aquifer (gelöste und adsorbierte)

$$Rn_e c = e_g = e_g(x, y, z; t)$$

zu betrachten.

Diese physikalische Größe stellt die gesamte Massenkonzentration der im Aquifer befindlichen Substanz dar und somit charakterisiert sie die reale, tatsächliche Verschmutzung. In der Fachliteratur wird jedoch vorwiegend die Konzentrationsverteilung *c(x,y,z;t)* der gelösten Substanz betrachtet.

6.3.1.3 Gemittelte Formen der Transportgleichung

In der Praxis entstehen Strömungs- und Transportvorgänge, die ausreichend mit Hilfe von gemittelten physikalischen Größen beschrieben werden können.

Transportgleichung zur Modellierung von 2 D Transportvorgängen

Transportvorgänge in der horizontalen Ebene (regionaler Transport) können mit einer zweidimensionalen Transportgleichung modelliert werden. Diese Transportgleichung wird durch Mittelung der dreidimensionalen Gleichung über die Tiefe des Aquifers erhalten.

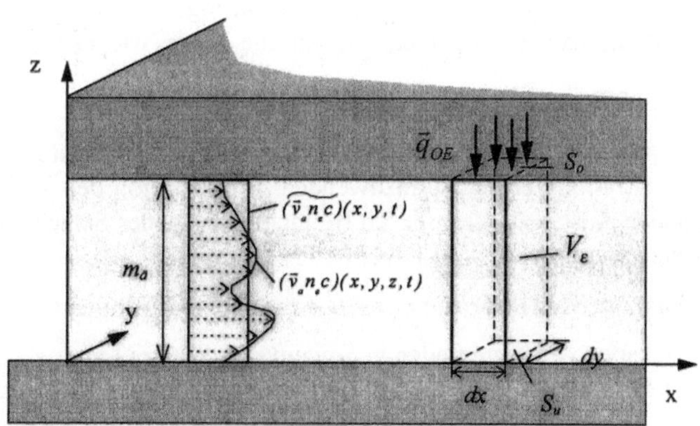

Abbildung 6-17 Prinzipskizze zur Mittelung über die Tiefe der Grundgleichungen

Um über die Tiefe gemittelte Transportgleichungen zu erhalten, wird das Integral (3) über ein elementares raumfestes Kontrollvolumen V_ε des Aquifers durchgeführt (Abb. 6-17). Durch Integration und Mittlung über die Tiefe erhält man:

$$\frac{\partial}{\partial t}\left(m_{ä}\widetilde{n_e Rc}\right)+\nabla\cdot\left(m_{ä}\widetilde{\vec{v}_a n_e c}-m_{ä}\widetilde{n_e \vec{\vec{D}}\cdot\nabla c}\right)+m_{ä}\widetilde{\lambda n_e Rc}=m_{ä}\widetilde{\sigma}_{VE}+q_E c_{inj} \tag{4}$$

wobei mit „$\widetilde{\quad}$" die über die Tiefe gemittelten Größen bezeichnet sind. So bedeutet z.B.

$$\widetilde{n_e Rc}=\frac{1}{m_{ä}}\int_0^{m_{ä}} n_e Rc\,dz \quad ; \quad \widetilde{\vec{v}_a n_e c}=\frac{1}{m_{ä}}\int_0^{m_{ä}} \vec{v}_a n_e c\,dz$$

$q_E c_{inj}$ - bezeichnet die Zuflußrate der durch die obere (S_o) oder/und durch die untere (S_u) Grenzfläche eingetragenen Substanz (z.B. infiltriertes oder leckendes verschmutztes Wasser mit der Konzentration c_{inj}); $< q_E >$ in [m^3/sm^2] und $< c_{inj} >$ in [kg/m^3].

$\widetilde{\sigma}_{VE}$ - bezeichnet den volumenbezogenen Schadstoffeintrag, der entlang einer vertikalen Linie ($0 \le z \le m$) an einer ebenen Stelle (x,y) konstant ist

Wenn $m_{ä}, n_e$ konstant sind und die Adsorption als lineare Isotherme betrachtet wird, folgt aus (4):

$$\frac{\partial c}{\partial t}+\frac{1}{R}\nabla\cdot\left(\vec{v}_a c-\vec{\vec{D}}\cdot\nabla c\right)+\lambda c=\frac{\sigma_{VE}}{n_e R}+\frac{q_E c_{inj}}{m_{ä} n_e R} \tag{4*}$$

Für die Vereinfachung der Schreibweise wurde die Bezeichnung „$\widetilde{\quad}$" vernachlässigt. Es ist aber zu beachten, daß alle physikalischen Größen von „z" unabhängig sind und deren Mittelwert über die Tiefe an einer Stelle (x,y) der horizontalen Ebene darstellen.

$$c=c(x,y;t) \;;\; \vec{v}_a=\vec{v}_a(x,y;t)$$

$$\nabla=\vec{i}\,\frac{\partial}{\partial x}+\vec{j}\,\frac{\partial}{\partial y} \;;\; \vec{\vec{D}} \Rightarrow \begin{bmatrix} D_{xx} & D_{xy} \\ D_{yx} & D_{yy} \end{bmatrix}$$

Wenn der zusätzliche volumen- und flächenbezogene Schadstoffeintrag entfällt ($\sigma_{VE}=0, q_E=0$), erhält man aus (4*) eine identische Form wie (2*). Es gelten aber für $c, \vec{v}_a$ und $\vec{\vec{D}}$ die oben erwähnten Anmerkungen.

Das zweidimensionale Modell ist nur unter Voraussetzung einer guten vertikalen Durchmischung der Konzentrationsverteilung anzuwenden. Bei dem von der Schichtung verursachten geringen vertikalen Austausch kann durch Betrachten einzelner Schichten ein vereinfachtes Teilsystem abgetrennt werden [KINZELBACH 1987].

Transportgleichung zur Modellierung von 1D Transportvorgängen

Eindimensionale Transportvorgänge finden in *Säulenversuchen* im Labor statt. Sie können aber auch vereinfachte Feldtransportvorgänge in der horizontalen oder vertikalen Ebene schematisieren.

Die Transportgleichung wird durch Integration (3) und Mittelung der dreidimensionalen Gleichung über den Querschnitt (A) der Aquifersäule erhalten:

$$\frac{\partial}{\partial t}(A\widetilde{n_e Rc})+\frac{\partial}{\partial x}(A\widetilde{\vec{v}_a n_e c})-\frac{\partial}{\partial x}(\widetilde{An_e D_L\frac{\partial c}{\partial x}})+A\lambda\,\widetilde{n_e Rc}=A\widetilde{\sigma}_{VE}+q_E c_{inj} V_E \tag{5}$$

bzw.

$$\frac{\partial c}{\partial t}+\frac{1}{R}\left[\frac{\partial(v_a c)}{\partial x}-\frac{\partial}{\partial x}(D_L\frac{\partial c}{\partial x})\right]+\lambda c=\frac{\sigma_{VE}}{n_e R}+\frac{q_E c_{inj} U_E L_E}{n_e RA} \tag{5*}$$

wenn $n_e R$ und A konstant sind. Die Bezeichnung „$\sim$“ wird vernachlässigt.

$U_E L_E$ - bezeichnet die Randfläche, durch die eine Substanz in die Säule injiziert wird (U_E - Umfangsanteil, L_E - Länge)

In den Gleichungen (5) und (5*) sind die physikalischen Größen nur von den Längskoordinaten (x) und von der Zeit abhängig und stellen den Mittelwert über den Säulenquerschnitt (A) entlang der Säule dar.

So z.B.

$$c=c(x,t)=\frac{1}{A}\int_A c(x,y,z,t)dA$$

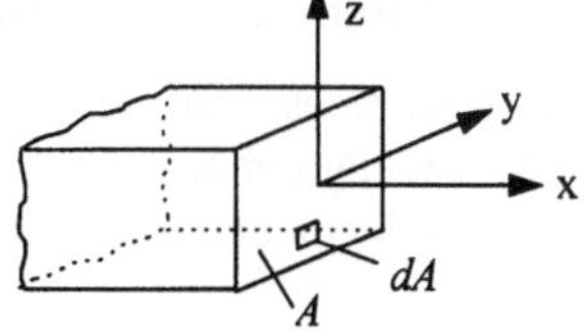

6.3.1.4 Dimensionslose Form der Transportgleichung

Durch die Einführung von dimensionslosen physikalischen Größen erhält man aus (2**)

$$N_e\frac{\partial c^*}{\partial t^*}+P_e\nabla^*\cdot(\vec{v}_a^* c^*)-\nabla^*\cdot\left(\vec{\vec{D}}^*\cdot\nabla^* c^*\right)-Z_e\lambda^* c^*=0$$

mit:

$$c^*=\frac{c}{C_0}\quad;\quad t^*=\frac{t}{T_0}\quad;\quad x^*,y^*,z^*=\frac{x}{L_0},\frac{y}{L_0},\frac{z}{L_0}\quad;\quad \vec{v}_a^*=\frac{\vec{v}_a}{v_0}$$

$$\vec{\vec{D}}^*=\frac{\vec{\vec{D}}}{D_0}\quad;\quad \lambda^*=\frac{\lambda}{\lambda_0}\quad;\quad \nabla^*=\vec{i}\frac{\partial}{\partial x^*}+\vec{j}\frac{\partial}{\partial y^*}+\vec{k}\frac{\partial}{\partial z^*}$$

dimensionslose Größen

$C_0, T_0, L_0, v_0, D_0, \lambda_0$

Bezugsgrößen der entsprechenden Größen und

- die *NEUMANN-Zahl*

$$N_e=\frac{L_0^2}{D_0 T_0}$$

- die *PECLET-Zahl*

$$P_e=\frac{V_0 L_0}{D_0}$$

- die *ZERFALL-Zahl*

$$Z_e=\frac{\lambda_0 L_0^2}{D_0}$$

dimensionslose *Kennzahlen* des Transportprozesses.

Diese Kennzahlen sind von besonderer Bedeutung für die Abschätzung des Gewichtes verschiedener Teile der Transportgleichung. Man bemerkt, daß die *PECLET-Zahl* (P_e) das Verhältnis zwischen dem konvektiven und dem diffusiven/dispersiven Transport charakterisiert. Bei großer PECLET-Zahl dominiert der konvektive Transport und bei kleiner PECLET-Zahl dominiert der diffusive Transport.

6.4 Problemstellung zur Modellierung von Transportvorgängen im Aquifer

6.4.1 Allgemeine Betrachtung

Um die Lösung eines Transportvorgangs in einem Aquifer zu erhalten (z.B. die räumliche und zeitliche Verteilung der Konzentration eines Schadstoffes), müssen spezifische Aufgaben über das betrachtete Strömungs- und Transportsystem formuliert werden (*Problemstellung*).

Dazu gehören:

- Naturausschnitt/Schematisierung mit idealisierten Rändern und Formen (Geometrie des Raumes)
- Systemeigenschaften des Aquifers, die die Strömung und den Schadstofftransport charakterisieren (z.B. k_f - Wert, n_e - Porosität, α_L - longitudinale Dispersivität u.a.)
- Anfangs- und Randbedingungen, d.h. die Kenntnis von Bedingungen zu Beginn des Prozesses und an den Rändern des betrachteten (schematisierten) Raumes
- Grundgleichungen der Strömungs- und Transportvorgänge entsprechend des schematisierten Problems (Kombination von 1D, 2D, 3D Strömungs- und Transportvorgängen; Verhältnis Strömung/Transport)

Mit diesen Spezifikationen können die den betrachteten Strömungs- und Transportprozeß beschreibenden partiellen Differentialgleichungen (PDGL) gelöst werden. Im allgemeinen Fall bilden die Strömungs- und Transportgleichungen ein *gekoppeltes* partielles Differentialgleichungssystem.

Falls die von der Schadstoffbelastung verursachte Dichte- und Viskositätsänderung des verschmutzten Grundwassers vernachlässigbar sind (*hydrodynamisch inaktive Stoffe*), läßt sich das Strömungsfeld vollkommen unabhängig von der Konzentrationsverteilung bestimmen. Man sagt, daß die Strömungs- und Transportgleichungen *entkoppelt* sind. Doch die Lösung der Transportgleichung setzt die Kenntnis der Grundwasserströmungsgeschwindigkeitsverteilung voraus. Diese wird mit Hilfe der Lösungsfunktion der Randwertaufgabe für die Strömung (die Standrohrspiegelhöhenverteilung *h*) und des DARCY'schen Gesetzes bestimmt.

Falls die Dichte- und Viskositätsänderungen nicht vernachlässigbar sind (*hydrodynamisch aktive Stoffe*), wirkt die Konzentrationsverteilung auf die Strömung zurück, sowohl über die Dichte ($\rho = \rho(c)$), als auch über die kinematische Viskosität und damit über die Durchlässigkeit ($k_f = k_f[\upsilon(c)]$)(siehe 6.2.1). Diese Rückkopplung wird durch Iterationen durchgeführt, die solange fortgesetzt werden, bis ein vorgegebener Fehler unterschritten wird.

Schema der Berechnung von Transportvorgängen im Grundwasser gelöster Schadstoffe:

a.) *entkoppelte* Strömungs/Transportberechnung (vernachlässigbare Rückwirkung des Stoffes auf die Strömung)

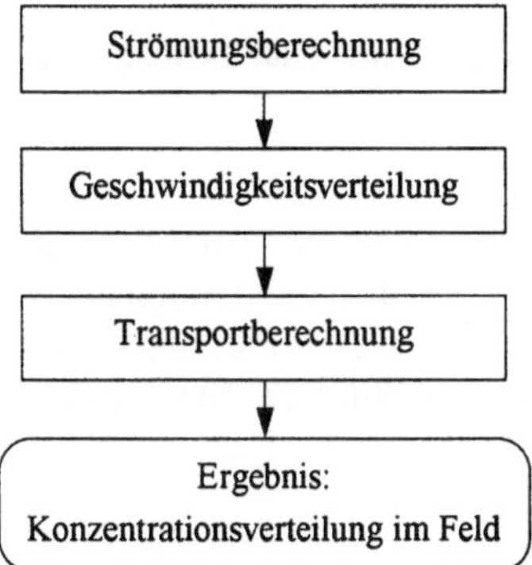

b.) *gekoppelte* Strömungs/Transportberechnung (nicht vernachlässigbare Rückwirkung des Stoffes auf die Strömung durch Dichte- und Viskositätsänderung der Mischung)

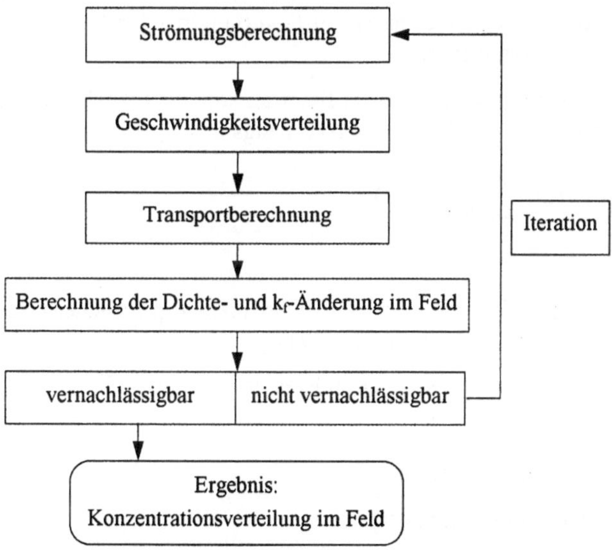

In dieser Arbeit werden Modellansätze *entkoppelter* Strömungs- und Transportvorgänge betrachtet. Somit werden einfachere und flexible Lösungsverfahren vorgestellt, die in zahlreichen praxisorientierten Fällen angepaßt werden können.

Die Eindeutigkeit und Partikularität der Lösungen bestimmen insbesondere die Anfangs- und Randbedingungen.

6.4.2 Anfangs- und Randbedingungen

Da diese Bedingungen für die Strömung in den vorhandenen Kapiteln vorgestellt wurden, wird hier die Anfangs- und Randbedingung nur für die Stofftransportprozesse vorgestellt.

Die Lösungsfunktion (die abhängige Veränderliche in den PDGL) für Transportprozesse ist die Konzentration c des Schadstoffes im Grundwasser und wird als Funktion der räumlichen Koordinaten (x,y,z), der Zeit (t) und der übrigen Daten des betrachteten Systems erhalten:

$$c = c(x,y,z;t).$$

Somit werden in der Regel die Anfangs- und Randbedingungen durch c oder Funktionen von c und deren Ableitung ausgedrückt.

Anfangsbedingungen

Die Anfangsbedingungen sind bei instationären Prozessen erforderlich und sollen im gesamten betrachteten Modellierungsgebiet einschließlich der Ränder zum Zeitpunkt t_0 (in der Regel $t_0 = 0$) vorgegeben werden. Da alle technisch relevanten Transportprozesse instationär sind, sind die Anfangsbedingungen immer erforderlich. Die allgemeine Form der Anfangsbedingung lautet

$$c(x,y,z;t=0)=c_0(x,y,z)$$
$$x,y,z \in G \cup R$$

G - Modellgebiet, R - Rand des Gebietes

Die gegebene Funktion $c_0(x,y,z)$ stellt die Anfangssituation im betrachteten Gebiet dar und entspricht in der Regel einem stationären Zustand (langfristiges Mittel). Dieser Zustand kann z.B. aus Messungen erhalten werden.

Einen impulsartigen (momentanen) Stoffeintrag kann man auch als Anfangsbedingung darstellen. So z.B. im Falle eines 1D Transportvorgangs

$$c(x,t=0)=c_0=\frac{M_0}{An_eR}\delta(x-0)$$

mit

M_0	Masse des impulsartigen (momentanen, plötzlichen) Stoffeintrags an der Stelle $x = 0$, zum Zeitpunkt $t_0 = 0$ (kg)
A	Querschnitt des 1D Grundwasserleiters (z.B. Säulenversuch)
n_e	Porosität
R	Retardationsfaktor
$\delta(x-0)$	DIRAC-Deltafunktion

Randbedingungen

Randbedingungen stellen die Lösungsfunktion c bzw. ihre Ableitungen als Funktionen des Ortes entlang des Randes des betrachteten Raumes und der Zeit (bei instationären Prozessen) dar.

Ähnlich wie bei den Strömungsvorgängen können für die Transportprozesse Randbedingungen 1., 2. und 3. Art auftreten.

Randbedingungen 1. Art (RBD1)

Die Konzentration (c_R) ist auf dem Randteil R_l für alle Zeiten t vorgegeben (auch DIRICHLET-Randbedingung).

$$c(x,y,z,t)\big|_{R_l} = c_R(x_R,y_R,z_R,t)$$

Randbedingungen 2. Art (RBD2)

Die Normalableitung der Konzentration ist auf dem Randteil R_2 für alle Zeiten vorgegeben (auch NEUMANN- Randbedingung):

$$\left(\vec{\vec{D}} \cdot \nabla c\right) \cdot \vec{n}_{|R_2} = q_{DR}$$

q_{DR} - gegebene Stromfunktion entlang des Randteils R_2 infolge Diffusion/Dispersion.

Randbedingungen 3. Art (RBD3)

Diese Randbedingungen, auch als gemischte oder CAUCHY-Randbedingung bezeichnet, liegen vor, wenn eine Linearkombination der Lösungsfunktion und deren Normalableitung entlang eines Randteiles R_3 gegeben ist:

$$\left(\vec{v}_a c - \vec{\vec{D}} \cdot \nabla c\right) \cdot \vec{n}_{|R_3} = q_{GR}$$

q_{GR} - gegebene Stromfunktion infolge Konvektion und Diffusion/Dispersion.

Die physikalisch richtige Wahl der o.g. Randbedingungsart ist bei Transportprozessen oft problematisch [KINZELBACH 1987, HÖFNER u.a. 1995]. Aus diesem Grund sind die folgenden Anmerkungen zu beachten.

Die *RBD1* ist sinnvoll insbesondere an den Rändern, die so weit von Verschmutzungen entfernt sind, daß ihre Konzentration in der Regel unbeeinflußt bleiben (d.h. $c_{|R_1} = 0$). Näherungsweise können auch unverschmutzte Zuflüsse (Konzentration → 0) durch RBD1 dargestellt werden. An einem Einströmrand wirken in der Regel beide Transportmechanismen Konvektion und Dispersion, so daß eine RBD3 erscheint. Falls der konvektive Transport ($\vec{v}_a c$) überwiegt, entfällt die Auswirkung der Dispersion ($\vec{\vec{D}} \cdot \nabla c \cong 0$), so daß die RBD3 in eine RBD1 übergeht. Die *RBD2* entspricht einem dispersiven Stoffzufluß/Abfluß. In der Praxis sind solche Randbedingungen möglich nur an undurchlässigen Rändern, wenn $q_{DR} = 0$.

Die *RBD3* erscheint real an einem Einströmungsrand, wenn beide Transportmechanismen (Konvektion und Dispersion) gleicher Größenordnung sind.

Am Ausströmungsrand ist die Vorgabe eines Stoffstromes q_{GR} wegen des dispersiven Anteiles problematisch. In diesen Fällen wird die sogenannte **Transmissionsrandbedingung** angenommen:

der aus einem Gebiet zum Rand angekommene Diffusions-/Dispersionsstrom fließt über den Rand aus

$$\vec{\vec{D}} \cdot \nabla c_{|R-0} = \vec{\vec{D}} \cdot \nabla c_{|R+0} \qquad \text{bzw.} \qquad \frac{\partial^2 c}{\partial n^2} = 0 \quad \text{im 1 D Fall,}$$

wobei mit $R - 0$ und $R + 0$ die innere bzw. die äußere Seite des Randes R bezeichnet wurde. Die mathematische Bedingung führt zu

$$\nabla \cdot \left(\vec{\vec{D}} \cdot \nabla c\right)_{|R} = 0 .$$

Als Sonderfall kann man eine *Randbedingung im Unendlichen* definieren (z.B. bei $x = \pm\infty$ im Falle eines 1D Transportvorgangs). Solche Randbedingungen sind dann sinnvoll, wenn das Gebiet so groß ist, daß im Berechnungszeitintervall ($0 \le t \le t_{max}$) der Rand im Sinne der Transportprozesse nicht erreichbar ist. Das bedeutet, daß der Transportzustand (auch die

Strömung) gleich dem Wert im Anfangszustand ist. Somit stimmen die RBD mit den ABD überein. In der Regel wird eine RBD1 mit $c_{|R} = 0$ angenommen.

6.4.3 Transportproblemstellung mit Beispielen

Die wichtigsten Schritte einer Problemstellung sind:

- Naturausschnitt
- Schematisierung
  - Gebietsabgrenzung
  - Schema des Stoffeintrags
- Eingabedaten zu den Systemeigenschaften
- Anfangs- und Randwertaufgabenformulierung
  - Strömung
  - Transport

Annahmen

Entkoppelte Strömung- und Transportprozesse gelöster Substanz (vernachlässigbare Dichte- und Viskositätsänderung des belasteten Grundwassers).

1D Grundwasserströmung, 1D Stofftransport

Beispiel 1

Naturausschnitt

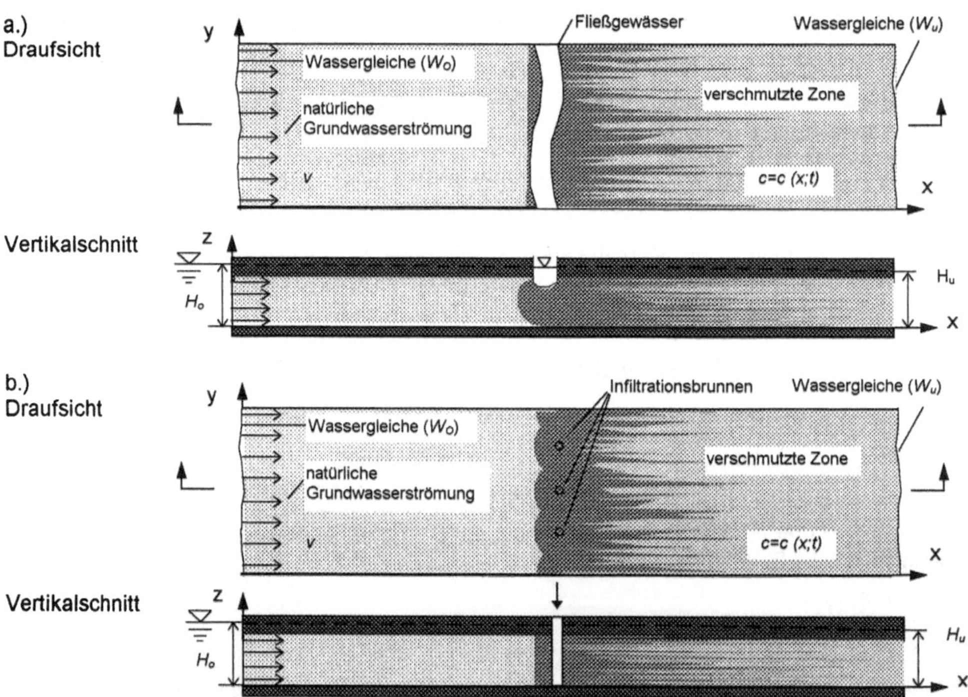

Abbildung 6-18 Feldsituation für 1D Strömungs- und Transportprobleme (nach SANTY 1987, KINZELBACH 1987 mit Ergänzungen)

Schematisierung

- Gebietsabgrenzung

SCHEMA 1 - als zweiseitig unbegrenztes Gebiet

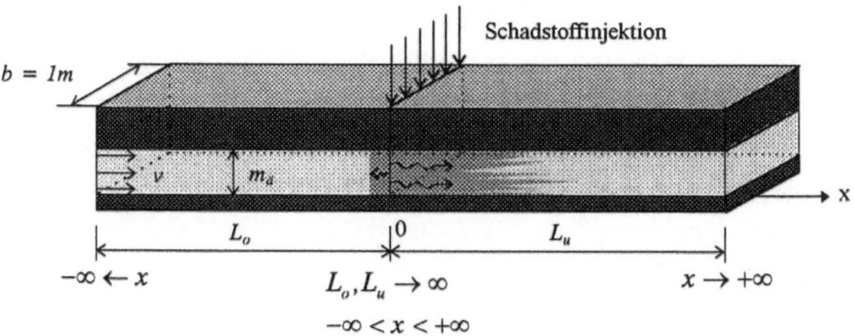

SCHEMA 2 - als einseitig unbegrenztes Gebiet

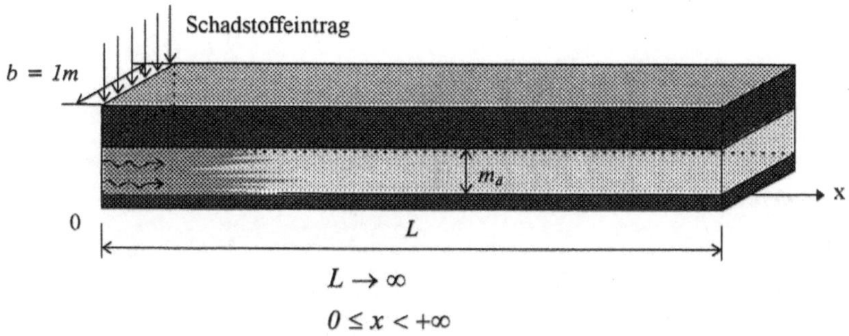

- Schema und Art des Schadstoffeintrags
  - impulsartige (momentane) Schadstoffinjektion (M_0 - die Masse der injizierten Substanz z.B. <kg>)
  - permanente Schadstoffinjektion ($\dot{M}_0$ - Injektionsrate der Substanz z.B. <kg/d>)
- Systemeigenschaften (Eingabedaten als konstant angenommen)
  - Transmissivität ($T = k_f m_ä$)
  - Durchflußwirksame (effektive) Porosität (n_e)
  - Retardationsfaktor ($R = 1$ - ohne Adsorption, $R > 1$ - mit Adsorption)
  - Longitudinale Dispersivität (α_L)
  - Koeffizient der molekularen Diffusion (D_m)
  - Schadstoffabbaurate (Annahme - Reaktion 1. Ordnung)(λ)

Aufgrund der o.g. Schemata werden durch die unterschiedlichen Transportmodellansätze mehrere Beispiele vorgestellt (BSP1-1, BSP1-2 BSP1-3).

Anfangs- und Randbedingungen

SCHEMA 1: zweiseitig begrenztes Gebiet ($-\infty < x < \infty$)

Strömung

DGL

$$\frac{d}{dx}\left(T\frac{dh}{dx}\right) = 0$$

RBD

gegebene Wasserstände (siehe Wassergleichen W_o, W_u in Abb.6-18)

$$h(x = -L_o) = H_o$$
$$h(x = L_u) = H_u$$

Ergebnis

$$v = T\frac{H_o - H_u}{L_o + L_u}$$ - konstante Filtergeschwindigkeit

$$v_a = \frac{v}{n_e}$$ - Abstandsgeschwindigkeit

Transport

- *impulsartige (momentane) Schadstoffinjektion*

BSP1-1 PDGL

$$\frac{\partial c}{\partial t} + \frac{v_a}{R}\frac{\partial c}{\partial x} - \frac{D}{R}\frac{\partial^2 c}{\partial x^2} + \lambda c = 0$$

$$D = D_m + D_{DSP}$$
$$c = c(x,t)$$
$$x \in (-\infty, \infty); t \geq 0$$

Die Schadstoffinjektion kann als Anfangsbedingung eingegeben werden:

ABD

$$c(x,t=0) = \frac{M_o}{m_{\ddot{a}} n_e R}\delta(x-0) \;,\; x \in (-\infty,\infty)$$

M_0 - die Masse der injizierten Substanz (kg) an der Stelle $x = 0$, im „Moment" $t = 0$

$\delta(x-0)$ - DIRAC'sche Deltafunktion (siehe mathematische Hilfsmittel)

RBD (1. Art)

$$c(\pm\infty, t) = 0 \;,\; t \geq 0$$

- *permanente Schadstoffinjektion*

BSP1-2 PDGL

$$\frac{\partial c}{\partial t}+\frac{v_a}{R}\frac{\partial c}{\partial x}-\frac{D}{R}\frac{\partial^2 c}{\partial x^2}+\lambda c=\frac{\dot{M}_0}{m_{\ddot{a}} n_e R}\delta(x-0)$$

wobei

$\dot{M}_0 = q_{inj} c_{inj}$ - Injektionsrate der Substanz durch die obere Grenze des Grundwasserleiters an der Stelle $x = 0$ (siehe Schematisierung und Grundgleichungen 1 - D, 6.3.1)

ABD

$$c(x,t=0)=0\ ,\ x \in(-\infty,\infty)$$

RBD (1. Art)

$$c(\pm\infty,t)=0\ ,\quad t>0$$

Anmerkung

Die Injektionsrate kann man auch zeitabhängig annehmen (z.B. $\dot{M}_0 e^{-\beta t}$).

SCHEMA 2: einseitig begrenztes Gebiet ($0 \leq x < \infty$) (siehe Schematisierung - Gebietsabgrenzung)

Strömung

DGL

$$\frac{d}{dx}\left(T\frac{dh}{dx}\right)=0$$

RBD

gegebene Wasserstände (siehe Wassergleichen W_o, W_u in Abb.6-18)

$$h(x=0)=H_O \quad , \quad h(x=L)=H_u$$

Ergebnis

$$v=T\frac{H_o-H_u}{L}$$ - konstante Filtergeschwindigkeit

$$v_a=\frac{v}{n_e}$$ - Abstandsgeschwindigkeit

Transport

Hier wird nur eine *permanente Schadstoffinjektion* betrachtet.

Da die Lage der Injektion am Rand ($x = 0$) liegt, wird als Randbedingung eingegeben

BSP1-3 PDGL

$$\frac{\partial c}{\partial t}+\frac{v_a}{R}\frac{\partial c}{\partial x}-\frac{D}{R}\frac{\partial^2 c}{\partial x^2}+\lambda c=0$$

ABD

$$c(x,t=0)=0\ ,\ x>0$$

RBD (1. Art)

$$c(x=0,t)=c_0\ ,\quad t>0$$

$$c(+\infty,t)=0\ ,\quad t>0$$

BSP1-4 PDGL

$$\frac{\partial c}{\partial t}+\frac{v_a}{R}\frac{\partial c}{\partial x}-\frac{D}{R}\frac{\partial^2 c}{\partial x^2}+\lambda c=0$$

ABD

$$c(x,t=0)=0\ ,\ x>0$$

RBD (3. Art)

$$\left(\frac{v_a}{n_e}c-D\frac{\partial u}{\partial c}\right)_{x=0}=q_0=\frac{v_a c_0}{n_e}$$

Man bemerkt, daß für dasselbe Transportproblem (Abb. 6-18) unterschiedliche Transportmodellansätze möglich sind (BSP1-2, BSP1-3, BSP1-4). Diese unterscheiden sich durch die Schematisierung (zweiseitig bzw. einseitig begrenztes Gebiet) oder/und durch die Darstellung der Schadstoffinjektion (als Quelle in PDGL - BSP1-2, als RBD 1.Art - BSP1-3 oder als RBD 3. Art - BSP1-4).

Anmerkungen

- Zur gleichen Problemstellung mit BSP1-3 führt z.B. das Modell des eindimensionalen vertikalen Nitrattransportes durch das Niederschlagswasser in der oberen Bodenzone.
- Ähnliche Beispiele mit BSP1-1, BSP1-2 können für 1D Strömungen und 2D Transportvorgänge formuliert werden. Der Unterschied betrifft nur die Transportgleichung und die Schadstoffinjektion. So z.B. im Falle eines ähnliche Problems wie BSP1-1:

BSP1-1* *1D Strömung, 2D Transportvorgang, punktförmige und impulsartige Schadstoffinjektion*

PDGL

$$\frac{\partial c}{\partial t}+\frac{v_a}{R}\frac{\partial c}{\partial x}-\frac{1}{R}\left(D_L\frac{\partial^2 c}{\partial x^2}+D_T\frac{\partial^2 c}{\partial y^2}\right)+\lambda c=0$$

$D_L=\alpha_L v_a$, α_L - longitudinale Dispersivität

$D_T=\alpha_T v_a$, α_T - transversale Dispersivität

Schadstoffeintrag als Anfangsbedingung

ABD

$$c(x,y,t=0)=\frac{M_0}{m_{\ddot{a}}n_e R}\delta(x-0,y-0)$$

M_0 - die Masse der injizierten Substanz an der Stelle $(x=0,\ y=0)$, im Moment $t=0$.

$\delta(x=0,y=0)$ - DIRAC'sche - Deltafunktion

RBD

$$c(\pm\infty,y,t)=0\ ,\ t\geq 0\ ,\ y\in R$$

Die Lösungsfunktion für die o.g. Beispiele werden im Rahmen der Vorstellung analytischer Lösungen gegeben.

2D Grundwasserströmung, 2D Stofftransport

BEISPIEL 2

Naturausschnitt

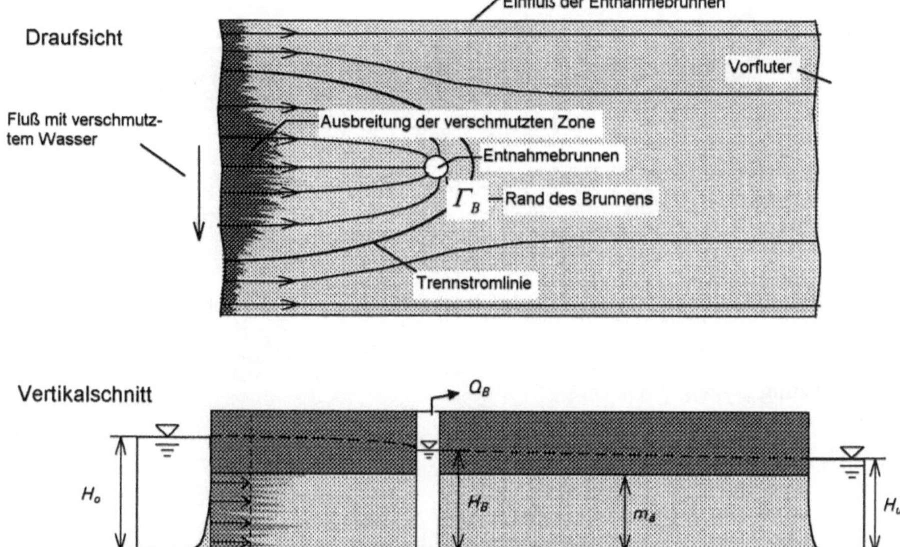

Abbildung 6-19 Feldsituation für ein 2D Strömungs- und Transportproblem

Schematisierung

Das Strömungs- und Transportgebiet ist stromaufwärts bzw. stromabwärts vom Fluß und Vorfluter eindeutig bestimmt. Die seitliche Ausdehnung des Gebietes wird durch Strömungsberechnungsversuche bestimmt. Eine von den möglichen Fällen ist in Abbildung 6-19 dargestellt. Der Fall entspricht den Strömungsverhältnissen, wenn die vom Brunnen und von der parallelen Strömung bestimmte Trennstromlinie den Vorfluter nicht erreicht. In allen Fällen, auch wenn die Trennstromlinie den Vorfluter erreicht, kann man die Breite der seitlichen Ausdehnung mit einer guten Näherung von $L = (3 - 4)\ B$ abschätzen (siehe Schematisierungsskizze).

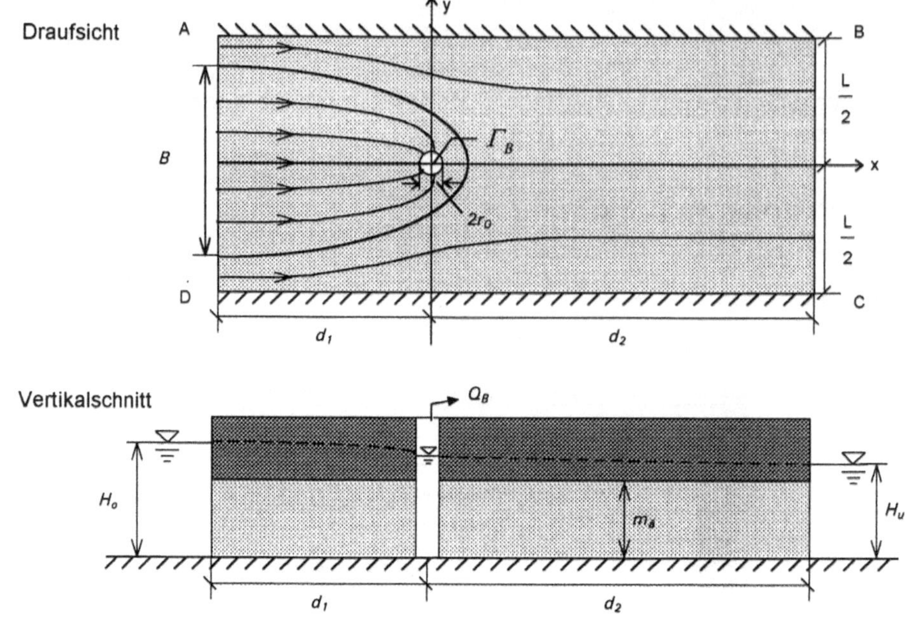

Abbildung 6-20 Schematisierung und Gebietsabgrenzung der in Abbildung 6-19 betrachteten 2D Feldsituation

- Gebietsabgrenzung

  $$G=\left\{(x,y)\middle| d_1 \le x \le d_2, -\frac{L}{2} \le y \le \frac{L}{2}\right\} - G_B$$

  mit

  $$G_B=\left\{(x,y)\middle| x^2+y^2<r_0^2\right\}$$

  das Innere des Brunnens und die Ränder

  ABCD - äußerer Rand

  Γ_B - Rand des Brunnens

- Schema und Art des Schadstoffeintrags

  durch den Einströmrand AD, permanente zeit-unabhängige oder -abhängige Konzentration

- Systemeigenschaften
  - Transmissivität ($T = k_f m_ä$)
  - Durchflußwirksame (effektive) Porosität (n_e)
  - Retardationsfaktor (R)
  - Longitudinale Dispersivität (α_L)
  - Transversale Dispersivität (α_T)

- Koeffizient der molekularen Diffusion (D_m)
- Schadstoffabbau (λ) (Annahme: Reaktion 1. Ordnung)

Anfangs- und Randbedingungen

Strömung (2D, stationär)

PDGL

$$\frac{\partial}{\partial x}\left(T\frac{\partial h}{\partial x}\right)+\frac{\partial}{\partial y}\left(T\frac{\partial h}{\partial y}\right)=0 \ , \quad \begin{array}{l} h:G\rightarrow R \\ h=h(x,y) \end{array}$$

RBD

$$h_{|AD}=H_O \ , \ h_{|BC}=H_U$$

$$\frac{\partial h}{\partial n_{|AB\cup CD}}=0 \ , \ h_{|\Gamma_B}=H_B$$

Ergebnis

$h(x,y)$ und $v(x,y)$ im $G\cup R$

Transport

PDGL

Annahmen: - n_e, α_L ,α_T, R und λ - Konstanten
- über die Tiefe gemittelte Konzentration

PDGL - vektorielle Form

$$\frac{\partial c}{\partial t}+\frac{1}{R}\left[\vec{v}_a\cdot\nabla c-\nabla\cdot\left(\vec{\vec{D}}\cdot\nabla c\right)\right]+\lambda c=0$$

Mit

$$\vec{v}_a=\vec{i}\,v_{ax}+\vec{j}\,v_{ay} \quad ; \quad \vec{\vec{D}}\Rightarrow\begin{bmatrix} D_{xx} & D_{xy} \\ D_{yx} & D_{yy} \end{bmatrix}$$

$$v_a=\sqrt{v_{ax}^2+v_{ay}^2}$$

und

$$D_{xx}=\alpha_L\frac{v_{ax}^2}{v_a}+\alpha_T\frac{v_{ay}^2}{v_a}$$

$$D_{xy}=D_{yx}=(\alpha_L-\alpha_T)\frac{v_{ax}v_{ay}}{v_a}$$

$$D_{yy}=\alpha_L\frac{v_{ay}^2}{v_a}+\alpha_T\frac{v_{ax}^2}{v_a}$$

wird die PDGL in skalarer Form zu

$$\frac{\partial c}{\partial t}+\frac{1}{R}\left[v_{ax}\frac{\partial c}{\partial x}+v_{ay}\frac{\partial c}{\partial y}-\frac{\partial}{\partial x}\left(D_{xx}\frac{\partial c}{\partial x}+D_{xy}\frac{\partial c}{\partial y}\right)-\frac{\partial}{\partial y}\left(D_{yx}\frac{\partial c}{\partial x}+D_{yy}\frac{\partial c}{\partial y}\right)\right]+\lambda c=0$$

ABD

$$c(x,y,t=0)_{|G\cup R\cup\Gamma_B}=0$$

RBD

AD- Einströmrand (RBD 3. Art)

$$\left(\vec{v}_a c-\vec{\vec{D}}\cdot\nabla c\right)_{|AD}=\vec{q}_R \ , \ t>0 \qquad \text{(R1)}$$

Annahme: Der konvektive Transport überwiegt den dispersiven Transport.

$$\left|\vec{\vec{D}}\cdot\nabla c\right|<<\left|\vec{v}_a c\right|$$

Mit dieser Annahme

AD - Einströmrand (RBD 1. Art)

$$v_{ax}c_{|AD}=\begin{cases} v_{ax}c_0 & \text{- zeitunabhängig} \\ \quad\text{oder} & \\ v_{ax}c_0\, f(t) & \text{- zeitabhängig,} \end{cases} \quad , \ t>0 \qquad \text{(R1*)}$$

wobei *f(t)* eine gegebene zeitabhängige Funktion ist (z.B. $e^{-\beta t}$).

AB und CD - undurchlässige Ränder (RBD 2. Art)

$$\frac{\partial c}{\partial n_{|AB\cup CD}}=\frac{\partial c}{\partial y_{|y=\pm\frac{L}{2}}}=0 \ , \ t>0$$

BC und Γ_B - Auströmungsränder (RBD - als Transmissionsbedingung)

$$\nabla\cdot\left(\vec{\vec{D}}\cdot\nabla c\right)_{|BC\cup\Gamma_B}=0 \ , \ t>0$$

6.5 Lösungsverfahren und Beispiele zu Schadstofftransportproblemen

6.5.1 Allgemeine Betrachtungen

Nachdem in den vorangegangenen Paragraphen die Grundgleichungen, Anfangs- und Randbedingungen und Beispiele zu den Problemstellungen von Transportvorgängen behandelt wurden, sollen nun die wichtigsten Verfahren zur Lösung dieser Probleme vorgestellt werden.

Wie bereits erwähnt, werden weiterhin nur entkoppelte Strömungs- und Transportvorgänge betrachtet (siehe 6.4.1). Die Kenntnis des Strömungsfeldes ist vorausgesetzt.

Eine Übersicht über die wichtigsten Lösungsverfahren der Transportgleichung ist im folgenden Schema dargestellt.

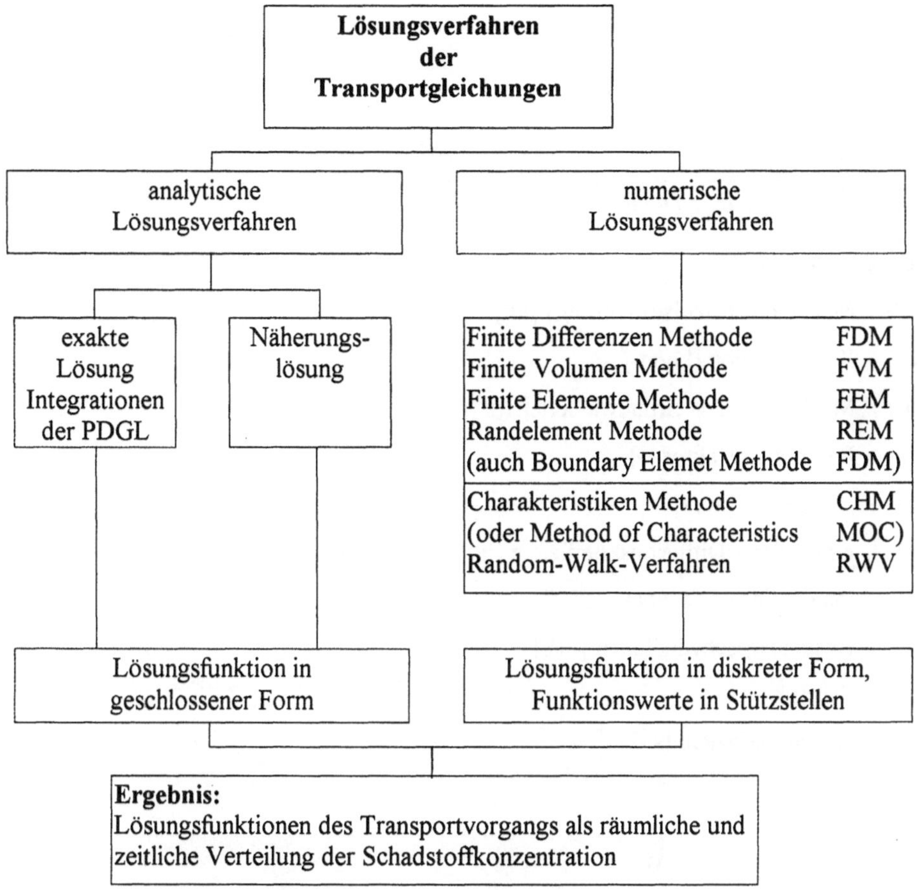

Die meisten von diesen Verfahren werden in den folgenden Abschnitten näher erläutert (FDM, FVM, MOC und RWV).

Man bemerkt, daß die meisten erwähnten Lösungsverfahren mit den bei der Strömungsmodellierung vorgestellten Verfahren übereinstimmen (siehe 5.1). Als spezifische Methoden für Transportprobleme werden die MOC und die RWV betrachtet, die sich besonders durch ihren hyperbolischen Charakter für die Lösung der Transportgleichungen eignen.

6.5.2 Beispiele zur analytischen Lösung der Transportgleichung

BEISPIEL 1: 1D Strömung, 1D Transport, impulsartiger punktförmiger Schadstoffeintrag

Für das Schema des Strömungssystems siehe 6.4.3 -BSP1-1-Problemstellung

PDGL des Transports

$$\frac{\partial c}{\partial t} + \frac{v_a}{R}\frac{\partial c}{\partial x} - \frac{D}{R}\frac{\partial^2 c}{\partial x^2} + \lambda c = 0$$

ABD/RBD

$$c(x,t=0)=\frac{M_o}{m_{\ddot{a}}n_e R}\delta(x-0)$$

$$c(\pm\infty,t)=0 \ , \ t>0$$

Lösungsfunktion

$$c(x,t)=\frac{M_0}{2m_{\ddot{a}}n_e R\sqrt{\pi Dt/R}}\exp\left(-\frac{(x-v_a t/R)^2}{4Dt/R}-\lambda t\right) \tag{B-1}$$

Bezeichnungen:

M_0 Menge des Schadstoffeintrags [kg]

c Konzentration [kg/m³]

$m_{\ddot{a}}$ Mächtigkeit des Grundwasserleiters [m]

R Retardationsfaktor [-]

D $= D_m + D_L$ [m²/s]

D_m molekularer Diffusionskoeffizient [m²/s]

D_L longitudinale Dispersivität [m]

v_a Abstandsgeschwindigkeit [m/s]

t Zeit [s]

λ Abbaukoeffizient [s⁻¹]

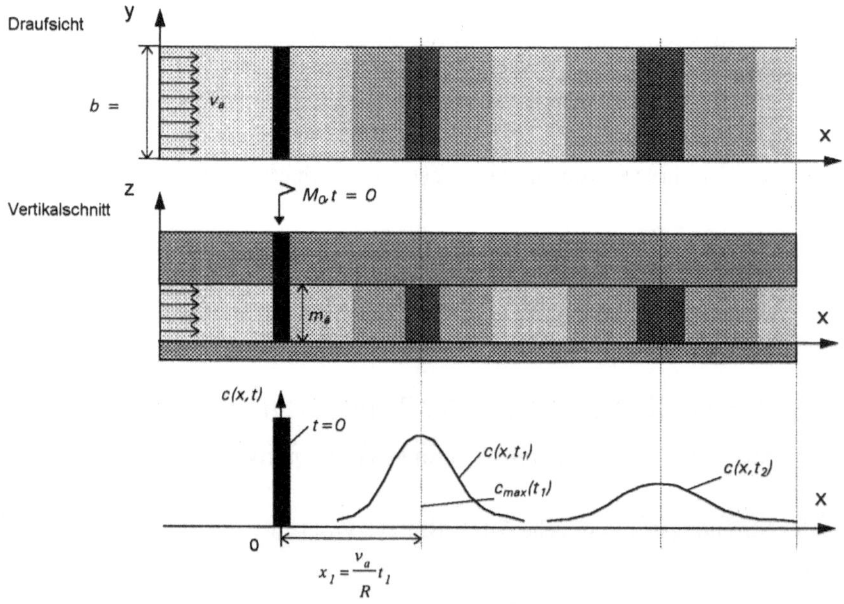

Abbildung 6-21 Konzentrationsverteilung und Transportvorgang (1D Strömung und Transport, impulsartiger Stoffeintrag, Lösungsfunktion B-1)

Anmerkungen

- Die Gesamtmasse des eingeleiteten Stoffes

$$M=\int_{-\infty}^{\infty} m_{ä} n_e R c(x,t)dx = M_0 e^{-\lambda t}$$

  im Zeitpunkt $t = 0$ entspricht $M = M_0$.

- Aus (B-1) können alle in der Abbildung 6-15 dargestellten Sonderfälle erhalten werden:
  - reine Diffusion (Abbildung 6-15a): $v_a = 0, D = D_m, R = 1, \lambda = 0$
  - reine Konvektion (Abbildung 6-15b): $v_a \neq 0, D_m = D_{DS} = 0, R = 1, \lambda = 0$
  - Konvektion mit Diffusion und Dispersion (Abbildung 6-15c): $v_a \neq 0, D_m + D_{DS} = D \neq 0, R = 0, \lambda = 0$
  - Konvektion mit Diffusion, Dispersion, Adsorbtion, ohne und mit Abbau (Abbildung 6-15d): $v_a \neq 0, D_m + D_{DS} = D \neq 0, R > 0, \lambda = 0$ bzw. $\lambda > 0$

BEISPIEL 2: 1D Strömung, 2D Transport, impulsartiger, punktförmiger Schadstoffeintrag

Man betrachtet eine 1D parallele Strömung in einem gespannten horizontalen Grundwasserleiter (Abbildung 6-2).

PDGL des Transports (siehe 6.4.3, Bsp. 1-1*)

$$\frac{\partial c}{\partial t} + \frac{v_a}{R}\frac{\partial c}{\partial x} - \frac{1}{R}\left(D_L \frac{\partial^2 c}{\partial x^2} + D_T \frac{\partial^2 c}{\partial y^2}\right) + \lambda c = 0$$

$D_L = \alpha_L v_a$, α_L – *longitudinale Dispersivität*

$D_T = \alpha_T v_a$, α_L – *transversale Dispersivität*

ABD / RBD

$$c(x,y,t=0) = \frac{\dot{M}_o}{m_{ä} n_e R}\delta(x-0, y-0)$$

$$c(r \rightarrow \pm\infty, t) = 0, \quad r = \sqrt{x^2 + y^2}$$

Lösungsfunktion:

$$c(x,y,t) = \frac{\dot{M}_o}{m_{ä} n_e v_a t \sqrt{\alpha_L \alpha_T}} exp\left[-\frac{(x - \frac{v_a t}{R})^2}{4\alpha_L \alpha_T \frac{v_a t}{R}} - \frac{y^2}{4\alpha_T \frac{v_a t}{R}} - \lambda t\right] \qquad \text{(B-2)}$$

Das Schema des Transportvorgangs und die Konzentrationsverteilung sind in Abs. 6-22 dargestellt.

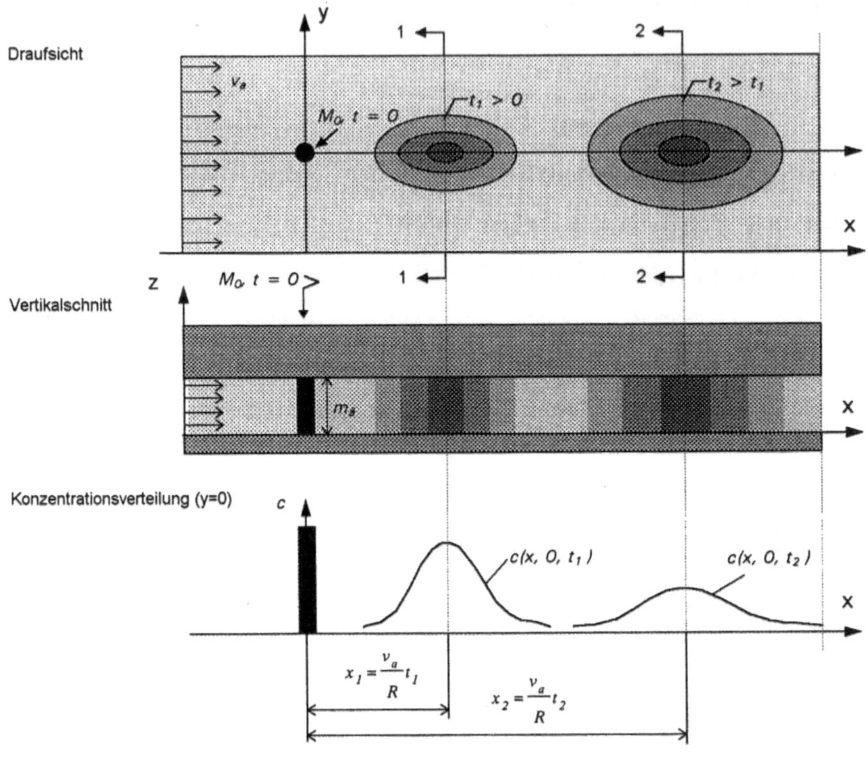

Konzentrationsverteilung (x = x_1 , Querschnitt 1 - 1, x = x_2 , Querschnitt 2 - 2)

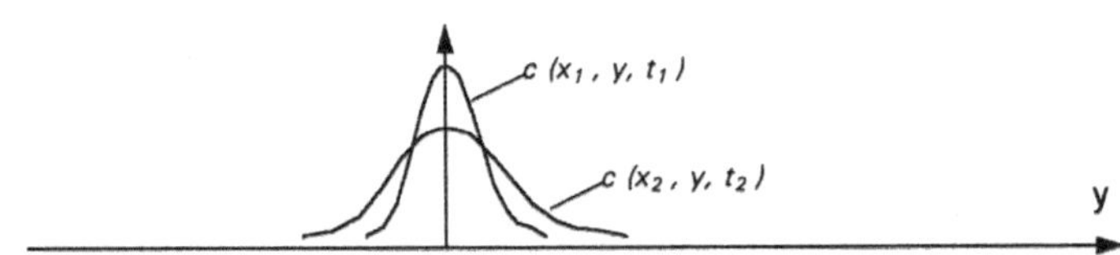

Abbildung 6-22 Schematische Darstellung des 2D Transportvorgangs in einer 1D parallelen Strömung, impulsartiger punktförmiger Schadstoffeintrag

BEISPIEL 3: 1D Strömung, 1D Transport, permanenter Schadstoffeintrag

Man betrachtet eine 1D parallele Strömung im gesamten Grundwasserleiter wie im Abschnitt 6.2.3, Abb. 6-18 dargestellt. Mit einer Schematisierung als einseitig begrenztes Gebiet $(0 \leq x < \infty)$ und Schadstoffeintrag als Punktquelle an der Stelle $x=0$ (6.4.3-Schema 2) gilt:

PDGL des Transports:

$$\frac{\partial c}{\partial t}+\frac{v_a}{R}\frac{\partial c}{\partial x}-\frac{1}{R}D_L\frac{\partial^2 c}{\partial x^2}+\lambda c=0$$

ABD / RBD

$$c(x,t=0)=0, \quad 0\leq x<\infty$$

$$c(x=0,t)=c_0; \quad c(+\infty,t)=0, \; t>0$$

Lösungsfunktion:

$$c(x,t)=\frac{c_0}{2}\left[exp(\frac{x-\gamma x}{2\alpha_L})erfc(\frac{x-\frac{\gamma v_a t}{R}}{\sqrt{\frac{4\alpha_L v_a t}{R}}})+exp(\frac{x+\gamma x}{2\alpha_L})erfc(\frac{x+\frac{\gamma v_a t}{R}}{\sqrt{\frac{4\alpha_L v_a t}{R}}})\right] \quad \text{(B3-1)}$$

Bezeichnungen:

$$c_0=\frac{M_0}{m_{\ddot{a}} n_e \gamma v_a}; \quad \gamma=\sqrt{1+\frac{4\lambda R\alpha_L}{v_a}}$$

$$erfc(u)=\frac{2}{\sqrt{\pi}}\int_u^{\infty}e^{-\zeta^2}d\zeta$$

erfc(u) ist die komplementäre Fehlerfunktion (error-function, siehe Mathematische Hilfsmittel).

In der Abb. 6-23 ist der Konzentrationsverlauf nach der Lösungsfunktion B3-1 dargestellt. Für eine deutlichere Darstellung wurden dimensionslose Parameter eingeführt: c/c_0; x/L, $v_a t/L$, wobei L eine Bezugslänge ist.

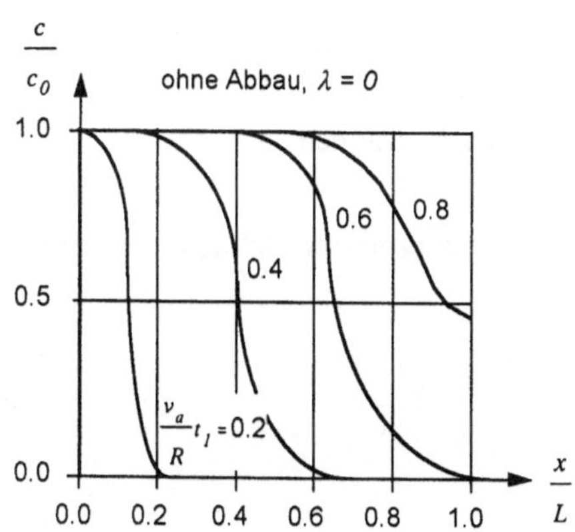

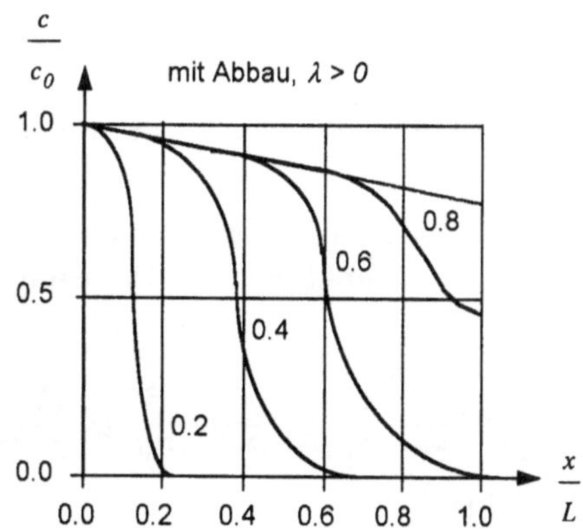

Abbildung 6-23 Konzentrationsverlauf im Falle eines permanenten Schadstoffeintrags, 1D Strömung und Transport

Anmerkungen

- Falls $P_e=\frac{x}{\alpha_L}>10$ gilt die Näherungslösung:

$$c(x,t) = \frac{c_0}{2} exp(\frac{x - x^*}{2\alpha_L}) erfc(\frac{x - \frac{v_a^* t}{R}}{\sqrt{\frac{4\alpha_L v_a t}{R}}}) \tag{B3-2}$$

- Eine weitere Näherungslösung erhält man, wenn die Schematisierung ein zweiseitig unbegrenztes Gebiet $(-\infty < x < +\infty)$ betrachtet (6.4.3-Schema1). In diesem Fall wird der Schadstoffeintrag als Injektionsquelle in der PDGL des Transports dargestellt.

PDGL

$$\frac{\partial c}{\partial t} + \frac{1}{R}(v_a \frac{\partial c}{\partial x} - D_L \frac{\partial^2 c}{\partial x^2}) + \lambda c = \frac{\dot{M}_o}{m_{\ddot{a}} n_e R} \delta(x - 0)$$

mit:

$\dot{M}_o$: permanente Injektionsrate

ABD / RBD

$c(x,t=0)=0; \quad x \in (-\infty, +\infty)$

$c(\pm\infty,t)=0, \quad t>0$

Die Lösungsfunktion hat einen ähnlichen Ausdruck wie (B3-1) mit der Anmerkung, daß das Vorzeichen „+“ mit „-“ ersetzt wird.

und

$$c_0 = \frac{\dot{M}_0}{m_{\ddot{a}} n_e v_a^*}$$

Die Näherung (B3-2) ist auch in diesem Fall gültig. Somit, falls $P_e = \frac{x}{\alpha_L} > 10$, gibt es keine wesentlichen Unterschiede zwischen den o. g. Lösungsfunktionen.

BEISPIEL 4: 1D parallele Strömung, 2D Transport, permanenter Schadstoffeintrag, Punktquelle im Ursprung

PDGL

$$\frac{\partial c}{\partial t} + \frac{1}{R}[v_a \frac{\partial c}{\partial x} - \frac{\partial}{\partial x}(D_L \frac{\partial c}{\partial x}) - \frac{\partial}{\partial y}(D_T \frac{\partial c}{\partial y})] - \lambda t = 0$$

ABD / RBD

$c(r,t=0)=0; \quad r>0$

$c(x=0,y=0,t)=c_0$

$c(r \to \infty,t)=0$

mit:

$r = \sqrt{x^2 + y^2}; \quad c_0 = \frac{\dot{M}_0}{m_{\ddot{a}} n_e v_a}$

$\dot{M}_0$: Rate des Schadstoffeintrages

Lösungsfunktion:

$$c(x,y,t) = \frac{\dot{M}_o}{4 m_a n_e v_a \sqrt{\pi \alpha_T \gamma r^*}} exp(\frac{x - \gamma r^*}{2\alpha_L}) erfc(\frac{r^* - \frac{\gamma v_a t}{R}}{2\sqrt{\alpha_L \frac{v_a t}{R}}})$$

mit: (B4)

$$r^* = \sqrt{x^2 + \frac{\alpha_L}{\alpha_T} y^2}; \quad \gamma = \sqrt{1 + 4\alpha_L \lambda \frac{R}{v_a}}$$

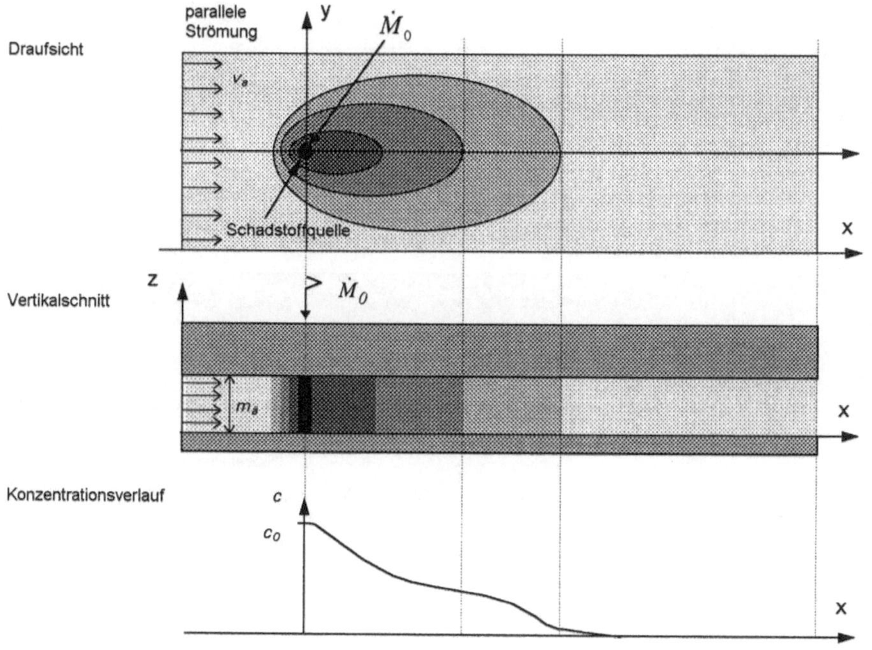

Abbildung 6-24 Skizze des Konzentrationsverlaufs: 1D Strömung, 2D Transport, permanente Punktquelle

6.5.3 Die Finite Differenzen Methode (FDM)

6.5.3.1 Differenzenschemata der 1D Strömung und des 1D Transports

PDGL

$$\frac{\partial c}{\partial t} + \frac{v_a}{R}\frac{\partial c}{\partial x} - \frac{D}{R}\frac{\partial^2 c}{\partial x^2} + \lambda c = 0$$

Gebietsabgrenzung (Abb.6-25)

$x \in [0,L]$

ABD / RBD

$c(x=0,t)=c_0 f(t)$

d. h. permanente zeitabhängige Schadstoffquelle ($f(t)$ ist eine gegebene Funktion)

$$\left.\frac{\partial^2 c}{\partial x^2}\right|_{x=L}=0$$

d. h. Transmissions-Randbedingung beim Ausströmungsrand

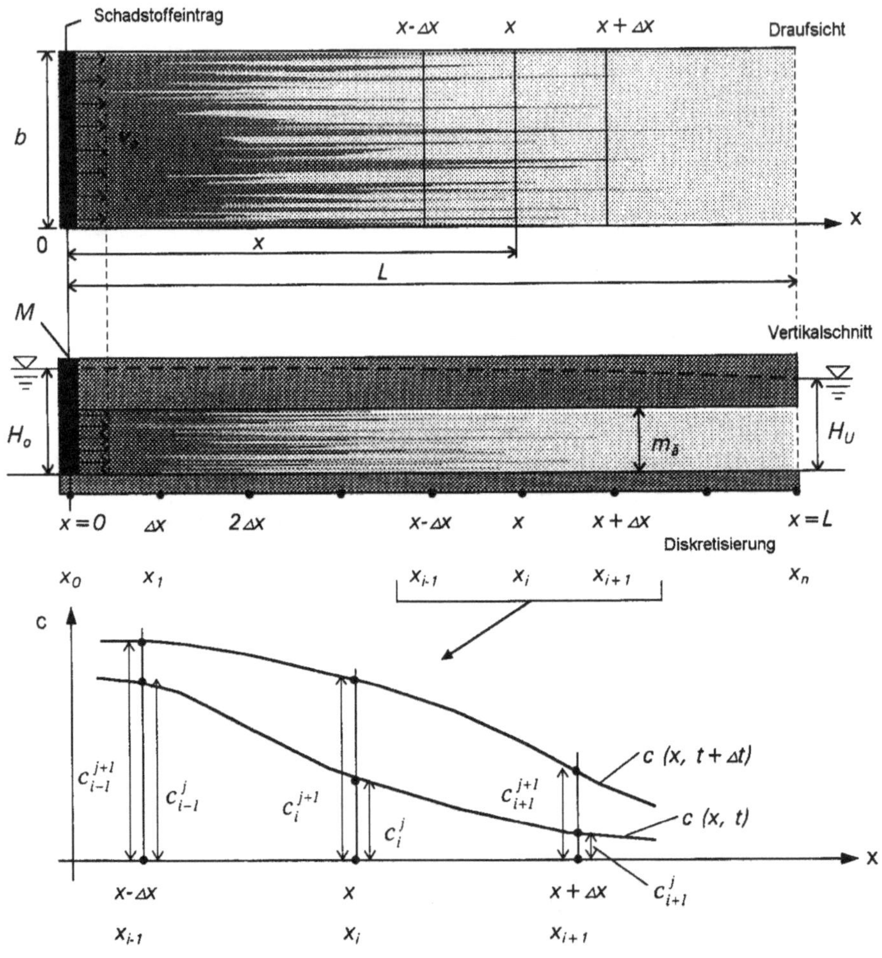

Abbildung 6-25 Skizze des Transportsystems und der Diskretisierung für den Konzentrationsablauf

Problem: Überführung der PDGL (PD-1) zu einer äquivalenten Differenzengleichung (DIFF)

Taylor'sche Reihenentwicklungen

- zeitliche Reihenentwicklung (x = *konst.*)

Vorwärtsdifferenz

$$c(x,t+\Delta t) = c(x,t) + \Delta t \frac{\partial c}{\partial t}_{|x,t} + \frac{\Delta t^2}{2}\frac{\partial^2 c}{\partial t^2} + \frac{\Delta t^3}{3!}\frac{\partial^3 c}{\partial t^3} + \dots\dots\dots \tag{D-1}$$

Rückwärtsdifferenz

$$c(x,t) = c(x,t+\Delta t) - \Delta t \frac{\partial c}{\partial t}_{|x,t} + \frac{\Delta t^2}{2}\frac{\partial^2 c}{\partial t^2} - \frac{\Delta t^3}{3!}\frac{\partial^3 c}{\partial t^3} + \dots\dots\dots \tag{D-2}$$

- örtliche Reihenentwicklung (t = *konst.)*

Vorwärtsdifferenz

$$c(x+\Delta x,t) = c(x) + \Delta x \frac{\partial c}{\partial x}_{|x,t} + \frac{\Delta x^2}{2}\frac{\partial^2 c}{\partial x^2} + \frac{\Delta x^3}{3!}\frac{\partial^3 c}{\partial x^3} + \dots\dots\dots \tag{D-3}$$

Rückwärtsdifferenz

$$c(x-\Delta x,t) = c(x) - \Delta x \frac{\partial c}{\partial x}_{|x,t} + \frac{\Delta x^2}{2}\frac{\partial^2 c}{\partial x^2} - \frac{\Delta x^3}{3!}\frac{\partial^3 c}{\partial x^3} + \dots\dots\dots \tag{D-4}$$

Abschätzung der partiellen Ableitungen

Für die örtliche partielle Ableitung 1.Ordnung ($\frac{\partial c}{\partial x}$) wird ein Wichtungsfaktor γ eingeführt, um alle möglichen Abschätzungen zu erhalten:

$$\frac{\partial c}{\partial x}_{|x,t} = (1-\gamma)\frac{c(x+\Delta x,t)-c(x,t)}{\Delta x} + \gamma\frac{c(x,t)-c(x-\Delta x,t)}{\Delta x} + AF_x \tag{D-5}$$

$\gamma = 0$, Vorwärtsdifferenz, Abrundungsfehler AF_x=0(Δx)

$\gamma = 1$ Rückwärtsdifferenz, Abrundungsfehler AF_x=0(Δx)

$\gamma = \frac{1}{2}$ Zentraldifferenz, Abrundungsfehler AF_x=0(Δx^2)

0(Δx) ist die Ordnung des Fehlers (wird Null, wenn Δx gegen Null strebt).

Die örtliche Ableitung 2. Ordnung

$$\frac{\partial^2 c}{\partial x^2}_{|x,t} = \frac{c(x-\Delta x,t)-2c(x,t)+c(x+\Delta x,t)}{\Delta x^2} + 0(\Delta x^2) \tag{D-6}$$

Für die zeitliche Ableitung gibt es prinzipiell zwei verschiedene Möglichkeiten

- zum Zeitpunkt „t" von der Vorwärtsdifferenz

$$\frac{\partial c}{\partial t}_{|x,t} = \frac{c(x,t+\Delta t)-c(x,t)}{\Delta t} + 0(\Delta t) \tag{E}$$

- zum Zeitpunkt „t" von der Rückwärtsdifferenz

$$\frac{\partial c}{\partial t}_{|x,t} = \frac{c(x,t+\Delta t)-c(x,t)}{\Delta t} + 0(\Delta t) \tag{I}$$

Ersetzt man die o. g. Ableitungen in der (PD-1), so erhält man die mit der PDGL äquivalente DIFF.

Man unterscheidet prinzipiell zwei verschiedene Möglichkeiten, um mit der PDGL äquivalente Differenzengleichungen (DIFF) zu erhalten:

explizit, wenn die zeitliche Ableitung (E) die Zuordnung aller örtlichen Ableitungen zum Zeitpunkt „*t*" erfordert:

$$\left(\frac{\partial c}{\partial t}+\frac{v_a}{R}\frac{\partial c}{\partial x}-\frac{D}{R}\frac{\partial^2 c}{\partial x^2}+\lambda c\right)_{x,t} = \tag{ES-1}$$

$$\frac{c(x,t+\Delta t)-c(x,t)}{\Delta t}+\frac{v_a}{R\Delta x}\left[(1-\gamma)c(x+\Delta x,t)-(1-2\gamma)c(x,t)-\gamma c(x-\Delta x,t)\right]$$

$$-\frac{D}{R\Delta x}\left[c(x-\Delta x,t)-2c(x,t)+c(x+\Delta x,t)\right]+\lambda c(x,t)$$

$$+0(\Delta t)+0(\left|\frac{1}{2}-\gamma\right|\Delta x+\Delta x^2)$$

implizit, wenn die zeitliche Ableitung (I) die Zuordnung aller örtlichen Ableitungen zum Zeitpunkt „*t*+*Δt*" erfordert.

$$\left(\frac{\partial c}{\partial t}+\frac{v_a}{R}\frac{\partial c}{\partial x}-\frac{D}{R}\frac{\partial^2 c}{\partial x^2}+\lambda c\right)_{x,t+\Delta t} = \tag{IS-1}$$

$$\frac{c(x,t+\Delta t)-c(x,t)}{\Delta t}+\frac{v_a}{R\Delta x}\left[(1-\gamma)c(x+\Delta x,t+\Delta t)-(1-2\gamma)c(x,t+\Delta t)-\gamma c(x-\Delta x,t+\Delta t)\right]$$

$$-\frac{D}{R\Delta x}\left[c(x-\Delta x,t+\Delta t)-2c(x,t+\Delta t)+c(x+\Delta x,t+\Delta t)\right]+\lambda c(x,t+\Delta t)$$

$$+0(\Delta t)+0(\left|\frac{1}{2}-\gamma\right|\Delta x+\Delta x^2)$$

Man merkt, daß in beiden Fällen gilt:

$$\lim_{(\Delta x,\Delta t)\to 0}(PDGL-DIFF)=0,$$

die die **Konsistenz** der Differenzendarstellung mit der partiellen Differentialgleichung darstellt. Somit sind die Differenzenschemata (ES-1) und (IS-1) mit der Transportgleichung (PD-1) konsistent. Die Approximation ist von der Ordnung $0(\Delta)$, bzw. $0(\Delta^2)$.

Für die weitere Analyse der vorgestellten Differenzenschemata wird eine äquidistante Gitter- und Indexschreibweise Ortindex „*i*", Zeitindex „*j*" gemäß Abb. 6-25 eingeführt.

$$c(x_i,t_j)=c(i\Delta x,j\Delta t)=c_i^j$$

Das **explizite Differenzenschema** ergibt sich aus (ES-1):

$$c_i^{j+1}=c_i^j+\frac{D\Delta t}{R\Delta x^2}\left\{(1+\gamma P_e)c_{i-1}^j-\left[2-(1-2\gamma)P_e+Z_e\right]c_i^j+\left[1-(1-\gamma)P_e\right]c_{i+1}^j\right\} \tag{ES-2}$$

mit:

$$P_e = \frac{v_a \Delta x}{D} \quad \textit{Gitter - Peclet - Zahl}$$

$$Z_e = \frac{\lambda \Delta x^2}{D} \quad \textit{Gitter - Zerfall - Zahl}$$

Mit Hilfe dieses Differenzenschemata kann man in einem beliebigen Knoten „i“ die Konzentration (c_i^{j+1}) zum Zeitpunkt „$j+1$“ aus den bekannten Konzentrationen ($c_{i-1}^j, c_i^j, c_{i+1}^j$) zum Zeitpunkt „$j$“ direkt berechnen (siehe Schema).

Schema

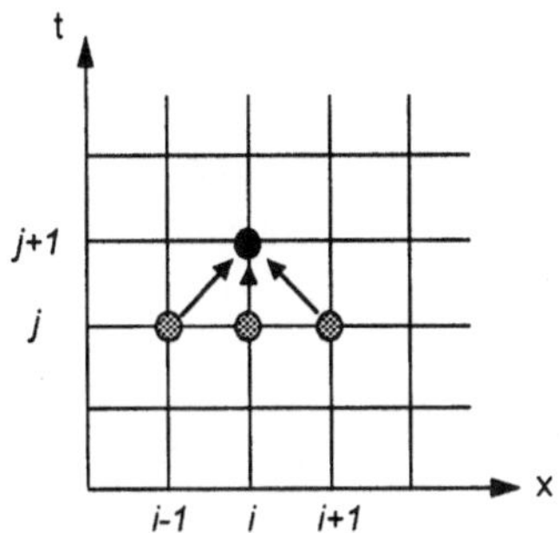

Das **Implizite Schema** ergibt sich aus (IS - 1).

$$c_i^{j+1} = c_i^j + \frac{D\Delta t}{R\Delta x^2}\left\{(1+\gamma P_e)c_{i-1}^{j+1} - [2-(1-2\gamma)P_e + Z_e]c_i^{j+1} + [1-(1-\gamma)P_e]c_{i+1}^{j+1}\right\} \tag{IS-2}$$

Schema

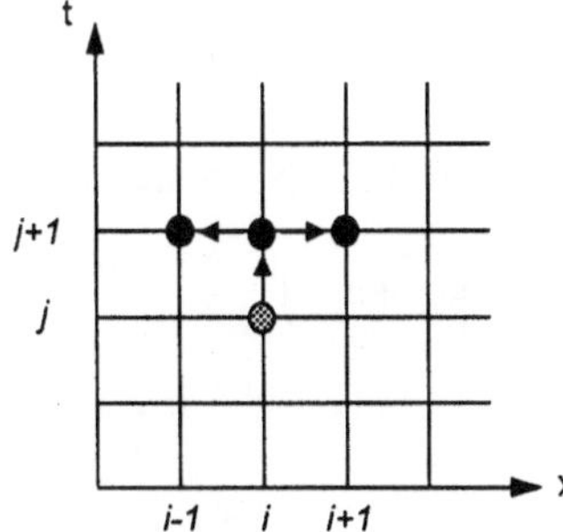

Das implizite Schema führt zu einem algebraischen Gleichungssystem für jeden Zeitschritt. Die Lösungen dieses Gleichungssystems sind die Konzentrationen zur Zeit „$j+1$“. Das ist ein Nachteil des impliziten Schemas gegenüber dem expliziten Schema, besonders für zwei- und dreidimensionale Probleme, bei denen Gleichungssysteme bis 10^4er Ordnung zu jedem Zeitschritt entstehen.

Beide o.g. Schemata betrachten eine Approximation 1. Ordnung *($O(\Delta t)$)*. Eine Approximation 2. Ordnung *($O(\Delta t^2)$)* erhält man mit dem **CRANK-NICHOLSON-Schema,** bei dem die zahlreichen Ableitungen *($\partial c/\partial t$)* mit der zentralen Differenz abgeschätzt werden.

Schema

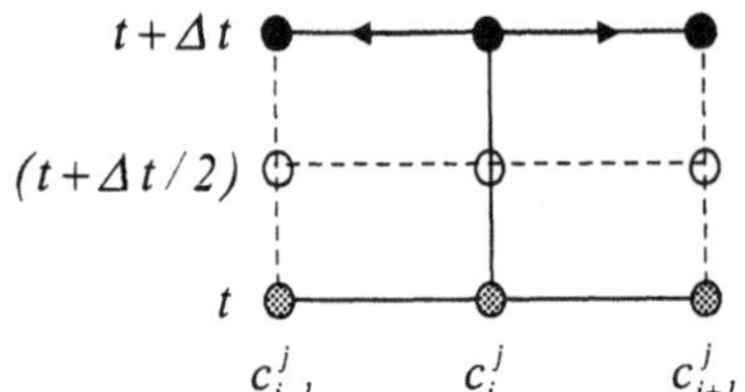

$$E(t+\Delta t)=E\left(t+\frac{\Delta t}{2}\right)+\frac{\Delta t}{2}\frac{\partial E}{\partial t}+\frac{\Delta t^2}{4\cdot 2}\frac{\partial^2 E}{\partial t^2}+\frac{\Delta t^3}{8\cdot 6}\frac{\partial^3 E}{\partial t^3}+\ldots$$

$$E(t)\quad =E\left(t+\frac{\Delta t}{2}\right)-\frac{\Delta t}{2}\frac{\partial E}{\partial t}+\frac{\Delta t^2}{4\cdot 2}\frac{\partial^2 E}{\partial t^2}-\frac{\Delta t^3}{8\cdot 6}\frac{\partial^3 E}{\partial t^3}+\ldots$$

Mit $E = c$ erhält man

$$\left.\frac{\partial c}{\partial t}\right|_{x,x+\frac{\Delta t}{2}}=\frac{c(x,t+\Delta t)-c(x,t)}{\Delta t}+O\left(\Delta t^2\right)$$

Für die anderen Glieder der PDGL

$$\left.\left(\frac{v_a}{R}\frac{\partial c}{\partial x}-\frac{D}{R}\frac{\partial^2 c}{\partial x^2}+\lambda c\right)\right|_{x,t+\frac{\Delta t}{2}}=E\left(t+\frac{\Delta t}{2}\right)$$

erhält man die Näherung

$$E\left(t+\frac{\Delta t}{2}\right)=\frac{1}{2}\left(E(t)+E(t+\Delta t)\right)+O\left(\Delta t^2\right)$$

Aufgrund dieser Approximationen lautet das CRANK - NICHOLSON - Schema

$$\begin{aligned} c_i^{j+1}=c_i^j+\frac{1}{2}\frac{D\Delta t}{R\Delta x^2}\Big\{&\left(1+\gamma P_e\right)\left(c_{i-1}^j+c_{i-1}^{j+1}\right)-\left[2-(1-2\gamma)P_e+Z_e\right]\left(c_i^j+c_i^{j+1}\right)\\ &+\left[1-(1-\gamma)P_e\right]\left(c_{i+1}^j+c_{i+1}^{j+1}\right)\Big\} \end{aligned} \qquad \text{(N-1)}$$

Die Ordnung der Abruchsfehler $O(\Delta t^2)$ und $O\left(\left|\frac{1}{2}-\gamma\right|\Delta x+\Delta x^2\right)$.

Auch mit diesem Schema entsteht ein algebraisches Gleichungssystem zu jedem Zeitschritt, ähnlich wie bei dem einfachen impliziten Schema.

Anmerkung

Wenn die Parameter nicht konstant sind (z.B. $D = D(x)$), sollen die Ableitungen ähnlich wie im Falle des inhomogenen Grundwasserleiters (Paragraph 5.3.1.2) behandelt werden. So gilt z.B. für die Ableitung 2.Ordnung die folgende Approximation mit Differenzen:

$$\frac{\partial}{\partial x}\left(D\frac{\partial c}{\partial x}\right) \cong \frac{1}{\Delta x^2}\left(D_{i-1i}^{(\ddot{a})}c_{i-1}^j - 2D_{ii}^{(\ddot{a})}c_i^j + D_{ii+1}^{(\ddot{a})}c_{i+1}^j\right),$$

wobei für $D_{(\ )(\ )}^{(\ddot{a})}$ die gleichen Ausdrücke wie für die Transmissivität gelten (Paragraph 5.3.1.2, Fall A, B1, B2).

6.5.3.2 Stabilitätsanalyse der Differenzenverfahren

Die Voraussetzung, daß der Rundungsfehler bei der numerischen Berechnung mit dem Zeitablauf ($j \to j+1$) nicht steigt, führt zu *Stabilitätsbedingungen* der Differenzenschemata. Für den berechneten Wert der Konzentrationen (c_i^j) und deren exakten Wert ($\bar{c}_i^j$) gilt

$$c_i^j = \bar{c}_i^j + \varepsilon_i^j, \quad \begin{matrix} i = 1,2,...,n \\ j = 1,2,...,m \end{matrix}$$

mit ε_i^j - Rundungsfehler. Ersetzt man dies in (ES-2), so erhält man für den Fehler ε_i^j die Differenzengleichung.

$$\varepsilon_i^{j+1} = \varepsilon_i^j + \frac{D\Delta t}{R\Delta x^2}\left\{(1+\gamma P_e)\varepsilon_{i-1}^j - \left[2-(1-2\gamma)P_e + Z_e\right]\varepsilon_i^j + \left[1-(1-\gamma)P_e\right]\varepsilon_{i+1}^j\right\}$$

Ein besonderes Interesse bei der Stabilitätsanalyse repräsentiert der vorwiegend konvektive Transport ($D \to 0$). Der extreme Fall ist der konvektive Transport, wenn (ES -3)

$$\varepsilon_i^{j+1} = \varepsilon_i^j + \gamma C_r \varepsilon_{i-1}^j + (1-2\gamma)C_r\varepsilon_i^j - (1-\gamma)C_r\varepsilon_{i+1}^j \qquad \text{(ES-4)}$$

wird, wobei

$$C_r = \frac{|v_a|\Delta t}{R\Delta x}$$ - die Gitter-COURANT-Zahl ist.

Die Voraussetzung, daß der Fehler mit dem Zeitablauf nicht steigt, d.h. daß die Lösung stabil bleibt, führt zur Bedingung

$$\left|\varepsilon_i^{j+1}\right| \le \left|\varepsilon_i^j\right|, \quad \begin{matrix} i = 0,1,2,...,n \\ j = 0,1,2,...,m \end{matrix} \qquad \text{(SB-0)}$$

Aufgrund einfacher Überlegungen ist es möglich, Stabilitätsbedingungen für die Differenzenschemata zu schaffen. Bezeichet man mit ε^j den Betrag des maximalen Fehlers zu Zeit t_j, so gilt

$$-\varepsilon^j \le \varepsilon_i^j \le \varepsilon^j, \quad i = 0,1,2,...,n$$

Aufgrund dieser Ungleichungen kann man aus (ES-3) und (ES-4) den möglichst kleinsten (größten) Betrag ε_{j+1} abschätzen und aus (SB-0) eine Stabilitätsbedingung erhalten.

Stromaufwärtswichtung (auch „upwind"-Wichtung) der örtlichen Ableitung 1. Ordnung:

$$\gamma = \frac{1}{2}(1 + \operatorname{sin gn}(v_a))$$

$sign(v_a)=1,\ \gamma=1$ $\qquad$ $sign(v_a)=-1,\ \gamma=0$

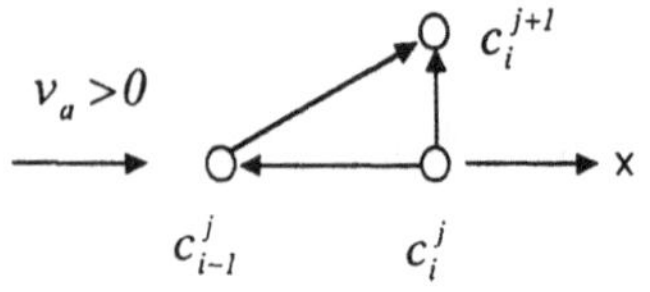

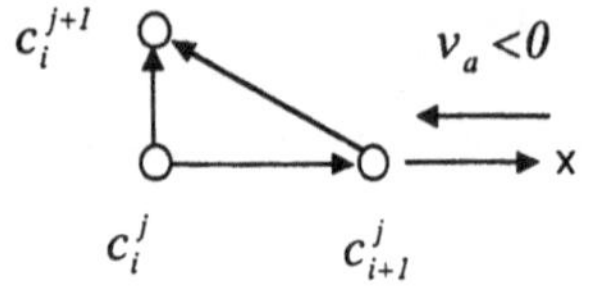

Das Schema 1 ist ein Rückwärtsdifferenzenschema und das Schema 2 ein Vorwärtsdifferenzenschema der räumlichen Ableitung 1. Ordnung ($\partial c/\partial x$). Alle beide sind aber bezüglich der Strömungsrichtung Rückwärtsschemata (Reihenentwicklung entgegen der Strömungsrichtung). Nimmt man die x-Achse, so daß die positive Richtung mit der Strömungsrichtung übereinstimmt, so sind dann beide Schemata eigentlich Rückwärtsdifferenzenschemata.

Aus (ES-3) mit der Berücksichtigung der Strömungsrichtung ($v_a \geq 0,\ Pe \geq 0\ ;\ v_a < 0,\ Pe < 0$) folgt für beide Schemata

$$\varepsilon^{j+1} = \varepsilon^j \left[1 - \frac{D\Delta t}{R\Delta x^2} \left(4 + 2|Pe| + Ze \right) \right]$$

und somit die *Stabilitätsbedingung*

$$\frac{D\Delta t}{R\Delta x^2} \leq \frac{1}{2 + |Pe| + \frac{1}{2} Ze} \qquad \text{(SB-1)}$$

Wenn $Pe = 0$ und $Ze = 0$ d.h., daß die Konvektion und der Abbau entfällt, so erhält man das *NEUMANN-Kriterium*

$$\frac{D\Delta t}{R\Delta x} \leq \frac{1}{2}. \qquad \text{(SB-2)}$$

Aus (ES-4) erhält man für den konvektiven Transport

$$\varepsilon^{j+1} = \varepsilon^j - 2C_r \varepsilon^j$$

und somit das *COURANT-Kriterium*.

$$C_r = \frac{|v_a| \Delta t}{R\Delta x} \leq 1$$

Aus (ES-3), wenn die Konvektion und die Diffusion/Dispersion entfallen ($va = 0$ und $D = 0$), erhält man

$$\varepsilon^{j+1} = \varepsilon^j - \frac{\lambda \Delta t}{R} \varepsilon^j$$

und somit das *Abbaukriterium*

$$\frac{\lambda \Delta t}{R} \leq 2.$$

Man bemerkt, daß die Stabilitätsbedingung (SB-1) das *NEUMANN-Kriterium* mit dem *COURANT-Kriterium* und dem Abbaukriterium kombiniert.

Eine mathematisch exaktere Stabilitätsbedingung kann man mit der zeitlichen FOURIER-Reihenentwicklung des Rundungsfehlers ε_i^j erhalten (kleine Störung) [HÄFNER 1992].

$$\frac{D\Delta t}{R\Delta x^2} \leq \frac{1}{1+\frac{1}{2}|Pe|+\sqrt{1+|Pe|}+\frac{1}{2}Ze} \qquad \text{(SB-4)}$$

Man bemerkt, daß wegen

$$\frac{1}{2}|Pe|+\sqrt{1+|Pe|} \leq 1+Pe$$

(SB-4) in der Form (SB-1) geschrieben werden kann.

Die Zentralwichtung ($\gamma = 1/2$) für die örtliche Ableitung führt auf folgende Stabilitätsbeding-ung

$$\frac{D\Delta t}{R\Delta x^2} \leq \begin{cases} \dfrac{1}{1+\sqrt{1+|Pe|^2/4+Ze/2}} & \text{, wenn } |Pe| \leq 2 \\[2ex] \dfrac{4+2Ze}{(Pe+Ze)^2} & \text{, wenn } |Pe| > 2 \end{cases} \qquad \text{(SB-5)}$$

Man merkt, wenn die Gitter-PECLET-Zahl (Pe) sehr groß ist, daß sehr kleine Zeitschritte betrachtet werden müssen.

Die **Stromabwärtswichtung** (auch „downwind" - Wichtung) der örtlichen Ableitung 1. Ordnung

$$\gamma = \frac{1}{2}\,(1 - sign\,(v_a))$$

Reihenentwicklung Richtung Strömung.

Schema 1

$sign(v_a)=1,\ \gamma=0$

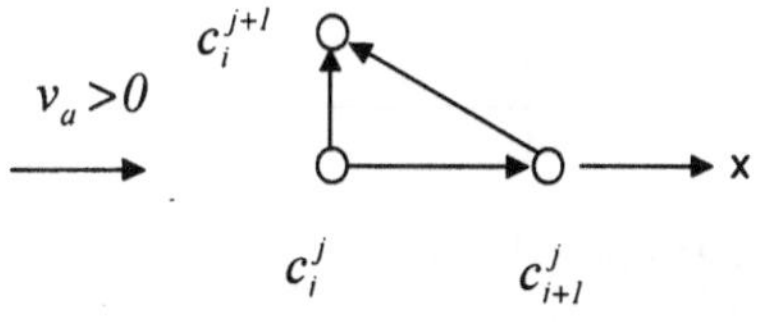

c_i^{j+1} $v_a>0$ x

c_i^j c_{i+1}^j

Schema 2

$sign(v_a)=-1,\ \gamma=1$

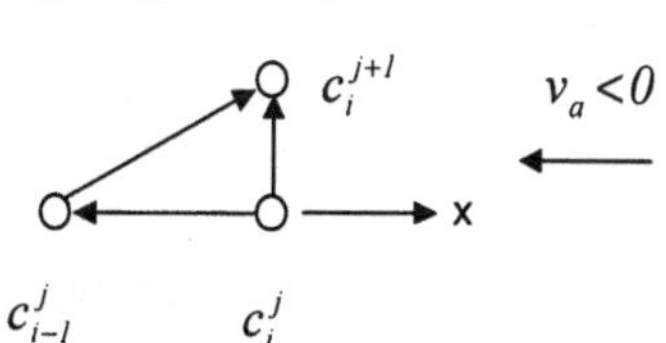

Eine ungünstig Kombination der Fehler führt z.B. im Falle des konvektiven Transports (ES-4) auf

$$\varepsilon^{j+1} = \varepsilon^j + 2C_r\varepsilon^j .$$

Somit kann die Stabilitätsbedingung (SB-0) nicht erfüllt werden.

Aus (ES-3) erhält man die Bedingung

$$\frac{D\Delta t}{R\Delta x^2} \leq \frac{1}{2-\frac{1}{2}|Pe|+\frac{1}{2}Ze}, \qquad \text{(SB-6)}$$

die die Stabilität für die kleine Gitter-PECLET-Zahl

$$|Pe| < 4 + Ze$$

sichert.

Für die Anwendung bleiben als sichere Schemata die beiden Stromaufwärts - Wichtung - Schemata („upwind" - Wichtung).

Das **Implizite Schema** und das **CRANK-NICHOLSON-Schema** sind für beliebige Zeitschritte stabil (keine notwendige Stabilitätsbedingung erforderlich). Es ist aber zu bemerken, daß bei *Erhaltung* des Stabilitätskriteriums (SB-1) eine größere Genauigkeit erreicht wird.

6.5.3.3 Numerische Dispersion

Die numerische Dispersion wird durch Diskretisierung von Ableitungen 1. Ordnung mit linearen Approximationen verursacht. Mit Näherungen 1. Ordnung *($O(\Delta x)$ und $O(\Delta t)$)* werden die Restglieder der Reihenentwicklung vernachlässigt, die den gleichen Aufbau wie der Term der Dispersion haben (Ableitung 2. Ordnung) und dadurch den realen physikalischen Prozess verfälschen. Für die Vorstellung der Grundlagen wird das explizite Rückwärtsschema („upwind") betrachtet.

Aus der Differenzengleichung (D-1) und (D-4) folgt

$$\frac{\partial c}{\partial t} = \frac{c(x,t+\Delta t) - c(x,t)}{\Delta t} - \frac{\Delta t}{2}\frac{\partial^2 c}{\partial t^2} + O(\Delta t^2)$$

$$\frac{\partial c}{\partial t} = \frac{c(x,t) - c(x-\Delta x,t)}{\Delta x} + \frac{\Delta x}{2}\frac{\partial^2 c}{\partial x^2} + O(\Delta x^2)$$

Man bemerkt, daß die Näherung 2. Ordnung bei diesen Ableitungen zusätzliche Terme einführt. Eine Abschätzung der Ableitung $\partial^2 c / \partial t^2$ ist möglich aufgrund der PDGL (PD-1), wenn nur die ersten zwei Terme (Konvektion) berücksichtigt werden:

$$\frac{\partial c}{\partial t} \cong -\frac{v_a}{R}\frac{\partial c}{\partial x} \quad \rightarrow \quad \frac{\partial^2 c}{\partial t^2} \cong \frac{v_a^2}{R^2}\frac{\partial^2 c}{\partial x^2}$$

Mit diesen Abschätzungen 2. Ordnung *($O(\Delta t^2)$ und $O(\Delta x^2)$)* erhält man

$$\left(\frac{\partial c}{\partial t} + \frac{v_a}{R}\frac{\partial c}{\partial x} - \frac{D}{R}\frac{\partial^2 c}{\partial x^2} + \lambda c\right)_{x,t} \cong \frac{c(x,t+\Delta t) - c(x,t)}{\Delta x} + \frac{v_a}{R}\frac{c(x,t) - c(x-\Delta x,t)}{\Delta x}$$
$$- \frac{D}{R}\frac{c(x-\Delta x,t) - 2c(x,t) + c(x+\Delta x,t)}{\Delta x^2}$$
$$+ \lambda c(x,t) + \boxed{\frac{1}{R}\frac{v_a}{2}(\Delta x - v_a \Delta t)\frac{\partial^2 c}{\partial x^2}} + O(\Delta t^2) + O(\Delta x^2)$$

Wenn man diesen Ausdruck mit (ES-1) vergleicht, so merkt man, daß die verbleibenden Restglieder zu einem zusätzlichen Term führen, dessen Aufbau der Dispersion ähnlich ist:

$$\frac{1}{R}\frac{v_a}{2}(\Delta x - v_a \Delta t)\frac{\partial^2 c}{\partial x^2} = \frac{D_\Delta}{R}\frac{\partial^2 c}{\partial x^2}$$

mit $D_\Delta = v_a\, (\Delta x - v_a\, \Delta t)/2$ - Dispersionskoeffizient der numerischen Dispersion.

Somit ist das *explizite Differenzenschema* mit einer Approximation 2.Ordnung $O(\Delta t^2)$ und $O(\Delta x^2)$

$$c(x,t+\Delta t)=c(x,t)-\frac{v_a \Delta t}{R\Delta x}\left[c(x,t)-c(x-\Delta x,t)\right]$$
$$+\frac{D\Delta t}{R\Delta x^2}\left[c(x-\Delta x,t)-2c(x,t)+c(x+\Delta x,t)\right]-\lambda\Delta t c(x,t)$$

mit einer partiellen Differentialgleichung mit modifizierter Dispersion äquivalent.

$$\frac{\partial c}{\partial t}+\frac{v_a}{R}\frac{\partial c}{\partial x}-\frac{1}{R}(D+D_\Delta)\frac{\partial^2 c}{\partial x^2}+\lambda c=0$$

Man bemerkt, daß die berechneten Werte der Konzentration durch die zusätzliche numerische Dispersion (D_Δ) verfälscht sind.

Ähnlich entsteht numerische Dispersion auch bei den anderen Differenzenschemata.

$D_\Delta=\frac{v_a}{2}(\Delta x-|v_a|\Delta t)$ - explizites Schema („upwind")

$D_\Delta=-\frac{v_a^2\Delta t}{2}$ - explizites Schema (zentral)

$D_\Delta=\frac{v_a}{2}(\Delta x+v_a\Delta t)$ - implizites Schema

6.5.4 Die Finite Volumen Methode (FVM)

Die Finite Volumen Methode (auch Zellen-Bilanzmethode oder Control Volume Method: CVM) unterteilt das betrachtete Gebiet in beliebige Volumenelemente V_{ij} und die partielle Differentialgleichung integriert über dieses Volumen.

Für die Darstellung der FVM werden die über die Mächtigkeit des Grundwasserleiters gemittelte 2D-Strömung sowie der Transportvorgang betrachtet. Das Modellgebiet wird in Rechteckzellen diskretisiert. Die physikalischen Größen werden dem Zentrum der Zellen zugeordnet, die mit Doppelindex bezeichnet wird (Abbildung 6.26): Index „*i*" für die x-Richtung und Index „*j*" für die y-Richtung. Die Zeit wird mit „*k*" indiziert.

Im Unterschied zur Strömungsmodellierung infolge Dispersion sollen hier nicht nur 4, sondern alle 9 Nachbarzellen der Zentralzelle $V_{i,j}$ betrachtet werden (siehe Abb. 5-17 und Abb. 6-26).

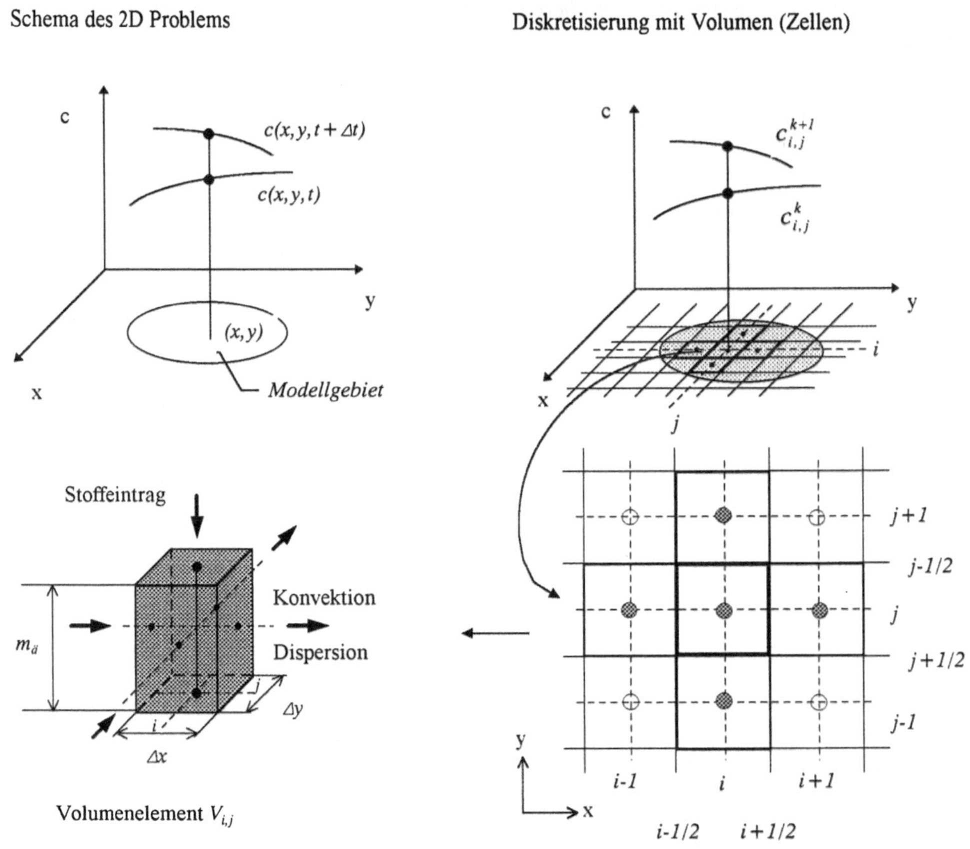

Schema des 2D Problems

Diskretisierung mit Volumen (Zellen)

Abbildung 6-26 Schematische Darstellung zum Differenzenschema mit Zellen des Transportvorgangs

PDGL der 2D Strömung mit Transport

$$\frac{\partial c}{\partial t}+\frac{\partial(v_{ax}c)}{\partial x}+\frac{\partial(v_{ay}c)}{\partial y}-\frac{\partial}{\partial x}\left(D_{xx}\frac{\partial c}{\partial x}+D_{xy}\frac{\partial c}{\partial y}\right)-\frac{\partial}{\partial y}\left(D_{yx}\frac{\partial c}{\partial x}+D_{yy}\frac{\partial c}{\partial y}\right)+\lambda c=\frac{qc_{inj}}{m_{ä}n_e}$$

bzw. in vektorieller Form

$$\frac{\partial c}{\partial t}+\nabla\cdot(\vec{v}_a c)-\nabla\cdot\left(\vec{\vec{D}}\cdot\nabla c\right)+\lambda c=\frac{\vec{q}_z c_{inj}}{m_{ä}n_e}$$

mit über die Grundwassertiefe $(m_{ä})$ gemittelten Größen

$$\vec{v}_a=\vec{v}_a(x,y,t);\quad c=c(x,y,t)$$

Integration (Bilanzierung) für das (i,j)-te Volumenelement:

Sei $\Phi(x,y,t)$ - eine beliebige über die Tiefe $(m_{ä})$ gemittelte Funktion.

Es gilt:

$$\int\limits_{V_{i,j}} \Phi dv = m_{\ddot{a}} \int\limits_{x_i-\frac{1}{2}}^{x_i+\frac{1}{2}} \int\limits_{y_i-\frac{1}{2}}^{y_i+\frac{1}{2}} \Phi dxdy$$

Aufgrund dieser Integration folgen

- die konvektiven Terme

$$\int_{V_{i,j}} \frac{\partial(v_{ax}c)}{\partial x} dv = m_{\ddot{a}_{i,j}} \int_{y_i-\frac{1}{2}}^{y_i+\frac{1}{2}} \left(\int_{x_i-\frac{1}{2}}^{x_i+\frac{1}{2}} \frac{\partial(v_{ax}c)}{\partial x} dx \right) dy =$$

$$= m_{\ddot{a}_{i,j}} \int_{y_i-\frac{1}{2}}^{y_i+\frac{1}{2}} (v_{ax}c)_{x_i-\frac{1}{2}}^{x_i+\frac{1}{2}} dy \cong m_{\ddot{a}_{i,j}} \left[(v_{ax}c)_{i+\frac{1}{2},j} - (v_{ax}c)_{i-\frac{1}{2},j} \right] \Delta y \qquad \text{(K-1)}$$

und ähnlicherweise

$$\int_{V_{i,j}} \frac{\partial(v_{ay}c)}{\partial y} \cong m_{\ddot{a}_{i,j}} \left[(v_{ay}c)_{i,j+\frac{1}{2}} - (v_{ay}c)_{i,j-\frac{1}{2}} \right] \Delta x . \qquad \text{(K-2)}$$

Man bemerkt, daß bei der Berechnung dieser Terme die Abstandsgeschwindigkeiten und die Konzentrationen an den Seiten der Zelle ($x_{i-1/2}$, $x_{i+1/2}$, $y_{i-1/2}$, $y_{i+1/2}$ Abb.6.26) abgeschätzt werden müssen. Für die Abstandsgeschwindigkeiten gelten die in 5.3.2.1 erhaltenen Ergebnisse.

Als maßgebliche Konzentrationen können Konzentrationen in den angrenzenden Zellen angesetzt werden. So z.B. ist es sinnvoll, bei überwiegend konvektivem Transport die Stromaufwärtsdifferenzen zu wählen (siehe FDM). Aus (K-1) und (K-2) erhält man für den konvektiven Term (KT):

$$KT = -\int_{V_{i,j}} \left(\frac{\partial(v_a c)}{\partial x} + \frac{\partial(v_a c)}{\partial y} \right) dv \cong -m_{\ddot{a}_{i,j}} \left(v_{ax,i+\frac{1}{2},j} c_{i,j} - v_{ax,i-\frac{1}{2},j} c_{i-1,j} \right) \Delta y$$

$$- m_{\ddot{a}_{i,j}} \left(v_{ay,i,j+\frac{1}{2}} c_{i,j} - v_{ay,i,j-\frac{1}{2}} c_{i,j-1} \right) \Delta x$$

In der allgemeinsten Formulierung können gewichtete Mittel angesetzt werden (KINZELBACH 1987):

$$KT = m_{\ddot{a}_{i,j}} \Delta y \left[v_{ax,i-\frac{1}{2},j} \left(\alpha c_{i-1,j} + (1-\alpha) c_{i,j} \right) - v_{ax,i+\frac{1}{2},j} \left(\beta c_{i,j} + (1-\beta) c_{i+1,j} \right) \right]$$

$$+ m_{\ddot{a}_{i,j}} \Delta x \left[v_{ay,i,j-\frac{1}{2}} \left(\gamma c_{i,j-1} + (1-\gamma) c_{i,j} \right) - v_{ay,i,j+\frac{1}{2}} \left(\delta c_{i,j} + (1-\delta) c_{i,j+1} \right) \right]$$

mit α, β, γ, δ Gewichtsfaktoren:

$\alpha = \beta = \gamma = \delta = 1$ - Rückwärtsdifferenzen

$\alpha = \beta = \gamma = \delta = 0$ - Vorwärtsdifferenzen

$\alpha = \beta = \gamma = \delta = \frac{1}{2}$ - Zentraldifferenzen

Für die verallgemeinerte Rückwärtsdifferenzen bezüglich der Fließrichtung, die bei der FDM als Stromaufwärtswichtung bezeichnet wurden (auch „upwind" Wichtung)

$$\alpha=\frac{1}{2}\left(1+sign\left(v_{ax,i-1,j}\right)\right)\ ;\ \beta=\frac{1}{2}\left(1+sign\left(v_{ax,i,j}\right)\right)$$

$$\gamma=\frac{1}{2}\left(1+sign\left(v_{ay,i,j-1}\right)\right)\ ;\ \delta=\frac{1}{2}\left(1+sign\left(v_{ay,i,j}\right)\right)$$

- dispersive Terme (ohne Herleitung)

$$\begin{aligned} DT &= \int_{V_{i,j}} \nabla\cdot\left(\vec{\vec{D}}\cdot\nabla c\right)dV = \\ &= m_{\ddot{a}_{i,j}}\,\Delta y\left[D_{xx,i-1,j}\left(c_{i-1,j}-c_{i,j}\right)-D_{xx,i,j}\left(c_{i,j}-c_{i+1,j}\right)\right] \\ &\quad + m_{\ddot{a}_{i,j}}\,\Delta x\left[D_{yy,i,j-1}\left(c_{i,j-1}-c_{i,j}\right)-D_{yy,i,j}\left(c_{i,j}-c_{i,j+1}\right)\right] \\ &\quad + m_{\ddot{a}_{i,j}}\left[D_{xy,i,j}\left(c_{i,j+1}-c_{i,j-1}+c_{i+1,j+1}-c_{i+1,j-1}\right)-D_{xy,i-1,j}\left(c_{i-1,j+1}-c_{i-1,j-1}+c_{i,j+1}-c_{i,j-1}\right)\right. \\ &\quad \left.+D_{yx,i,j}\left(c_{i+1,j}-c_{i-1,j}+c_{i+1,j+1}-c_{i-1,j+1}\right)-D_{yx,i,j-1}\left(c_{i+1,j-1}-c_{i-1,j-1}+c_{i+1,j}-c_{i-1,j}\right)\right] \end{aligned}$$

Die Abschätzung der Dispersionskoeffizienten $D_{xx,ij}$, $D_{xy,ij}$ benötigt repräsentive Geschwindigkeiten (KINZELBACH 1987 S.165).

- Abbauterm (AB)

$$AB=-\int_{V_{i,j}} \lambda c dV=-m_{\ddot{a}_{i,j}}\lambda c_{i,j}\Delta x\Delta y$$

- Stoffeintrag (SE) von der oberen/unteren Kante

$$SE=\int_{V_{i,j}} \frac{qc_{inj}}{m_{\ddot{a}}n_e}dV=\frac{(qc_{inj})_{i,j}}{n_e}\Delta x\Delta y$$

- Speicherung durch zeitliche Änderung der Konzentration im Volumen $V_{i,j}$ im Zeitintervall $[t_k, t_{k+1}]$ mit $t_{k+1} = t_k + \Delta t$

$$ZE=\int_{V_{i,j}} \frac{\partial c}{\partial t}dV\cong m_{\ddot{a}_{i,j}}\left(\frac{\partial c}{\partial t}\right)_{i,j}\Delta x\Delta y\cong m_{\ddot{a}_{i,j}}\frac{\left(c_{i,j}^{k+1}-c_{i,j}^{k}\right)}{\Delta t}\Delta x\Delta y$$

Mit Hilfe der Bilanzterme im $V_{i,j}$

KT - konvektiver Transport

DT - dispersiver Transport

AB - Abbau

SE - Stoffeintrag

erhält man die allgemeine Bilanzgleichung für das betrachtete Volumen (Zelle) $V_{i,j}$:

$$ZE = KT + DT + AB + SE$$

Bezeichnet man mit

$$L_{i,j}^{k}=\frac{\Delta t}{m_{\ddot{a}_{i,j}}\Delta x\Delta y}(KT+DT+AB+SE)_{i,j}^{k},$$

die dem Zeitpunkt „t_k" entsprechenden Transportterme, so kann man unterschiedliche Differenzenschemata der FVM aufstellen:

Explizites Schema

$$c_{i,j}^{k+1} = c_{i,j}^{k} + L_{i,j}^{k} \qquad \text{(ES-1)}$$

Wenn man alle Transportterme ersetzt, ergibt sich eine Differenzengleichung der Form

$$\begin{aligned} c_{i,j}^{k+1} = {} & A_{i-1,j-1} c_{i-1,j-1}^{k} + B_{i,j-1} c_{i,j-1}^{k} + D_{i+1,j-1} c_{i+1,j-1}^{k} \\ & + E_{i-1,j} c_{i-1,j}^{k} + F_{i,j} c_{i,j}^{k} + G_{i+1,j} c_{i+1,j}^{k} \\ & + H_{i-1,j+1} c_{i-1,j+1}^{k} + I_{i,j+1} c_{i,j+1}^{k} + J_{i+1,j+1} c_{i+1,j+1}^{k} + K_{i,j}, \end{aligned}$$

wobei die Koeffizienten $A_{(\ ),(\ )}$, $B_{(\ ),(\ )}$,... von den Strömumgs- und Transportparametern ($\vec{v}_a, \vec{\vec{D}}, \vec{\vec{k}}_f, ...$) abhängig sind. So z.B.

$$\begin{aligned} F_{i,j} = {} & \frac{(1-\alpha)v_{ax,i-1/2,j} - \beta v_{ax,i+1/2,j}}{\Delta x} + \frac{(1-\gamma)v_{ay,i,j-1/2} - \delta v_{ay,i,j+1/2}}{\Delta y} \\ & - \frac{D_{xx,i-1,j} + D_{xx,i,j}}{\Delta x} - \frac{D_{yy,i,j-1} - D_{yy,i,j}}{\Delta y} \end{aligned}$$

Aus den Differenzengleichungen können die Unbekannten $c_{i,j}^{k+1}$ direkt berechnet werden (ähnlich wie mit FDM).

Auch wie bei der FDM sollen Stabilitätskriterien erfüllt sein (KONIKOW, 1984), (KINZELBACH 1987):

das NEUMANN - Kriterium

$$\frac{D_{xx}\Delta t}{(\Delta x)^2} + \frac{D_{yy}\Delta t}{(\Delta y)^2} \le \frac{1}{2}$$

das COURANT - Kriterium

$$\frac{|v_{ax}|\Delta t}{\Delta x} + \frac{|v_{ay}|\Delta t}{\Delta y} \le 1$$

Somit hat das expliziete Schema den Nachteil, daß für die Stabilität die o.g. einschränkenden Bedingungen an dem Zeitschritt erfüllt sein müssen.

Implizites Schema

$$c_{i,j}^{k+1} = c_{i,j}^{k} + L_{i,j}^{k+1} \qquad \text{(IS-1)}$$

wobei der Operator aller Transportprozesse $L_{i,j}^{k+1}$ dem Zeitpunkt „t_{k+1}" entspricht.

Ersetzt man $L_{i,j}^{k+1}$, so erhält man eine Differenzengleichung der Form:

$$\begin{aligned} c_{i,j}^{k} &= A_{i-1,j-1} c_{i-1,j-1}^{k+1} + B_{i,j-1} c_{i,j-1}^{k+1} + D_{i+1,j-1} c_{i+1,j-1}^{k+1} \\ &+ E_{i-1,j} c_{i-1,j}^{k+1} + F_{i,j} c_{i,j}^{k+1} + G_{i+1,j} c_{i+1,j}^{k+1} \\ &+ H_{i-1,j+1} c_{i-1,j+1}^{k+1} + I_{i,j+1} c_{i,j+1}^{k+1} + J_{i+1,j+1} c_{i+1,j+1}^{k+1} + K_{i,j} \end{aligned} \qquad \text{(IS-2)}$$

Unterschiedlich von (IS-1) führt (IS-2) zu jedem Zeitpunkt t_{k+1} zu einem linearen Gleichungssystem mit den unbekannten Konzentrationen $c_{i,j}^{k+1}$ $(i=1,2,...n;\ j=1,2,...,m)$. Das Gleichungssystem wird für jeden Zeitschritt $(k=1,2,....,n_t)$ gelöst. Gegenüber diesem Nachteil ermöglicht das impliziete Schema eine flexible Wahl der Zeitschritte, da keine notwendigen Stabilitätskriterien erfüllt sein müssen.

6.5.5 Die Charakteristiken Methode (CHM)

Die Charakteristiken Methode (CHM) (auch Method of Characteristic, MOC) wird besonders zur Lösung von Transportproblemen mit dominantem Konvektionsanteil (große PECLET-Zahlen) angewandt, bei denen sowohl die FDM als auch die FVM im allgemeinen versagen. Die Grundidee der Methode ist die Entkopplung des konvektiven und dispersiven Transports und deren Lösung mit unterschiedlichen numerischen Verfahren.

Man betrachte das 2D Strömungs- und 2D Transportproblem:

$$\frac{\partial c}{\partial t} + \vec{v}_a \cdot \nabla c - \nabla\left(\vec{\vec{D}} \cdot \nabla c\right) + \lambda\, c = \frac{q \cdot c_{inj}}{n_e \cdot m}$$

mit $\vec{v}_a = \vec{v}_a(x,y,t);\ c = c(x,y,t)$

die über die Grundwassermächtigkeit m gemittelte Größen

Bezeichnet man mit

$$\begin{cases} x = x(t) \\ y = y(t) \end{cases}$$

die Gleichung einer konvektiven Bahnlinie (Charakteristik) eines Stoffteilchens, so gilt

$$\frac{dc(x(t),y(t),t)}{dt} = \frac{\partial c}{\partial t} + \vec{v}_a \cdot \nabla c\,.$$

Somit kann die Transportgleichung in der Form

$$\frac{dc}{dt} = \nabla \cdot \left(\vec{\vec{D}} \cdot \nabla c\right) - \lambda\, c + \frac{q \cdot c_{inj}}{n_e \cdot m} \qquad \text{(CH - 1)}$$

geschrieben werden.

Betrachtet man ein Kontrollvolumen V_c, das sich längs der Bahnline $(x(t), y(t))$ (Charakteristik) bewegt, so gilt die folgende Interpretation:

- die Punkte der Gleichung (CH-1) stellen die zeitliche Änderung der Konzentration in V_c dar,
- die oben genannte zeitliche Änderung ist durch Diffusion, Dispersion, Abbau, Quellen oder Senken verursacht, die das Kontrollvolumen auf seiner Bahn antrifft,
- eine direkte Implementierung dieser Interpretation benötigt ein mitbewegtes Gitternetz.

Weiterhin wird eine verbreitete Form der CHM dargestellt, die auf der Bewegung der Tracerteilchen basiert (KONIKOV, BREDEHOEFF 1984).

Vorbereitung:

Das Gebiet wird diskretisiert wie bei FVM (s. Kap. 6.5.4) ($V_{i,j}$ wird als Kontrollvolumen betrachtet, Abb. 6-26). In jedem Kontrollvolumen $V_{i,j}$ sind zu Beginn Tracerteilchen (Wanderpunkte) „*P*" installiert, wobei der Ort der Teilchen $P(x_P(t), y_P(t))$ ist.

Aufgrund der gegebenen Anfangskonzentrationen im Gebiet wird jedem Tracerteilchen eine Konzentration $c_{Pi,j}(t)$ zugeordnet, so daß die Konzentration im Kontrollvolumen $V_{i,j}$ der Mittelwert der Konzentrationen aller Teilchen ist.

$c_{i,j}(t)$ – Konzentration des Volumens $V_{i,j}$ zur Zeit „*t*"

$c_{pi,j}(t)$ – Konzentration des Teilchens, die sich zur Zeit „*t*" in $V_{i,j}$ befinden

Alle Tracerteilchen bewegen sich (konvektiver Schritt) entlang ihrer Bahnlinie ($x_P(t)$, $y_P(t)$) (Abb. 6-27).

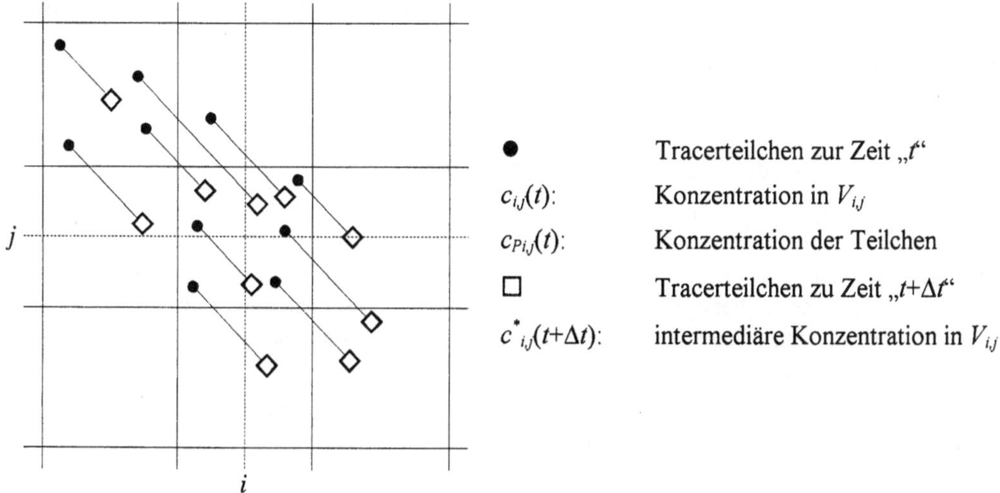

Abbildung 6-27 Prinzipskizze zur Darstellung der Charakteristiken Methode (CHM/MOC)

Berechnungsschritte:

- Bestimmung der Lage der Teilchen am Ende des konvektiven Schrittes ($t+\Delta t$)
- EULER'sches Verfahren:

$$x_P(t+\Delta t) = x_P(t) + \Delta t \cdot v_{ax}(x(t), y(t))$$
$$y_P(t+\Delta t) = y_P(t) + \Delta t \cdot v_{ay}(x(t), y(t))$$

- oder verbessertes Euler'sches Verfahren:

$$x_P(t+\Delta t) = x_P(t) + \Delta t \cdot v_{ax}\left(x\left(t+\tfrac{\Delta t}{2}\right), y\left(t+\tfrac{\Delta t}{2}\right)\right)$$
$$y_P(t+\Delta t) = y_P(t) + \Delta t \cdot v_{ay}\left(x\left(t+\tfrac{\Delta t}{2}\right), y\left(t+\tfrac{\Delta t}{2}\right)\right)$$

mit

$$x_P\left(t+\tfrac{\Delta t}{2}\right) = x(t) + \frac{\Delta t}{2} v_{ax}(x(t), y(t))$$

$$y_P\left(t+\tfrac{\Delta t}{2}\right) = y(t) + \frac{\Delta t}{2} v_{ay}(x(t), y(t))$$

- Bestimmung der intermediären Konzentration $c^*_{i,j}(t+\Delta t)$ in $V_{i,j}$ als Mittel der Konzentration aller Teilchen, die sich am Ende des konvektiven Schrittes $(t+\Delta t)$ im Volumen (Zelle) $V_{i,j}$ befinden (Teilchen die in Abb. 6-27 mit „□" bezeichnet sind).

- Berechnung einer mittleren Konzentration in $V_{i,j}$ als Mittelwert der ursprünglichen Konzentration $c_{i,j}(t)$ zur Zeit t und der intermediären Konzentration $c^*_{i,j}(t+\Delta t)$

$$\widetilde{c}_{i,j} = \frac{1}{2}\left(c_{i,j} + c^*_{i,j}\right).$$

- Berechnung der Konzentrationsänderung $\Delta c_{i,j}$ infolge von diffusivem/dispersivem Austausch mit Nachbarzellen sowie aufgrund von Abbau, Quellen oder Senken. Diese Berechnung wird in der Regel mit einem expliziten oder impliziten Differenzenverfahren durchgeführt, z.B. nach der im Kapitel 6.5.4 vorgestellten FVM, wobei die Terme (KT), die dem konvektiven Transport entsprechen, wegfallen und die mittlere Konzentration $\widetilde{c}_{i,j}$ betrachtet wird.

- Berechnung der Konzentration zum Zeitpunkt $t+\Delta t$ in $V_{i,j}$

$$c_{i,j} = (t + \Delta t) = c_{i,j}(t) + \Delta c_{i,j}$$

  und Aktualisierung der Teilchenkonzetration $c_{Pi,j}(t+\Delta t)$

$$c_{Pi,j}(t + \Delta t) = c_{Pi,j}(t) + \Delta c_{i,j}$$

Man bemerkt, daß jedes Tracerteilchen P nur die Änderung der Konzentration erhält. Somit wird die numerische Dispersion vermieden. Es ist weiterhin zu beachten, daß die bei den expliziten Berechnungsschemata angewandten Kriterien eingehalten werden müssen (COURANT-Kriterium).

Eine verbreitete Implementierung der Charakteristischen Methode ist das von KONIKOV und BREDHOEFF, 1984 entwickelte Modell-MOC.

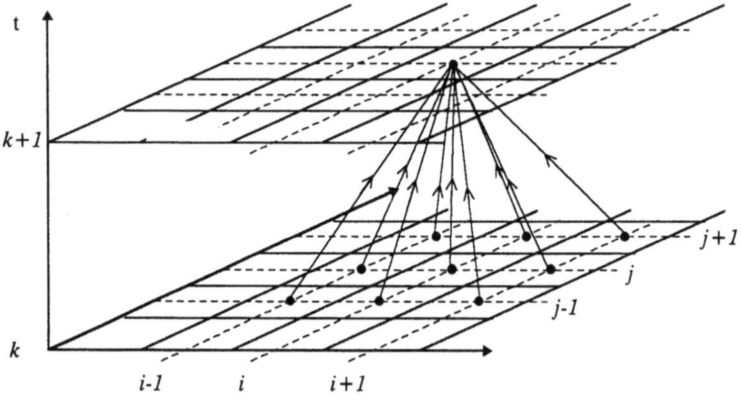

Abbildung 6-28 Anschauliche Darstellung des expliziten Differenzenverfahrens

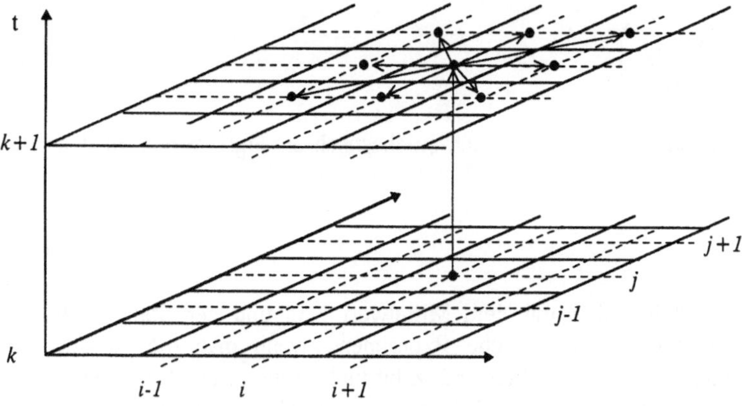

Abbildung 6-29 Anschauliche Darstellung des impliziten Differenzenverfahrens

6.5.6 Das Random-Walk-Verfahren

Das Random-Walk-Verfahren (RWV), auch Verfahren der Zufallsbahnen genannt, ist ein Verfahren zur Lösung der Transportgleichungen, bei dem ebenso wie bei der Charakteristischen Methode Tracerteilchen eingesetzt werden. Zum Unterschied von der CHM wird Dispersion dadurch modelliert, daß der konvektiven Bewegung eine Zufallsbewegung (Random Walk) des Teilchens überlagert wird und das Teilchen Träger einer festen Schadstoffmasse ist. Die Grundidee des Verfahrens kann man mit Hilfe der im Abschitt 6.5.2 dargestellten analytischen Lösungen erläutern. Im Rahmen des Beispiels 1-1 wurde für den 1D Strömungs- und Transportfall mit momentaner Injektion die Lösungsfunktion in folgender Form erhalten:

$$c(x,t) = \frac{M_0}{m_ä n_e R\sqrt{4\pi\frac{Dt}{R}}} exp\left(-\frac{\left(x-\frac{v_a t}{R}\right)^2}{4\frac{Dt}{R}}\right) \qquad \text{(F-1)}$$

mit

$$c_0 = \frac{M_0}{m_ä n_e}$$

Diese örtliche und zeitliche Verteilung der Konzentration kann als eine Normalverteilung bezüglich x um den Mittelwert

$$\bar{x} = \frac{v_a t}{R}$$

und der Standardabweichung

$$\sigma = \sqrt{\frac{2Dt}{R}}$$

für einen festen Zeitpunkt t angesehen werden(siehe Kap.7, Mathematische Hilfsmittel):

$$c(x)=\frac{\frac{M_0}{R}}{\sqrt{2\pi}\sigma}exp\left(-\frac{(x-\bar{x})^2}{2\sigma^2}\right) \tag{F-2}$$

Aufgrund dieser Analogie kann die Verteilung auch stochastisch erzeugt werden, in dem die Weglänge x

$$x=\frac{v_a t}{R}+Z\sqrt{2\frac{Dt}{R}} \tag{W-1}$$

mit einer normalverteilten Zufallszahl Z mit dem Mittelwert Null und der Standardabweichung 1 berechnet wird. Durch das numerische Experiment, wenn man die Anzahl der Weglängen x, die in den Intervallen Δx enthalten sind, zählt und normiert, erhält man eine stochastisch erzeugte Normalverteilung (siehe Kap. 7, Mathematische Hilfsmittel) $u(x)$, die bis auf einen Normierungsfaktor mit der Konzentrationsverteilung (F-2) übereinstimmt (wenn die Anzahl der Versuche ausreichend groß ist). Das numerische Experiment wird mit der Implementierung eines Zufallszahlgenerators erreicht. Somit besitzt das Random-Walk-Verfahren den großen Vorzug, den stochastischen Prozeß der Diffusion und Dispersion auch mit stochastischen Mitteln zu simulieren.

Bei der praktischen Anwendung wird das betrachtete Gebiet diskretisiert (siehe FVM)

- in Intervalle $(x_i, x_i+\Delta x)$ im 1D Fall,
- Zellen $[(x_i, x_i+\Delta x), (y_j, y_j+\Delta x)]$ im 2D Fall.

Der Schadstoffeintrag wird mit N Teilchen der Masse M_0/N zur Zeit $t=0$ am Eintragsort starten. Für jedes Teilchen wird eine individuelle Zufallszahl durch einen Zufallszahlgenerator erzeugt. Der Fortschritt eines Teilchens im Zeitintervall $[t+\Delta t]$ lautet:

- im 1D Fall

$$x_p(t+\Delta t)=x_p(t)+v_a\frac{\Delta t}{R}+Z\sqrt{2D_L\frac{\Delta t}{R}}$$

- im 2D Fall

$$x_p(t+\Delta t)=x_p(t)+v_{ax}\frac{\Delta t}{R}+Z_1\sqrt{2D_L\frac{\Delta t}{R}}$$

$$y_p(t+\Delta t)=y_p(t)+v_{ay}\frac{\Delta t}{R}+Z_2\sqrt{2D_T\frac{\Delta t}{R}}$$

Wenn D_L und D_T räumliche Gradienten haben , wird v_{ax} und v_{ay} mit

$$v'_{ax}=v_{ax}+\frac{\partial D_L}{\partial x}; \quad v'_{ay}=v_{ay}+\frac{\partial D_T}{\partial x}$$

ersetzt. Z_1 und Z_2 sind normalverteilte Zufallszahlen.

Die Konzentrationsverteilung wird durch die Anzahl von Teilchen $n_i(t)$ bzw. $n_{i,j}(t)$ bestimmt.

- im 1D Fall

$$c_i(t)=\frac{Mn_i(t)}{Nm_{\ddot{a}}n_e\Delta x}$$

- im 2D Fall

$$c_{i,j}(t) = \frac{Mn_{i,j}(t)}{Nm_{\ddot{a}} n_e \Delta x \Delta y}$$

M die gesamte injizierte Schadstoffmenge

N die Anzahl der eingesetzten Teilchen

n_i; $n_{i,j}$ die Anzahl der im Intervall (x_i, $x_i + \Delta x$), bzw. in der Zelle $v_{i,j}$ befindlichen Teilchen

Eine besonders in Deutschland verbreitete Implementierung des Random-Walk-Verfahrens ist das von KINZELBACH und RAUSCH (1995) entwickelte Modell ASM (Aquifer-Simulations-Modell).

6.5.7 Allgemeine Betrachtungen zur Anwendung unterschiedlicher Verfahren

Keines von den vorgestellten Verfahren zur Lösung von Strömungs- und Transportproblemen kann man als universale Methode empfehlen, da jedes sowohl Vor- als auch Nachteile hat. Im Allgemeinen aufgrund des Aufwands und der Stabilität sind für die Lösung von Strömungsproblemen „implizite" und für Transportprobleme „explizite" Schemata zu empfehlen.

Zur Lösung der Transportprobleme mit kleinerer Gitter-PECLET-Zahl ($P \leq 100$) sind die expliziten FDM und FVM mit der Erhaltung der Stabilitätskriterien zu empfehlen. Bei großer Gitter-PECLET-Zahl ist die Charakteristische Methode (CHM) und das Random-Walk-Verfahren (RWV) zu empfehlen.

7 Mathematische Hilfsmittel (Kurzüberblick)

Der Euklidische Raum

Für die mathematische Darstellung der Hydromechanik wird der EUKLIDISCHE RAUM (R^3) (dreidimensionaler Vektorraum) mit dem kartesischen Koordinatensystem verwendet.

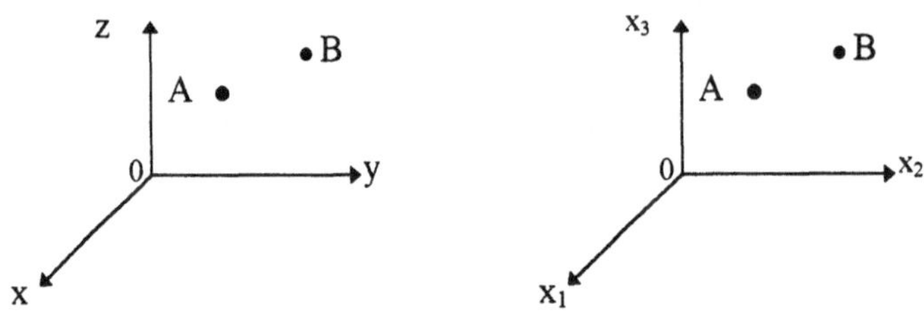

- $B: \in R^3$: A und B sind Punkte des Raumes R^3

  Anmerkung: R ist die Menge der reellen Zahlen und stellt z.B. eine Koordinatenachse dar.

  R^2 ist die Menge der reellen Zahlenpaare und stellt die Ebene dar.

  R^3 ist die Menge der reellen Zahlentripel und stellt den Raum dar.

  Jeder Punkt im Raum ist eindeutig durch seine Koordinaten (Zahlentripel) bestimmt.

  $$A \leftrightarrow (x_A, y_A, z_A) \quad bzw. \; (x_{1A}, x_{2A}, x_{3A})$$
  $$B \leftrightarrow (x_B, y_B, z_B) \quad bzw. \; (x_{1B}, x_{2B}, x_{3B})$$
  $$0 \leftrightarrow (0, 0, 0) \; (Koordinatenursprung)$$

- Die Entfernung zwischen zwei Punkten **definiert den Euklidischen Raum** und berechnet sich mit folgender Beziehung:

  $$d(A,B) = \sqrt{(x_A - x_B)^2 + (y_A - y_B)^2 + (z_A - z_B)^2}$$
  bzw.
  $$d(A,B) = \sqrt{(x_{1A} - x_{1B})^2 + (x_{2A} - x_{2B})^2 + (x_{3A} - x_{3B})^2}$$

- Im Euklidischen Raum können Funktionen einer Variablen *(x)*, Funktionen von zwei *(x,y)* oder drei Variablen *(x,y,z)* definiert werden. Üblich sind die Schreibweisen

  $u: G \to R$

  oder

  wenn $G \subset R$

  wenn $G \subset R^2$

  wenn $G \subset R^3$

  mit G dem Definitionsbereich.

Im R^3 werden Skalare mit $(\alpha, \beta, a_i, ...)$, Vektoren mit $(\vec{v}, \vec{a}, ...)$ und Tensoren 2. Stufe mit $(\vec{\vec{T}}, \vec{\vec{D}}, ...)$ bezeichnet. Diese können auch als Tensoren 0., 1. und 2. Stufe auftreten.

Die Skalare und die Komponenten der Vektoren und Tensoren können auch Funktionen sein.

Vektoren

Vektoren sind durch Betrag, Richtung und Richtungssinn gekennzeichnet. Der Ortsvektor stellt die Verbindung vom Koordinatenursprung zu einem bestimmten Punkt dar.

$$\vec{r}_A = \overrightarrow{OA}\ ;\ \vec{r}_B = \overrightarrow{OB};\quad \vec{r}_C = \overrightarrow{OC}$$

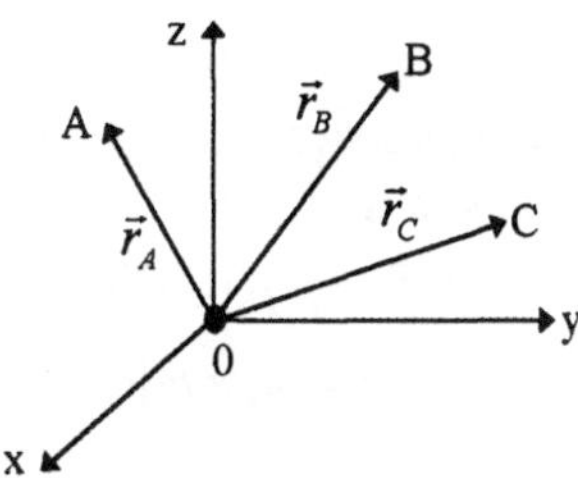

Der Ortsvektor $\vec{r}_A$ eines Punktes A hat die Komponenten (x_A, y_A, z_A) bzw. (x_{1A}, x_{2A}, x_{3A}). Jedem Paar $A,B \in R^3$ von Punkten mit den Koordinaten (x_A, y_A, z_A) und (x_B, y_B, z_B) kann man einen Vektor zuordnen:

$$(A,B) \leftrightarrow \overrightarrow{AB} \leftrightarrow \textit{mit den Komponenten}\,(x_B - x_A, y_B - y_A, z_B - z_A)\,\textit{oder} \begin{pmatrix} x_B - x_A \\ y_B - y_A \\ z_B - z_A \end{pmatrix}$$

Zeilen- bzw. Spaltenschreibweise

Der Betrag des Vektors ist

$$|\overrightarrow{AB}| = d(AB) = \sqrt{(x_A - x_B)^2 + (y_A - y_B)^2 + (z_A - z_B)^2}$$

Kartesische Basis

Die Basisvektoren (oder Einheitsvektoren) $\vec{i}, \vec{j}, \vec{k}$ *oder* $\vec{e}_i$, i=1, 2, 3 sind folgendermaßen definiert:

$$\vec{i} = \vec{e}_1 = (1,0,0);\ \vec{j} = \vec{e}_2 = (0,1,0);\ \vec{k} = \vec{e}_3 = (0,0,1)$$

$$|\vec{i}| = |\vec{j}| = |\vec{k}| = |\vec{e}_i| = 1\quad i = 1,2,3$$

Darstellung eines Vektors mit Hilfe der Basisvektoren

$$\vec{v} = v_x\vec{i} + v_y\vec{j} + v_z\vec{k} \quad \textit{oder}$$

$$\vec{v} = v_1\vec{e}_1 + v_2\vec{e}_2 + v_3\vec{e}_3 = \sum_{i=1}^{n} v_i\,\vec{e}_i$$

Für die Vereinfachung der Bezeichnungen gilt die *EINSTEIN'sche Summationsvereinbarung* - über doppelt auftretende Indizes wird von 1 bis 3 summiert.

$$a_i b_i = a_1 b_1 + a_2 b_2 + a_3 b_3$$

$$\vec{v} = v_1\vec{e}_1 + v_2\vec{e}_2 + v_3\vec{e}_3 = v_i\vec{e}_i$$

Vektorenalgebra

Summe zweier Vektoren:

$\vec{a},\vec{b} \in V$ mit V: *die Menge aller Vektoren von* R^3

$\vec{a}+\vec{b}=\vec{s}$ $\qquad \overline{P_1P_2}+\overline{P_2P_3}=\overline{P_1P_3}$

Subtraktion zweier Vektoren:

$\vec{a}-\vec{b}=\vec{d}=\vec{a}+(-\vec{b})$ $\qquad \overline{P_1P_2}-\overline{P_1P_3}=\overline{P_3P_2}$

mit den Komponenten: $\vec{a}\pm\vec{b}=(a_i \pm b_i)\vec{e}_i$

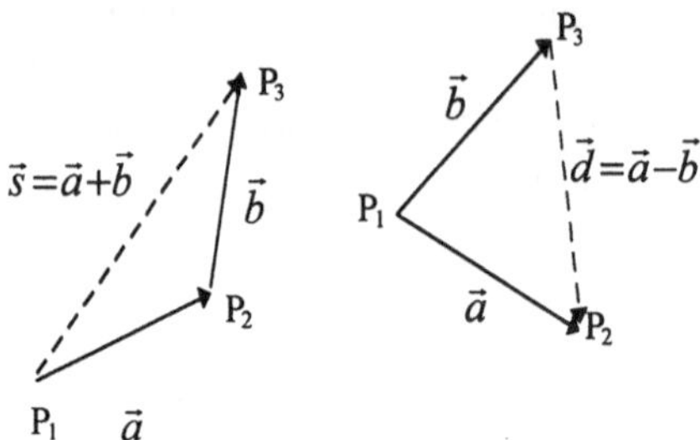

Multiplikation mit Skalar

$\alpha\vec{a}=(\alpha a_1, \alpha a_2, \alpha a_3)$

$\alpha\vec{a}=\alpha a_i \vec{e}_i$

Skalares Produkt zweier Vektoren (Skalarprodukt):

$\vec{a}\cdot\vec{b}=a_1b_1+a_2b_2+a_3b_3=a_ib_i \;;\; \vec{a}\cdot\vec{b}=|\vec{a}||\vec{b}|\cos(\vec{a},\vec{b})$

Das Ergebnis ist ein Skalar

Für die Basisvektoren gilt

$$\vec{e}_i\cdot\vec{e}_j=\delta_{ij}=\begin{cases}1, i=j\\ 0, i\neq j\end{cases} \;;\; \delta_{ij} \text{ Symbol von Kronecker}$$

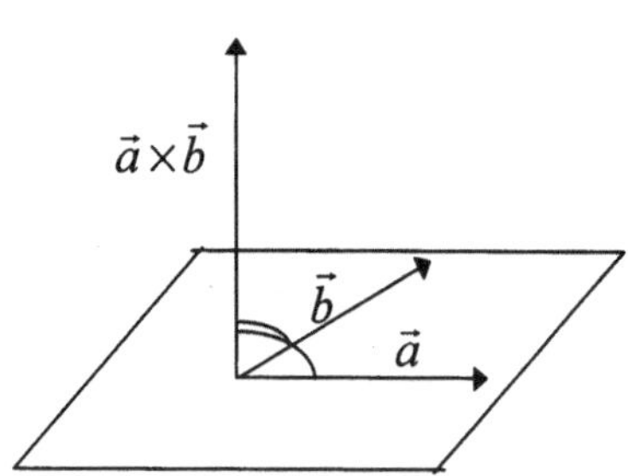

Vektorielles Produkt:

$$\vec{a}\times\vec{b}=\begin{vmatrix}\vec{e}_1 & \vec{e}_2 & \vec{e}_3\\ a_1 & a_2 & a_3\\ b_1 & b_2 & b_3\end{vmatrix}=\vec{e}_1\begin{vmatrix}a_2 & a_3\\ b_2 & b_3\end{vmatrix}-\vec{e}_2\begin{vmatrix}a_1 & a_3\\ b_1 & b_3\end{vmatrix}+\vec{e}_3\begin{vmatrix}a_1 & a_2\\ b_1 & b_3\end{vmatrix} \;;\; |\vec{a}\times\vec{b}|=|\vec{a}|\cdot|\vec{b}|\sin(\vec{a},\vec{b})$$

$$=\vec{e}_1(a_2b_3-b_2a_3)+\vec{e}_2(b_1a_3-a_1b_3)+\vec{e}_3(a_1b_2-b_2a_1)$$

Das Ergebnis ist ein Vektor senkrecht auf der von den Vektoren $\vec{a}$ *und* $\vec{b}$ definierten Ebene. Der Betrag des Produktes ist gleich der von diesen Vektoren definierten Parallelogrammfläche.

Spatprodukt:

$(\vec{a},\vec{b},\vec{c})\in R^3 \quad (\vec{a}\times\vec{b})\vec{c}=(\vec{b}\times\vec{c})\vec{a}=(\vec{c}\times\vec{a})\vec{b}=-(\vec{b}\times\vec{a})\vec{c}=-(\vec{c}\times\vec{b})\vec{a}=-(\vec{a}\times\vec{c})\vec{b}$

Der Wert des Spatprodukts bedeutet das Volumen des aus den Kanten $\vec{a}, \vec{b}, \vec{c}$ aufgespannten Spats.

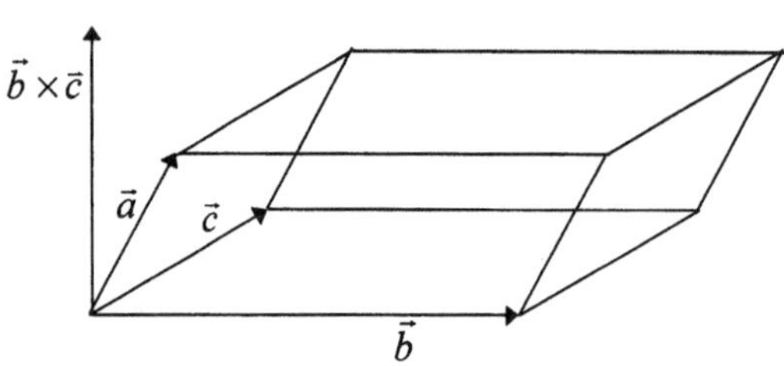

Tensoren am Beispiel Spannungstensor

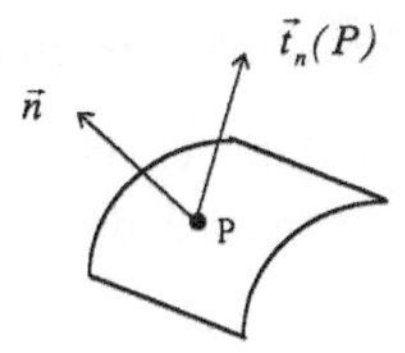

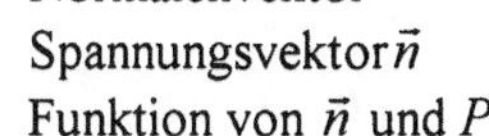

$\vec{n}$ Normalenvektor

$\vec{t}_n$ Spannungsvektor $\vec{n}$

Funktion von $\vec{n}$ und P

Punkt P

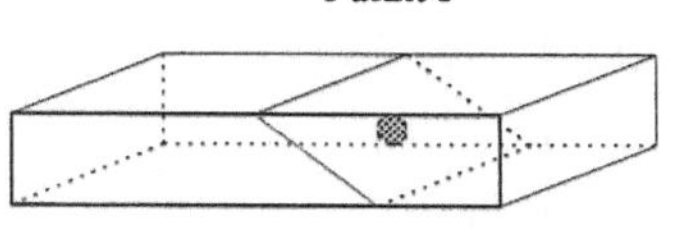

Punkt P

Schnitt A_1

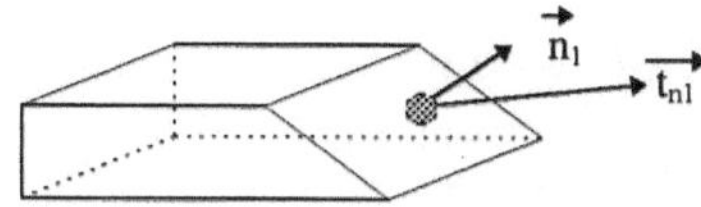

Schnitt A_2

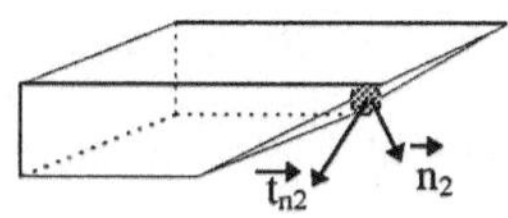

$\vec{t}_1, \vec{t}_2, \vec{t}_3 \quad \rightarrow \quad \vec{t}_n$

$\vec{t}_x, \vec{t}_y, \vec{t}_z \quad \rightarrow \quad \vec{t}_n$

Die der Koordinatenebene entsprechenden Spannungsvektoren $\vec{t}_{ei}, i=1, 2, 3$ oder $\vec{t}_x, \vec{t}_y, \vec{t}_z$ bestimmen eindeutig den beliebigen Schnitt $\vec{t}_n$.

Bezeichnet man die Komponenten dieser Spannungsvektoren mit T_{ij}, bzw. T_{xx}, T_{xy} ... , so ist die folgende Matrix-Darstellung der Komponenten geeignet

$$\begin{bmatrix} T_{11} & T_{12} & T_{13} \\ T_{21} & T_{22} & T_{23} \\ T_{31} & T_{32} & T_{33} \end{bmatrix} \quad \text{bzw.} \quad \begin{bmatrix} T_{xx} & T_{xy} & T_{xz} \\ T_{yx} & T_{yy} & T_{yz} \\ T_{zx} & T_{zy} & T_{zz} \end{bmatrix} \quad \text{mit} \quad \begin{array}{l} \vec{t}_i = T_{i1}\vec{e}_1 + T_{i2}\vec{e}_2 + T_{i3}\vec{e}_3 \ ; \ i=1,2,3 \\ bzw. \\ \vec{t}_x = T_{xx}\vec{i} + T_{xy}\vec{j} + T_{xz}\vec{k} \end{array}$$

Der erste Index gibt die Richtung des Normalenvektors der betrachteten Fläche (des Schnitts) an. Der zweite Index gibt die Richtung des Spannungsvektors an.

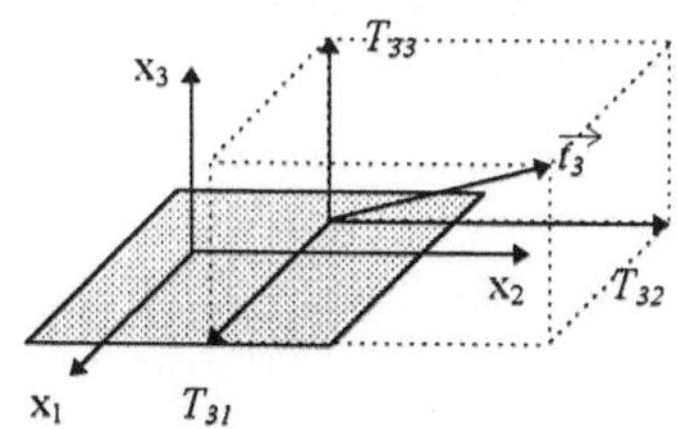

Darstellung der Komponenten des Spannungsvektors

Für die Darstellung solcher Größen wurde der Begriff „Tensor 2. Stufe“ eingeführt.

Kartesische Tensoren zur Basis $\vec{e}_i$

Mit Hilfe der Basisvektoren $\vec{e}_i$ können 9 *„Basistensoren"* eingeführt werden. Die Komponenten können in der folgenden Matrixschreibweise dargestellt werden.

$$\vec{e}_1 \otimes \vec{e}_1 \Rightarrow \begin{pmatrix} 1 & 0 & 0 \\ 0 & 0 & 0 \\ 0 & 0 & 0 \end{pmatrix}; \quad \vec{e}_1 \otimes \vec{e}_2 \Rightarrow \begin{pmatrix} 0 & 1 & 0 \\ 0 & 0 & 0 \\ 0 & 0 & 0 \end{pmatrix}; \quad \vec{e}_1 \otimes \vec{e}_3 \Rightarrow \begin{pmatrix} 0 & 0 & 1 \\ 0 & 0 & 0 \\ 0 & 0 & 0 \end{pmatrix};$$

$$\vec{e}_2 \otimes \vec{e}_1 \Rightarrow \begin{pmatrix} 0 & 0 & 0 \\ 1 & 0 & 0 \\ 0 & 0 & 0 \end{pmatrix}; \quad \vec{e}_2 \otimes \vec{e}_2 \Rightarrow \begin{pmatrix} 0 & 0 & 0 \\ 0 & 1 & 0 \\ 0 & 0 & 0 \end{pmatrix}; \quad \vec{e}_2 \otimes \vec{e}_3 \Rightarrow \begin{pmatrix} 0 & 0 & 0 \\ 0 & 0 & 1 \\ 0 & 0 & 0 \end{pmatrix};$$

$$\vec{e}_3 \otimes \vec{e}_1 \Rightarrow \begin{pmatrix} 0 & 0 & 0 \\ 0 & 0 & 0 \\ 1 & 0 & 0 \end{pmatrix}; \quad \vec{e}_3 \otimes \vec{e}_2 \Rightarrow \begin{pmatrix} 0 & 0 & 0 \\ 0 & 0 & 0 \\ 0 & 1 & 0 \end{pmatrix}; \quad \vec{e}_3 \otimes \vec{e}_3 \Rightarrow \begin{pmatrix} 0 & 0 & 0 \\ 0 & 0 & 0 \\ 0 & 0 & 1 \end{pmatrix}$$

Unter Verwendung dieser Regel läßt sich ein tensorielles Produkt (Dyade) zweier Vektoren einführen:

symbolische Schreibweise und Komponentenschreibweise (Summationskonvention)

$$\vec{a} \otimes \vec{b} = a_i b_j \, \vec{e}_i \otimes \vec{e}_j \quad = T_{ij} \vec{e}_i \otimes \vec{e}_j$$

mit

$$a_i b_j \Rightarrow \begin{pmatrix} a_1 b_1 & a_1 b_2 & a_1 b_3 \\ a_2 b_1 & a_2 b_2 & a_2 b_3 \\ a_3 b_1 & a_3 b_2 & a_3 b_3 \end{pmatrix} \quad bzw. \quad T_{ij} \Rightarrow \begin{pmatrix} T_{11} & T_{12} & T_{13} \\ T_{21} & T_{22} & T_{23} \\ T_{31} & T_{32} & T_{33} \end{pmatrix}$$

Die Koeffizienten $a_i b_j$; $i, j = 1, 2, 3$ bilden neun Werte, die als Komponenten (T_{ij}) eines Tensors angesehen werden können.

Anmerkung: Im allgemeinen Fall bilden die 9 Komponenten einen Kartesischen Tensor nur dann, wenn T_{ij} ein bestimmtes Koordinatentransformationsgesetz erfüllt. Um das Transformationsgesetz zu erfüllen, wird eine Drehung des kartesischen Koordinatensystems mit den Basisvektoren $\vec{e}_i$ in das Koordinatensystem $\vec{e}_i^{\,'}$ betrachtet (siehe Skizze).

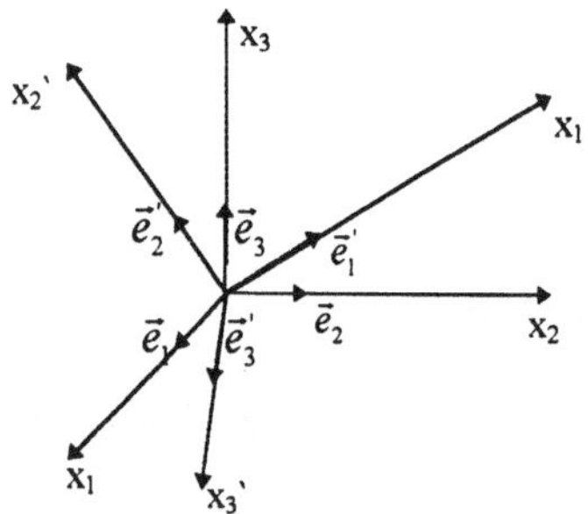

Es gilt folgendes Transformationsgesetz für

- Vektoren

$$\vec{a} = a_i \vec{e}_i = a_i' \vec{e}_i'$$

$$a_i' = Q_{ij} a_j; \; a_j = Q_{ji} a_i'$$

- Tensoren 2. Stufe

$$T_{ij}' = Q_{ik} Q_{jl} T_{kl}; \; T_{ij} = Q_{ki} Q_{lj} T_{kl}'$$

mit

$$Q_{ij} = cos(x_i', y_j); \; Q_{ji} = cos(x_i, y_j')$$

(die EINSTEIN'sche Summationskonvention ist zu beachten)

Tensoralgebra

Mit dem Basistensor $\vec{e}_i \otimes \vec{e}_j$ läßt sich ein Tensor 2. Stufe in folgender Komponentenschreibweise ausdrücken:

$\vec{\vec{T}} = T_{ij} \vec{e}_i \otimes \vec{e}_j$, wobei T_{ij} die Komponenten des Tensors sind:

$$\vec{\vec{T}} \Rightarrow \begin{pmatrix} T_{11} & T_{12} & T_{13} \\ T_{21} & T_{22} & T_{23} \\ T_{31} & T_{32} & T_{33} \end{pmatrix}$$

Einheitstensor $\vec{\vec{I}} = \delta_{ij} \vec{e}_i \otimes \vec{e}_j$ *mit den Komponenten* $\vec{\vec{I}} \Rightarrow \begin{pmatrix} 1 & 0 & 0 \\ 0 & 1 & 0 \\ 0 & 0 & 1 \end{pmatrix}$

Berechnungsregeln für die Basistensoren

$$(\vec{e}_i \otimes \vec{e}_j) \cdot \vec{e}_k = \vec{e}_i (\vec{e}_j \cdot \vec{e}_k) = \vec{e}_i \delta_{jk}$$

$$\vec{e}_k \cdot (\vec{e}_i \otimes \vec{e}_j) = (\vec{e}_k \cdot \vec{e}_i) \vec{e}_j = \delta_{ki} \vec{e}_j$$

$$(\vec{e}_i \otimes \vec{e}_j) \cdot (\vec{e}_k \otimes \vec{e}_l) = \delta_{jk} \vec{e}_i \otimes \vec{e}_l$$

Mit Hilfe der Berechnungsregeln der Basisvektoren können die folgenden Skalarprodukte definiert werden:

- rechtes Skalarprodukt

$$\vec{\vec{T}} \cdot \vec{a} = (T_{ij} \vec{e}_i \otimes \vec{e}_j) \cdot (a_k \vec{e}_k) = T_{ij} \vec{e}_i$$

- linkes Skalarprodukt

$$\vec{b} \cdot \vec{\vec{T}} = (b_i \vec{e}_i) \cdot (T_{jk} \vec{e}_j \otimes \vec{e}_k) = b_i T_{ik} \vec{e}_k$$

- Skalarprodukt 2er Tensoren

$$\vec{\vec{A}} \cdot \vec{\vec{B}} = (A_{ij} \vec{e}_i \otimes \vec{e}_j) \cdot (B_{kl} \vec{e}_k \otimes \vec{e}_l) = A_{ij} B_{jl} \vec{e}_i \otimes \vec{e}_l$$

Vektor- und Tensoranalyse

- Der Nablaoperator ist ein vektorieller Differentialoperator:

$$\nabla[\ ]=\vec{i}\frac{\partial}{\partial x}[\ ]+\vec{j}\frac{\partial}{\partial y}[\ ]+\vec{k}\frac{\partial}{\partial z}[\ ] \quad bzw.$$

$$\nabla[\ ]=\vec{e}_1\frac{\partial}{\partial x_1}[\ ]+\vec{e}_2\frac{\partial}{\partial x_2}[\ ]+\vec{e}_3\frac{\partial}{\partial x_3}[\ ]=\vec{e}_i\frac{\delta}{\delta x_i}[\ ]$$

- Der Gradient eines Skalars

$$\nabla\phi = grad\ \phi = \vec{i}\ \frac{\partial\phi}{\partial x}+\vec{j}\ \frac{\partial\phi}{\partial y}+\vec{k}\ \frac{\partial\phi}{\partial z} \qquad (\ \phi \text{ Skalar} \rightarrow \nabla\phi \text{ Vektor}\ )$$

bzw. $\nabla\phi = \vec{e}_i\,\frac{\partial\phi}{\partial x_i}$

- Der Gradient eines Vektors

$$\nabla\otimes\vec{v} = \frac{\partial v_j}{\partial x_i}\vec{e}_i\otimes\vec{e}_j \quad (\vec{v}\ Vektor \rightarrow \nabla\otimes\vec{v}\ Tensor)$$

mit den Komponenten
$$\begin{pmatrix} \frac{\partial v_1}{\partial x_1} & \frac{\partial v_2}{\partial x_1} & \frac{\partial v_3}{\partial x_1} \\ \frac{\partial v_1}{\partial x_2} & \frac{\partial v_2}{\partial x_2} & \frac{\partial v_3}{\partial x_2} \\ \frac{\partial v_1}{\partial x_3} & \frac{\partial v_2}{\partial x_3} & \frac{\partial v_3}{\partial x_3} \end{pmatrix}$$

- Die Divergenz eines Vektors

$$\nabla\cdot\vec{v} = \frac{\partial\, v_x}{\partial x}+\frac{\partial\, v_y}{\partial y}+\frac{\partial\, v_z}{\partial z} \qquad (\vec{v}\ Vektor \rightarrow \nabla\cdot\vec{v}\ Skalar\ )$$

bzw.

$$\nabla\cdot\vec{v} = \frac{\partial v_1}{\partial x_1}+\frac{\partial v_2}{\partial x_2}+\frac{\partial v_3}{\partial x_3}=\frac{\partial v_i}{\partial x_i}$$

- Die Divergenz eines Tensors

$$\nabla\cdot\vec{\vec{T}} = \vec{e}_i\,\frac{\partial}{\partial x_i}\cdot T_{jk}\,\vec{e}_j\otimes\vec{e}_k = \frac{\partial T_{jk}}{\partial x_i}\,\delta_{ij}\vec{e}_k = \frac{\partial T_{ik}}{\partial x_i}\,\vec{e}_k = T_{ik,j}\,\vec{e}_k$$

($\vec{\vec{T}}$ Tensor 2. Stufe $\rightarrow \nabla\cdot\vec{\vec{T}}$ Vektor)

- Die Rotation eines Tensors

$$\nabla \times \vec{v} = rot\ \vec{v} = \begin{vmatrix} \vec{e}_1 & \vec{e}_2 & \vec{e}_3 \\ \dfrac{\partial}{\partial x_1} & \dfrac{\partial}{\partial x_2} & \dfrac{\partial}{\partial x_3} \\ v_1 & v_2 & v_3 \end{vmatrix} = v_{ki} \cdot \varepsilon_{ikm}\, \vec{e}_m$$

$$\frac{1}{2} \nabla \times \vec{v} = \vec{w} \quad - \textit{Vektorfeld der Rotation}$$

mit dem Permutationssymbol

$$\varepsilon_{ijk} = \begin{cases} 1 & i,j,k = (1,2,3);(2,3,1);(3,1,2) \\ -1 & i,j,k = (1,3,2);(3,2,1);(2,1,3) \\ 0 & i = j \text{ bzw. } i = k \text{ bzw. } j = k \end{cases}$$

Integralsätze

Integralsätze dienen zur Umwandlung von Oberflächen- in Volumenintegrale und umgekehrt.

Man betrachtet $\varphi, \vec{v}, \vec{\vec{T}}$ als stetig differenzierbare Feldfunktionen (skalare, vektorielle und tensorielle Funktionen).

Gradient-Theoreme

$$\int_V \nabla \varphi\, dV = \int_A \vec{n}\, \varphi\, dA$$

$$\int_V \nabla \otimes \vec{v}\, dV = \int_A \vec{n} \otimes \vec{v}\, dA$$

$$\int_V \nabla \otimes \vec{\vec{T}}\, dV = \int_A \vec{n} \otimes \vec{\vec{T}}\, dA$$

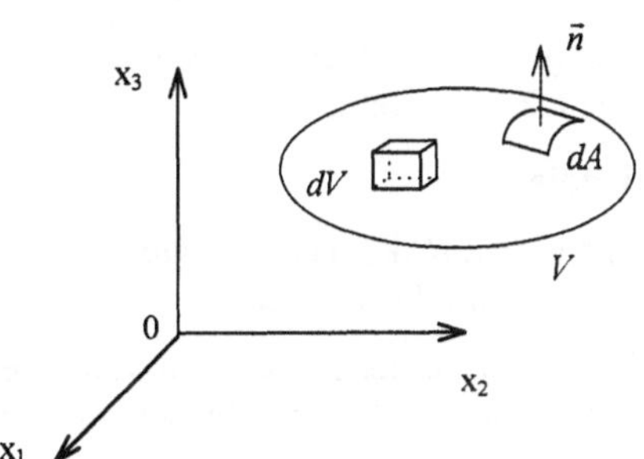

Divergenz-Theoreme (GAUß'scher Integralsatz)

$$\int_V \nabla \cdot \vec{v}\, dV = \int_A \vec{n} \cdot \vec{v}\, dA$$

$$\int_V \nabla \cdot \vec{\vec{T}}\, dV = \int_A \vec{n} \cdot \vec{\vec{T}}\, dA$$

Verallgemeinerter Integralsatz

$$\int_V \nabla \circ \phi\, dV = \int_A \vec{n} \circ \phi\, dA$$

ϕ skalare, vektorielle oder tensorielle Funktion

$\circ$ Symbol für eine der o.g. Operationen

GREEN'scher Integralsatz

Für zwei beliebige Funktionen u, v, die in einem Gebiet Ω stetige Ableitungen 2. Ordnung besitzen, gilt

$$\int_{\Omega}(u\nabla^2 v - v\nabla^2 u)d\Omega = \int_{\sigma}(u\frac{\partial v}{\partial n} - v\frac{\partial u}{\partial n})d\sigma$$

σ Rand des geschlossenen Gebiets Ω

n äußerer Normalenvektor auf dem Rand σ

Spezielle und verallgemeinerte mathematische Funktionen

- **Funktionen der klassischen Analysis**

Eine Abbildung

$$u: G \to R^* \subseteq R,$$

die jedem Punkt des Definitionsbereiches G ($G \subset R, R^2, R^3$) den entsprechenden Funktionswert aus $R^* \subset R$ zuordnet, wird als *Funktion* bezeichnet.

Üblich sind die nicht ganz unproblematischen Schreibweisen (im Sinne der Mathematik):

$$u = u(x)\ ;\ u = u(x,y)\ ;\ u = u(x,y,z),$$

die die Funktionen einer Variablen $u(x)$, bzw. Funktionen von zwei Variablen $u(x,y)$ oder drei Variablen $u(x,y,z)$ bezeichnen. Diese Funktionen der klassischen Analysis sind üblicherweise stetig oder stückweise stetig.

- **Funktionale**

Die Bereiche G und R^* können verallgemeinerte Mengen oder Räume sein. Entsprechend wird dann u als *Funktional* bezeichnet.

Sei z.B. U die Menge der Funktionen von einer oder mehreren reellen Variablen, die im Bereich G definiert und evtl. an Nebenbedingungen gebunden sind.

Eine Abbildung

$$I: U \to R$$

wird als *Funktional* bezeichnet. Normalerweise sind in der Mechanik reelle Funktionale vorzufinden. Auch für das Funktional ist es üblich, die Schreibweise $I(u)$ anzuwenden.

Ein repräsentatives Beispiel bildet das in der Variationsrechnung angewandte Funktional (siehe Variationsrechnung),

$$I(u) = \int_a^b F(x,u,\frac{du}{dx})dx \quad bzw. \quad I(u) = \int_G F(x,y,u,\frac{\partial u}{\partial x},\frac{\partial u}{\partial y})dx\,dy$$

mit

$$u:[a,b] \to R, \quad bzw. \quad u: G \to R\ ;\ G \subset R^2$$

und

$$F(\ ) - Funktionen\ von\ x,u,\frac{du}{dx}\ bzw.\ x,y,u,\frac{\partial u}{\partial x},\frac{\partial u}{\partial y}$$

Zahlreiche Probleme der Physik lassen sich nicht immer durch stetige oder stückweise stetige Funktionen beschreiben. Es treten oft Sprünge und Singularitäten auf. Um diese Verhältnisse mathematisch darzustellen, wurden weiter verallgemeinerte Funktionen (die sog. Distributionen) eingeführt. Hier soll nur die *DIRAC*'sche Delta-Funktion und die *Heavisid* Einheitsspannungsfunktion in üblicher Form der technischen Mechanik dargestellt werden (für eine Darstellung im Sinne der Distributionen siehe SMIRNOV, 1976).

- **DIRAC'sche Delta-Funktion (Einheitsimpulsfunktion)**

Diese Funktion kann nur im integralen Sinne definiert werden. In der Funktion einer Variablen gilt

$$\delta(x-a)=0 \text{ für } x \neq 0 \quad \text{und} \quad \int_{-\infty}^{\infty}\delta(x-a)dx=1$$

Hieraus folgt die Eigenschaft

$$\int_{-\infty}^{\infty} f(x)\delta(x-a)dx = f(a)\;;\; \int_a^b f(\xi)\delta(\xi-x)d\xi = \begin{cases} 0 \text{ für } x<a\,; x>b \\ \frac{1}{2}f(x) \text{ für } x=a \text{ oder } x=b \\ f(x) \text{ für } a<x<b \end{cases}$$

Diese Eigenschaften gelten auch in R^2 und R^3 (mit der entsprechenden Darstellung der Punkte $(x,y)\in R^2$ bzw. $(x,y,z)\in R^3$)

Diese Funktion kann z.B. bei der Darstellung der Brunnen oder des punktförmigen Schadstoffeintrags verwendet werden.

- **HEAVISID-Einheitsspannungsfunktion**

Diese Funktion ist definiert durch

$$\varepsilon(x-a)=\begin{cases} 0 \text{ für } x<a \\ \frac{1}{2} \text{ für } x=a \\ 1 \text{ für } x>a \end{cases}$$

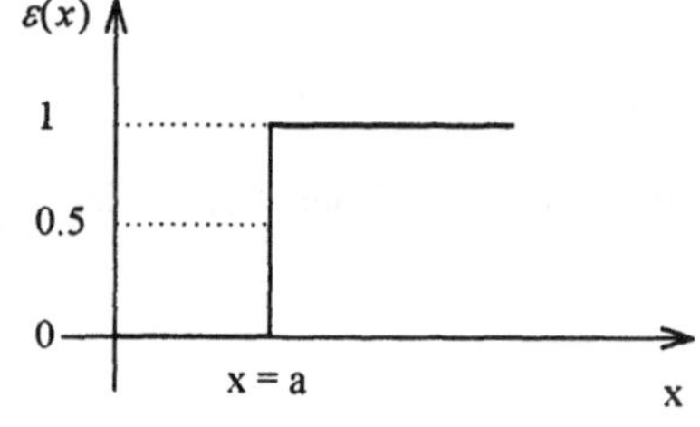

Es gilt die Beziehung

$$\delta(x)=\frac{d\varepsilon(x)}{dx}$$

Weiterhin werden einige spezielle mathematischen Funktionen vorgestellt, die insbesonders in der Modellierung des Schadstofftransports auftreten.

- **Normalverteilung**

Die Normalverteilung bezüglich $x \in R$ hat den Ausdruck

$$u(x)=\frac{1}{\sigma\sqrt{2\pi}}exp\left(-\frac{(x-\bar{x})^2}{2\sigma^2}\right)$$

mit dem Mittelwert (Moment 1. Ordnung)

$$\bar{x}=\int_{-\infty}^{\infty} xu(x)dx$$

und der Standardabweichung (Moment 2. Ordnung)

$$\sigma^2=\int_{-\infty}^{\infty}(x-\bar{x})^2u(x)dx \quad \Rightarrow \quad \sigma=\frac{u(\bar{x})}{\sqrt{2\pi}}$$

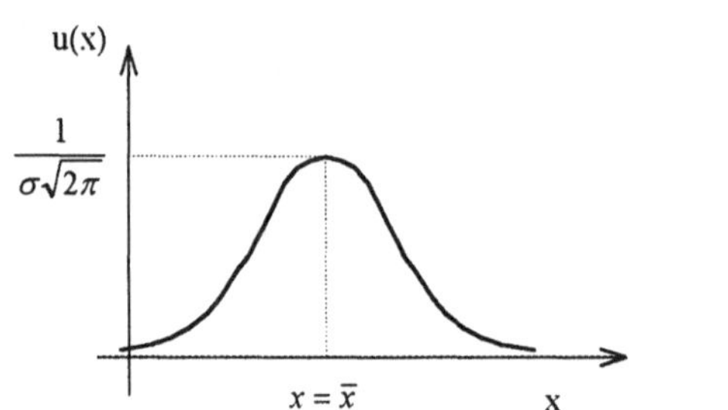

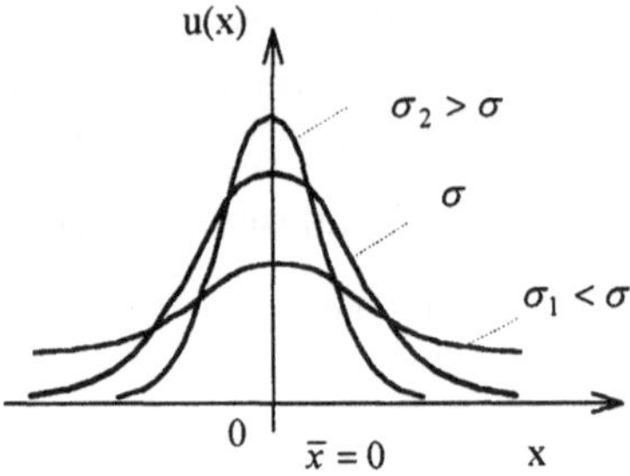

Darstellung der *GAUß*'schen Normalverteilung

Anmerkungen zur Normalverteilung

Die Normalverteilung stellt in vielen Fällen der Naturwissenschaft die *Häufigkeitsverteilung* einer physikalischen Größe dar. Als repräsentatives Beispiel kann man eine Menge von n Meßwerten x_i $(i=1,\ 2,\ 3,\ldots,\ n)$ betrachten, die eine „Stichprobe" vom „Umfang" n bildet. Man ordnet die Werteliste x_i mit einem bestimmten Werteintervall zu einer Verteilungstafel. Einem Werteintervall „j" gehört eine Anzahl $z_j=H(x_i^{(j)})$ von den „n" gemessenen Werten x_i, die als *absolute Häufigkeit* $H(x_i^{(j)})$ bezeichnet wird, mit welcher die Werte x_i in dem betrachtetem Intervall „j" auftreten. Der Umfang der Stichprobe ist $n=\sum_{j=1}^{k} z_j$ mit k der Anzahl der Wertintervalle.

Die relative Häufigkeit ist

$$h(x_i^{(j)})=\frac{z_j}{n}=\frac{1}{n}H(x_i^{(j)}).$$

Das arithmetische Mittel der Werte x_i ist

$$\bar{x}=\frac{1}{n}\sum x_i\ .$$

Die mittlere quadratische Abweichung der Werte x_i vom arithmetischen Mittel $\bar{x}$, die auch als Streuung der Stichprobe bezeichnet wird, ist:

$$\sigma=\sqrt{\frac{1}{n}\sum\left(x_i-\bar{x}\right)^2}\ .$$

Trägt man die Werte x_i in waagerechter, die Häufigkeit in senkrechter Richtung auf, so erhält man einen Treppenzug (siehe Abbildung).

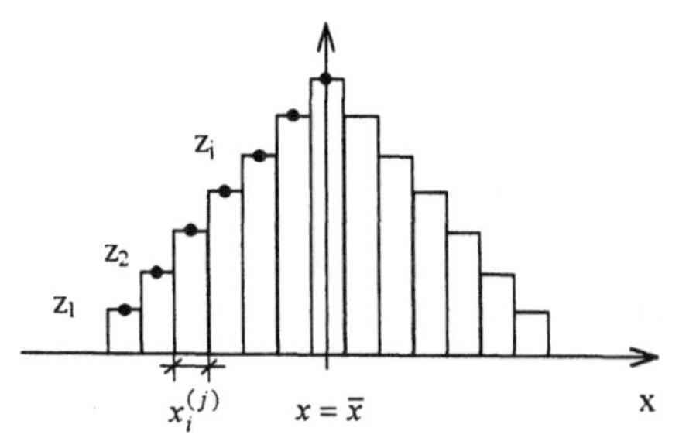

Die Punkte $(x_i^{(j)}-\bar{x},z_j)$ liegen annähernd auf der Normalverteilung

$$z=\frac{n}{\sigma\sqrt{2\pi}}exp\left(-\frac{(x-\bar{x})}{2\sigma^2}\right).$$

- **Die komplementäre Fehlerfunktion (erfc(x))**

  Definition:

$$erfc(x) = \frac{2}{\sqrt{\pi}} \int_x^{\infty} e^{-t^2} dt = 1 - \frac{2}{\sqrt{\pi}} \int_0^x e^{-t^2} dt$$

Definitionsbereich: $-\infty < x < \infty$

Wertebereich: $0 < erfc(x) \leq 2$

Wertetabelle

x	erfc(x)	x	erfc(x)	x	erfc(x)
0.00	*1.00000*	0.50	*0.47951*	1.00	*0.15730*
0.05	*0.94363*	0.55	*0.43668*	1.10	*0.11980*
0.10	*0.88754*	0.60	*0.39615*	1.20	*0.08969*
0.15	*0.83201*	0.65	*0.35798*	1.30	*0.06600*
0.20	*0.77730*	0.70	*0.32220*	1.40	*0.04772*
0.25	*0.72368*	0.75	*0.28885*	1.50	*0.03390*
0.30	*0.67138*	0.80	*0.25790*	1.60	*0.02366*
0.35	*0.62062*	0.85	*0.22934*	1.70	*0.01621*
0.40	*0.57161*	0.90	*0.20310*	1.80	*0.01091*
0.45	*0.52452*	0.95	*0.17911*	2.00	*0.00000*

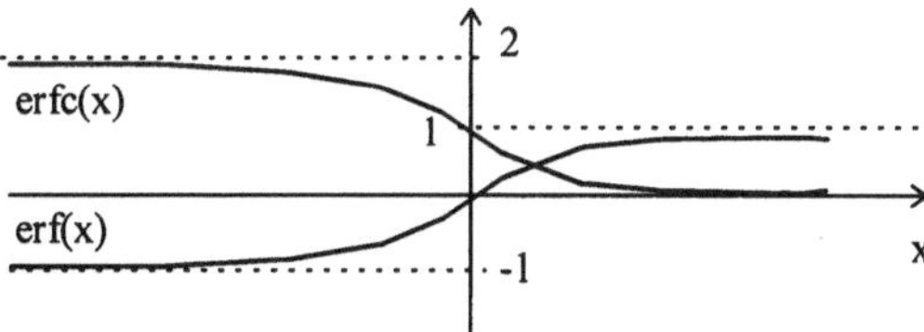

Variationsrechnung

Die Variationsrechnung untersucht Extrema gewisser Funktionale. Das Funktional wurde als verallgemeinerte Funktion definiert (siehe Funktion/Funktional). Z.B. sei

$$u: [0, L] \rightarrow R$$

eine differenzierbare Funktion $u(x)$ einer Variablen, deren Definitionsbereich das geschlossene Intervall $[0,L]$ ist ($0 \leq x \leq L$).

Die Menge der Funktionen $u(x)$, die die Nebenbedingungen $u(0)=u_0$ und $u(L)=u_L$ erfüllen, und deren 1. und 2. Ableitung stetig sind (Bedeutung von $C^2[0,L]$), wird mit

$$U = \{ u \in C^2 [0, L] \mid u(0) = u_0, u(L) = u_L \}$$

bezeichnet.

Ein mathematischer Ausdruck der Form

$$I(u)=\int_0^L F(x,u,\frac{du}{dx})dx \tag{1}$$

ist ein *reelles* Funktional, das üblicherweise als *Variationsfunktional* bezeichnet wird. Dieses Funktional ist eine Abbildung, die einer Funktion $u \in U$ eine Zahl $I(u) \in R$ zuordnet. $F(x,u,\frac{du}{dx})$ bezeichnet einen mathematischen Ausdruck zwischen x, u und $\frac{du}{dx}$.

Beispiel:

$$I(u)=\frac{1}{2}\int_{x_0}\left[\left(\frac{du}{dx}\right)^2-2uf\right]dx \tag{2}$$

Die Variationsaufgabe dient der Ermittlung der Extremwerte von funktionalen (Variationsintegralen), deren Integranten ($F(x,u,\frac{du}{dx})$) unbekannte Funktionen *(u)* enthalten. Gesucht ist eine Funktion *u(x)*, die auch Nebenbedingungen erfüllt und das Integral *I(u)* minimiert.

Für zahlreiche Phänomene der Physik, u. a. auch für die Grundwasserströmung, existiert eine mit der *Differentialformulierung* äquivalente *Variationsformulierung*. Somit wird eine Randwertaufgabe als Variationsaufgabe (auch Extremaufgabe oder Variationsproblem) formuliert und gelöst (siehe 5.4.3). Nach der Regel der *Variationsrechnung* (SAUER & SZABO 1969, CHANG 1978) muß die erste Variation δI des Funktionals verschwinden ($\delta I=0$). So erhält man die *dem Funktional zugehörende EULER-LAGRANGESCHE Gleichung*. Für das Funktional (1) z.B. erhält man :

$$\frac{\partial F}{\partial u}-\frac{d}{dx}(\frac{\partial F}{\partial(du/dx)})=0$$

Die dem Beispiel (2) entsprechende EULER-LAGRANGE Gleichung (mit

$F(x,u,\frac{du}{dx})=\frac{1}{2}(\frac{du}{dx})^2-uf$ lautet

$$\frac{d^2u}{dx^2}+f=0.$$

Dieses Beispiel entspricht der 1D Grundwasserströmung (siehe 5.4.3). Ähnlich im Falle zweier Variablen führt die Minimierung des Funktionals (Variationsintegrals)

$$I(u)=\int_G F(x,y,u,\frac{\partial u}{\partial x},\frac{\partial u}{\partial y})dxdy$$

$$u:G\rightarrow R,\ G\subset R^2$$

zu folgender EULER-LAGRANGESCHE Gleichung (CHANG 1978):

$$\frac{\partial F}{\partial u}-\frac{\partial}{\partial x}\left\{\frac{\partial F}{\partial(\partial u/\partial x)}\right\}-\frac{\partial}{\partial y}\left\{\frac{\partial F}{\partial(\partial u/\partial y)}\right\}=0,$$

wobei $u(x,y)\in U$.

U ist die Menge der reellen Funktionen von zwei Variablen, die die wesentlichen Randbedingungen (DIRICHLET) erfüllen und deren 1. und 2. Ableitungen stetig sind.

$$U = \left\{ u \in C^2(G) \mid u_{|\Gamma_1} = u_0 \right\}$$

mit $\Gamma_1 \subset \Gamma = Rand\ G$

Auch in diesem Fall ist aus der Grundwasserströmungsmodellierung ein repräsentatives Beispiel zu entnehmen (siehe 5.4.3.3). Mit

$$F(x,y,u,\frac{\partial u}{\partial x},\frac{\partial u}{\partial y}) = \frac{1}{2}\left[\left(\frac{\partial u}{\partial x}\right)^2 + \left(\frac{\partial u}{\partial y}\right)^2 - 2f(x,y)u\right]$$

stimmt die entsprechende EULER-LAGRANGE Gleichung mit der POISSONI'schen Gleichung überein:

$$\frac{\partial^2 u}{\partial x^2} + \frac{\partial^2 u}{\partial y^2} + f(x,y) = 0$$

Die Funktion $u(x)$ bzw. $u(x,y)$, welche das Funktional $I(u)$ minimiert (eigentlich stationär machen läßt $\delta I = 0$), erfüllt die zugehörende EULER-LAGRANGESCHE Gleichung. Diese Aussage liegt den äquivalenten Aufgabenformulierungen (Differential/Variational) zugrunde. Zusätzliche Angaben zu äquivalenten Formulierungen von Variationsaufgaben (Randwertaufgaben) finden sich in [SAUER & SZABO 1969, CHANG 1978, SCHWARZ 1991].

Integraldarstellungen und Integralgleichungen von Funktionen

Es gibt zahlreiche Randwertaufgaben, deren Lösungsfunktionen mit Hilfe von Integraldarstellungen und Lösung von Integralgleichungen bestimmt werden können. Damit besteht die Möglichkeit, eine Randwertaufgabe als äquivalente Randintegralaufgabe zu formulieren. Dieser Formulierungsart liegt die in den letzten 10 Jahren entwickelte numerische Methode, die sogenannte Randelementmethode (auch Boundery Element Methode), zugrunde.

Man betrachtet eine Randwertaufgabe(RWA) in differentialer Form:

$$L(u) = \varphi$$

$$u_{|\Gamma_1} = u_0 \qquad (RWA)$$

$$\frac{\partial u}{\partial n}\Big|_{\Gamma_2} = \varphi_n$$

mit

$u: G \to R$

die gesuchte Lösungsfunktion

G	Definitionsgebiet
$\Gamma = \Gamma_1 \cup \Gamma_2$	der Rand des Definitionsgebiets
L	einer der Operatoren:

$$L = \begin{cases} \dfrac{d}{dx^2}; & 1-D\,;G \subset R \\ \dfrac{\partial^2}{\partial x^2} + \dfrac{\partial^2}{\partial y^2}; & 2-D;G \subset R^2 \\ \dfrac{\partial^2}{\partial x^2} + \dfrac{\partial^2}{\partial y^2} + \dfrac{\partial^3}{\partial y^3}; & 3-D;G \subset R^3 \end{cases}$$

Mit diesen Operatoren stellt z.B. die betrachtete Randwertaufgabe eine 1D, 2D bzw. 3D Grundwasserströmung in einem homogenen Grundwasserleiter dar. $M,P \in G$ seien zwei beliebige Punkte im Definitionsgebiet G:

$$M \leftrightarrow \begin{cases} (x), & 1-D \\ (x,y), & 2-D \\ (x,y,z), & 3-D \end{cases} \; ; \; P \leftrightarrow \begin{cases} (\xi), & 1-D \\ (\xi,\eta), & 2-D \\ (\xi,\eta,\sigma), & 3-D \end{cases}$$

und r die Entfernung zwischen den Punkten

$$r = \begin{cases} |x-\xi| & 1-D \\ \sqrt{(x-\xi)^2 + (y-\eta)^2} & 2-D \\ \sqrt{(x-\xi)^2 + (y-\eta)^2 + (y-\sigma)^2} & 3-D \end{cases}$$

Es ist aus der Potentialtheorie bekannt, daß die Grundlösung der DGL bzw. der PDGL

$$L(u^*) = \delta(M,P)$$

von der Form ist:

$$u^*(M,P) = \begin{cases} -\dfrac{1}{2}r, & 1-D \\ -\dfrac{1}{2\pi} \ln r, & 2-D \\ \dfrac{1}{4\pi r}, & 3-D \end{cases}$$

Mit Hilfe dieser Grundlösungen kann man aufgrund des GREEN'schen Integralsatzes die folgende Integraldarstellung für die Lösungsfunktion $u: G \to R$ der betrachteten Randwertaufgabe herleiten:

$$u(M) = \int_\Gamma \left(u^* \frac{\partial u}{\partial n} - u \frac{\partial u^*}{\partial n} \right) dl - \int_G f\, u^*\, dG \qquad (*)$$

$$M \in G$$

Diese Darstellung ist die sogenannte *direkte Randintegraldarstellung*, da die Funktion u und deren Normalableitung $\partial u / \partial n$ verwendet werden.

Ersetzt man die Grundlösung u^*, so ergibt sich:

- im Falle 1D

  mit $G = [a,b] \subset R \; ; \; u:[a,b] \to R$

$$u(M) = u(x) = \frac{1}{2}[u(b) - u(a)] - \frac{1}{2}(b-x)\frac{du}{dx}\bigg|_b + \frac{1}{2}(x-a)\frac{du}{dx}\bigg|_a + \frac{1}{2}\int_a^b |\xi - x| f(\xi) d\xi$$

$x, \xi \in [a,b]$

- im Falle 2D

  mit $G \subset R^2 \; ; \; u:G \to R$

$$u(M) = -\frac{1}{2\pi}\int_\Gamma \left[\frac{\partial u(P)}{\partial n} ln r(M,P) - u(P)\frac{\partial ln r(M,P)}{\partial n}\right] dl + \frac{1}{2\pi}\int_G f(R) ln r(M,R) dxdy$$

$M \in G \; ; \; P,R \in \Gamma$

Mit Hilfe einer Randwertaufgabe für das äußere Gebiet $\widetilde{G}$ des betrachteten Gebietes G:

$$L(\widetilde{u}) = 0$$

$$\widetilde{u}_{|\widetilde{\Gamma}} = u_{|\Gamma}$$

$$u:\widetilde{G} \to R \, , \; \widetilde{\Gamma} \equiv \Gamma$$

erhält man eine ähnliche Randintegraldarstellung wie im Falle des inneren Problems:

$$c + \int_{\widetilde{\Gamma}} \left(u^* \frac{\partial \widetilde{u}}{\partial n} - \widetilde{u}\frac{\partial u^*}{\partial n} \right) dl = \begin{cases} \widetilde{u}(M), & M \in \widetilde{G} \\ 0 & , M \in G \end{cases} \qquad (**)$$

Mit den Randintegraldarstellungen (*) und (**) kann man eine neue, die sogenannte *indirekte Randintegraldarstellung* aufbauen.

$$u(M) = \int_\Gamma \psi(P) u^*(M,P) dl - \int_G f(R) u^*(M,R) dG + c \qquad (***)$$

$M \in G \; ; \; P,R \in \Gamma$

c unbestimmte Konstante

$\psi(P)$ unbekannte Dichtefunktion entlang des Randes Γ

Die „indirekte" unbekannte Dichtefunktion $\psi(P)$ stellt den Sprung der Normalableitungen der Funktionen u und $\widetilde{u}$ dar:

$$\psi = \left(\frac{\partial u}{\partial n} - \frac{\partial \widetilde{u}}{\partial n} \right)_{|\Gamma}$$

Aus (***) erhält man

$$u(x) = \frac{1}{2}\psi(a)(x-a) - \frac{1}{2}\psi(b)(b-x) + \frac{1}{2}\int_a^b |x-\xi| f(\xi) d\xi + c$$

im Falle 1D, bzw.

$$u(m) = -\frac{1}{2\pi}\int_\Gamma \psi(P)\ln r(M,P)dl + \frac{1}{2\pi}\int_G f(R)\ln r(M,R)dxdy + c$$

im Falle der 2D Probleme.

Um die Lösungsfunktion *u(M)* der betrachteten Randwertaufgabe (RWA) mit Hilfe der direkten Randintegraldarstellung (*) zu bestimmen, soll die Funktion *u* und deren Normalableitung $\partial u / \partial n$ entlang des ganzen Randes Γ bekannt sein. Im Rahmen der (RWA) sind aber nur $u(P_0 \in \Gamma_1) = u_0$ und $\frac{\partial u}{\partial n}(P_0 \in \Gamma_2) = \varphi_n$ gegeben. Die fehlenden Daten d.h. $u(P_0 \in \Gamma_2)$ und $\frac{\partial u}{\partial n}(P_0 \in \Gamma_1)$ können aus einer Randintegralgleichung bestimmt werden, die durch den Grenzübergang in (*) erhalten werden kann:

$$M \in G\ ,\ P_0 \in \Gamma\ ;\ M \to P_0$$

$$u(P_0) = \oint_\Gamma \left[u^*(P_0,P)\frac{\partial u(P)}{\partial n} - u(P)\frac{\partial u^*(P_0,P)}{\partial n} \right] dl - \int_G f(R)u^*(P_0,P)dG$$

$$R \in G\ ;\ P_0, P \in \Gamma$$

Als Beispiel betrachten wir den 2D Fall .

Die erhaltene *indirekte Randintegralgleichung* in der Form :

$$\frac{\beta}{2\pi}u(P_0) = \frac{1}{2\pi}\oint_\Gamma \left[u(P)\frac{\partial \ln r(P_0,P)}{\partial n} - \frac{\partial u(P)}{\partial n}\ln r(P_0,P) \right] dl + \frac{1}{2\pi}\int_G f(M)\ln r(P_0,M)dxdy$$

$$M \in G\ ;\ P_0, P \in \Gamma$$

β ist der innere Winkel im Punkt P_0 des Randes

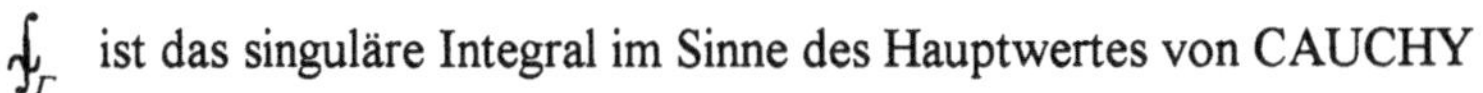

$\oint_\Gamma$ ist das singuläre Integral im Sinne des Hauptwertes von CAUCHY

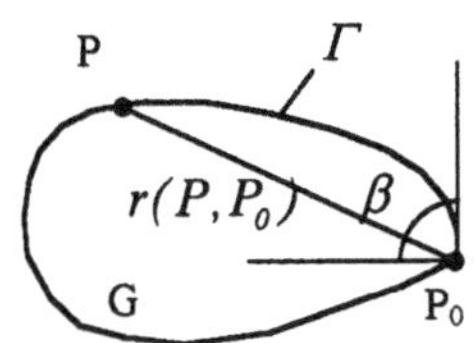

Eine *Randintegralgleichung* ist dadurch charakterisiert, daß die Unbekannten $u(P_0 \in \Gamma_2)$ bzw. $\frac{\partial u}{\partial n}(P_0 \in \Gamma_1)$ unter dem Integral stehen.

Für $P_0 \in \Gamma_1$ kann man aus der Randintegralgleichung mit Hilfe der gegebenen Randbedingungen (RWA) die Unbekannte $\frac{\partial u(P_0)}{\partial n}$ bestimmen. Für $P_0 \in \Gamma_2$ erhält man ebenfalls die Unbekannte $u(P_0)$.

So wird $u(P)$ und $\frac{\partial u(P)}{\partial n}$ entlang des ganzen Randes Γ bekannt und somit kann man die direkte Randintegraldarstellung für die Bestimmung der Lösungsfunktion *u(M)* im Gebiet *G* verwenden.

Im Falle der 1D erhält man ein einfaches lineares Gleichungssystem. Mit

$$G = [a,b] \subset R$$

folgt

$$u(a)-u(b)+(b-a)\frac{du}{dx}\Big|_b = \int_a^b(\xi-a)f(\xi)d\xi$$

$$u(a)-u(b)-(b-a)\frac{du}{dx}\Big|_a = \int_a^b(b-\xi)f(\xi)d\xi$$

Gleicherweise erhält man aus (***) die *indirekte Randintegraldarstellung*:

$$u(P_0)=\int_\Gamma \psi(P)u^*(P_0,P)dl - \int_G f(R)u^*(P_0,R)dG + c$$

$$P_0,P\in M \;;\; R\in G$$

Um die unbekannte Dichtefunktion $\psi(P)$ und die Konstante c zu bestimmen, ist diese Integralgleichung nicht ausreichend. Weiterhin wird auch die Normalableitung der Funktion entlang des Randes betrachtet:

$$\frac{\partial u(P_0)}{\partial n}=\int_\Gamma \psi(P)\frac{\partial u^*}{\partial n}dl - \int_G f(R)\frac{\partial u^*}{\partial n}dG$$

Zusätzlich wird die Bilanzgleichung

$$\int_\Gamma \psi(P)dl - \int_G f(R)dG = 0$$

betrachtet.

Die o.g. drei Randintegralgleichungen bilden mit Hilfe der gegebenen Randbedingungen (RWA): $u(P_0\in\Gamma_1)=u_0$ bzw. $\frac{\partial u}{\partial n}(P_0\in\Gamma_2)=\varphi_n$ ein *Randintegralgleichungssystem*, von dem die Unbekannten $\psi(P\in\Gamma)$ und c bestimmt werden können. Somit kann man die Lösungsfunktion $u(M\in G)$ der RWA mit Hilfe der indirekten Randintegraldarstellung (***) bestimmen.

Im Falle der 1D Probleme erhält man ein gewöhnliches algebraisches Gleichungssystem:

$$G=[a,b]\in R$$

$$u(a)=-\frac{1}{2}(b-a)\psi(b)+\frac{1}{2}\int_a^b|x-a|f(x)dx+c$$

$$\frac{du}{dx}\Big|_a=\frac{1}{2}[\psi(b)-\psi(a)]-\frac{1}{2}\int_a^b f(x)dx$$

$$u(b)=\frac{1}{2}(b-a)\psi(a)+\frac{1}{2}\int_a^b|x-b|f(x)dx+c$$

$$\frac{du}{dx}\Big|_b=\frac{1}{2}[\psi(b)-\psi(a)]+\frac{1}{2}\int_a^b f(x)dx$$

und

$$\frac{du}{dx}\Big|_b-\frac{du}{dx}\Big|_a=\int_a^b f(x)dx$$

Durch die Lösung des den gegebenen Randbedingungen entsprechenden Gleichungssystems können die Unbekannten $\psi(a)$, $\psi(b)$ und c bestimmt werden.

Im Falle der 2D Probleme lautet das *indirekte Randintegralgleichungssystem*

$$u(P_0) = -\frac{1}{2\pi}\int_\Gamma \psi(P) \ln r(P_0,P) + \frac{1}{2\pi}\int_G f(R) \ln r(P_0,R) dG + c$$

$$P_0 \in \Gamma_1 \ ; \ P \in \Gamma \ ; \ R \in G$$

$$\left.\frac{\partial u}{\partial n}\right|_{P_0} = -\frac{1}{2}\psi(P_0) - \frac{1}{2\pi}\oint_\Gamma \psi(P)\frac{\partial \ln r(P_0,P)}{\partial n} dl + \frac{1}{2\pi}\int_G f(R)\frac{\partial \ln r(P_0,P)}{\partial n} dG + c$$

$$P_0 \in \Gamma_2, \ P \in \Gamma \ , \ R \in G$$

$$\int_\Gamma \psi(P) dl - \int_G f(R) dG = 0$$

Die o.g. Integraldarstellungen (direkte/indirekte) liegen der direkten/indirekten Randelementmethode zugrunde.

Literaturverzeichnis

Aris, R.: Vectors, tensors and the basic equations of fluid mechanics. Englewood Cliffs, N.J.: Prentice-Hall, 1962

Bear, J.: Dynamics of fluids in porous media. New York: American Elsevier Publishing Company, 1972

Bear, J.: Hydraulics of groundwater. New York: McGraw-Hill, 1979

Bear, J.; Bachmat, Ye.: Indroduction to Modelling of Transport Phenomena in Porous Media. Dordrecht, Boston, London: Kluwer Academic Publishers, 1992

Beims, U.: Planung, Durchführung und Auswertung von Gütepumpversuchen: Angew. Geologie 29 (10), 1983, S. 484 - 492

Brebbia, C.A.; Dominiquez, I.: Boundary Elements. New York: Introductory Course Mc GRAW-Hill Book Company, 1989

Busch, K.H.; Luckner, L.; Tiemer, K.: Geohydraulik. Berlin, Stuttgart: Gebrüder Borntraeger, 1993

Chung, T. J.: Finite Element Analysis in fluid Dynamics. New York: Mc Graw-Hill, Inc, 1978

David, I.: Grundwasserfassungsanlagen mit Filterrohren. Technische Berichte. Institut für Hydraulik und Hydrologie der TH Darmstadt, 1977, Nr. 19

David, I.: Numerische Modelle zur Simulation der Grundwasserströmung (Die Randelemente-Methode für 1-D Grundwasserströmungen). Academia Romana: Studii si ceretari de mecanica aplicata, 1989, tom 48

David, I.: Numerische Verfahren und ihre Anwendungen in der GW Hydraulik. Manuskript zur Vorlesung SS 1992. Institut für Wasserbau TH Darmstadt, 1992

David, I.: Grundwasserhydraulik. Manuskript zur Vorlesung. Studienarbeit am Institut für Wasserbau und Wasserwirtschaft, bearbeitet von Jan Koch und Thomas Luckner, 1996

David, I.: Hydraulica, Vol. II. Universitatea „POLITEHNICA". Timisoara. (Institutul Politehnic „Traian Vuia" Timisoara), 1990

David, I., Gerdes H.: Incorporation of the local three-dimensional flow in the plane BEM to model complex groundwater supply-systems. Madison, Wisconsin, USA: Proceeding of the 17th International Conference BEM, 1995

De Marsily, G.: Quantitative hydrology-Groundwater hydrology for engineers. Orlando, San Diego, New York: Academic Press, 1986

DIN 4049 Ausgabe 9.79, T1, Hydrologie; Begriffe; quantitativ

DIN 4049 Ausgabe 12.89, T1 (E), Hydrologie; Begriffe; Grundbegriffe und Wasserkreislauf

DVWK: Ermittlung des nutzbaren Grundwasserdargebots. Hamburg, Berlin: Verlag Paul und Parey, 1982

DVWK: Merkblätter 206 - Voraussetzungen und Einschränkungen bei der Modellierung der Grundwasserströmung, 1985

Ene, H. I.; Gogonea, S.: Probleme in teoria filtratiei. Bucuresti: Editura Academiei, 1973

Fisher, H. et al: Mixing in Inland and Coastal Waters. New York: Academic Press, 1979

Fried, J.: Groundwater pollution. Development in Water Science, Vol. 4, Elsevier Scientific Publishing Co., New York (3305), 1975

Gheorghita, St. I.: Metode matematice in hidrogazodinamica subterana. Bucuresti: editura Academiei, 1966

Häfner, F.; Sames, D.; Voigt, H-D.: Wärme- und Stofftransport. Mathematische Methoden. Berlin, Heidelberg, New York: Springer-Verlag, 1992

Hölting, B.: Hydrogeologie: Ferdinand Enke Verlag Stuttgart, 1992

Kinzelbach, W.: Groundwater Modelling. An Introduction with Sample Programs in BASIC. Amsterdam-Oxford-New York-Tokio: Elsevier, 1986

Kinzelbach, W.: Numerische Methoden zur Modellierung des Transportes von Schadstoffen im Grundwasser. München: R. Oldenburg Verlag, 1987

Kinzelbach, W.; Rausch, R.: Grundwassermodellierung. Berlin-Stuttgart: Gebrüder Borntraeger, 1995

Kobus, H.: Schadstoff im Grundwasser. DFG. Deutsche Forschungsgemeinschaft. Band 1. Wärme und Schadstofftransport im Grundwasser. VCH. Weinheim, Basel, Cambridge, New York, 1992

Kobus, H.: Versuchseinrichtung zur Grundwasser- und Altlastensanierung VEGAS- Konzeption und Programmrahmen. Heft 82. Mitteilungen des Instituts für Wasserbau. Universität Stuttgart., 1993

Kobus, H.: Grundwasserhydraulik. Arbeitsunterlagen zur Vertiefervorlesung. Institut für Wasserbau, Universität Stuttgart, 1995

Konikow, L.; Bredehoeff, J., D.: Computer model of two-dimensional solute transport and dispersion in ground water. Technique of Water-Resources Investigation of the United States Geological Survey. Book 7. United States Gouvernment Printing Office, Washington, 1984

Ligett, I.; Liu, Ph.: The Boundary Integral Equation Method for Porous Media Flow. London: George Allen & UNWIN, 1983

Muskat, M.: The flow of homogeneous fluids through porous media. New York: McGraw-Hill, 1937

Oroveanu, T.: Curgerea fluidelor prin medii poroase neomogene. Bucuresti: Editura Academiei,1963

Pinder, F.G.; Gray, W.: Finite Element Simulation in Surface and Subsurface Hydrology. New York, London: Academic Press, 1977

Pietraru, V.: Calculul infiltratiilor. Bucuresti: Editura CERES, 1973

Polubarinova-Kochina, P., Ja.: Theory of groundwatermovement: Princeton University Press, 1952 bzw. 1962

Rottgart, D. u.a.: Anforderungen an den Umgang mit wassergefährdenden Stoffen. Berlin: Erich Schmidt Verlag, 1993

Sauer, R.; Szabo, I.: Mathematische Hilfsmittel des Ingenieurs. Berlin, Heidelberg, New York: Springer-Verlag, 1969

Sauty, J., P.: An analysis of hydrodispersive transfer in aquifers. Water Resources Research, 16 (1), 1961

Scheidegger, A.,E.: The Physics of Flow Through Porous Media. 3rd ed. Toronto: University of Toronto Press, 1963.

Schröder, R.C.M.: Technische Hydraulik. Kompendium für den Wasserbau. Berlin , Heidelberg, New York: Springer-Verlag, 1994

Schwarz, R. H.: Methoden der finiten Elemente: B. G. Teubner Stuttgart, 1991

Smirnov, W. I.: Lehrgang der höheren Mathematik. Berlin: VEB Deutscher Verlag der Wissenschaften, 1976

Spitz, K. H.: Einfluß von Inhomogenitäten und Dichteunterschieden, Mitteilungen des Instituts für Wasserbau, Universität Stuttgart, 1985

Strack, O.: Groundwater Mechanics, New Jersey: Prenice Hall, 1989

Verruijt, A.: Theory of Groundwater Flow. London: McMillan Press, 1970

Zienkiewicz, O.C.; Taylor, R.L.: The Finite Element Method Vol I and II. London, New York:McGraw Hill Book Company, 1989

vieweg